# 工程制图必修课

王尚仁　王志强　马丽华　主编

中国电力出版社
CHINA ELECTRIC POWER PRESS

## 内 容 提 要

本书根据现行土木专业要求,本着理论联系实际和少而精的原则,在教学实践的基础上编写而成。题材以工程形体为主,并配置了大量立体插图。

本书分两篇共十章,包括:制图基本知识,投影及形体的三视图,轴测投影图的画法,立体上点、直线、平面的投影分析,组合体的投影,立体的截交与相贯,建筑形体的表达方法,透视图的基本画法,正投影图中的阴影和标高投影。每章附有相应的例题和答案,以提高读者的专业知识水平。

本书可作为高等学院(校)新工科人才培养土建类专业工程制图课程的教材,也可作为工程技术人员的学习参考用书。

### 图书在版编目(CIP)数据

工程制图必修课/王尚仁,王志强,马丽华主编. —北京:中国电力出版社,2022.8
ISBN 978-7-5198-6833-8

Ⅰ.①工… Ⅱ.①王…②王…③马… Ⅲ.①工程制图 Ⅳ.①TB23

中国版本图书馆 CIP 数据核字(2022)第 101889 号

出版发行:中国电力出版社
地　　址:北京市东城区北京站西街 19 号(邮政编码 100005)
网　　址:http://www.cepp.sgcc.com.cn
责任编辑:未翠霞(010-63412611)
责任校对:黄　蓓　马　宁
装帧设计:王红柳
责任印制:杨晓东

印　　刷:北京雁林吉兆印刷有限公司
版　　次:2022 年 8 月第一版
印　　次:2022 年 8 月北京第一次印刷
开　　本:787 毫米×1092 毫米　16 开本
印　　张:10.75
字　　数:255 千字
定　　价:49.00 元

**版 权 专 有　侵 权 必 究**

本书如有印装质量问题,我社营销中心负责退换

# 前　　言

众所周知，造机器、盖房子离不开图纸，工程制图就是学习图形的入门篇。现实世界由"形"组成，图是"形"的表达，是"形"的视觉传达。"形"为图之源，图是思考、表达、交流的工具。现代社会也可以说成是"图形/图像时代"，其主要认知方式是视觉形象方式，人类获得的大部分信息来自视觉，即来自各种各样的图。

人类运用图的历史十分悠久，北宋的风俗画《清明上河图》生动地记录了中国 12 世纪城市生活的面貌，宋代李诫所著《营造法式》中已经采用了建筑设计的各种图样，早于西方发达国家数百年。

当今，社会已进入数字化时代，计算机绘图、数字教材、微课、慕课、3D 打印的普遍运用等，传统制图正发展为现代工程图学。

工程制图主要是学习用投影方法在平面上用图形表达空间形体的方法，通过空间、平面的相互转换，提高画图、读图和图形表达能力，培养和发展空间想象能力，为学习专业制图奠定基础。

本书是根据新时期土木建筑专业对工程制图课程的要求及给定学时，在教学实践基础上编写的一本简明、实用通用基础教材。本书主要特点：

（1）内容少而精，实用、够用。第一章简明介绍了制图初学阶段有关制图标准和手工制图工具、仪器的使用及几何作图等，重点讲述基本原理、方法和实例。

（2）编排合理，符合教学实际。

三视图是学习制图的基础篇，也是学习制图成败的关键所在。过去工人培训，常采用"速成识图法"等行之有效的方法（如制作模型等），值得借鉴。

轴测图放至三视图之后，加深视图与空间形体之间的对应、转化关系的理解。轴测图是学习制图有效的形象化工具，在建筑设计中也常用到。在讲授正等测投影的形成时，采用长方体直观演示（旋转两个角度）得出作图参数（简化系数），简化了名词术语及字符等。

接着讲"体上点线面的分析"，思路是"从体上来（抽象），再回到体上去（应用）"，时间控制在 6 学时左右。讲点、线、面的投影时，重点讲述投影特性、作图方法及其与立体的关系，略去各种各样的点、线、面习题。

投影制图的立体部分是课程核心，建议加强实践练习。

在编排上，有些内容安排为先看后讲（画），多看少画。模仿是制图学习的主要方法之一，能够帮助学生理解所学内容，起示范引领作用，便于学生在较短时间内获取较多的信息和经验，减少一些自己不必要的摸索时间。

有人说，现在制图教学是"虚拟教学、纸上谈兵"，学生学习起来很困难。实物教学环节缺失、师生面对面交流较少等是影响学生学习的重要原因。打印一些 3D 模型，在小班进行模型测绘，倡导学生用陶土等材料制作模型作为课外作业，这些形式受到了学生的欢迎，像制图这样实践性较强的课程，是否应回归传统小班授课的问题值得研究。

  本书题材以工程形体为主，并配置了大量立体插图。书中加大了分步图的分量，使学生能更清楚地理解和掌握作图的每一步，并为一些重点作图题增加了PPT演示，扫码即可观看。

  生活中，人们常遇到设备、机件、构件的看图问题，故本书在形体表达方法中添加了机件的表达方法，如斜视图、局部视图、剖视等。

  本书配套习题集附参考答案及必要的注释，便于学生自学。

  工程制图是一门技术基础课，实践性和形象性为其两大特征，形象性重在感悟和积累，启蒙阶段多从模仿开始。本课程的理论知识易于理解，但必须完成一定数量的练习方能掌握，而且制图作业主要是尺规图形，必须工整、规范。

  学习制图的基本方法是"形体分析法"，也就是要分析研究模型的组成及制作，它不是由一个整体"抠"出来的，也不是一条线一条线画出来的（初学者易犯的错误），画图、读图与形体密切相关。此外，在学习中利用陶泥等材料动手制作一些模型，是非常有益的。"一张图片胜过千言万语，一个模型顶得上千张图片"便是对模型作用的最好诠释。学习制图，还要培养用"制图眼光"观察周围物品的意识，并抽象为制图问题。此外参加一些开动右脑的活动（如多用左手、做健脑手指操等），对促进左右脑协同工作也是有益的。

  本书在编写过程中，参考了一些兄弟院校的同类教材，在此顺致敬意，并表示感谢。限于水平，难免有不妥之处，恳请读者和同行批评指正。有关本书的任何疑问和建议，欢迎加入QQ群（群号：646682445。加群密码：助学交流）进行讨论。

编 者

2022 年 8 月

# 目　录

前言

## 第一篇　制图基础

### 第一章　制图基本知识 … 1
第一节　制图标准的基本规定 … 1
第二节　制图工具和仪器 … 6
第三节　几何作图 … 7

### 第二章　投影及形体的三视图 … 12
第一节　投影的基本知识 … 12
第二节　形体的三面投影图 … 14

### 第三章　轴测投影图的画法 … 21
第一节　常用的轴测投影图 … 21
第二节　轴测图的画法 … 23
第三节　轴测图中平行于投影面的圆 … 29

### 第四章　立体上点、直线、平面的投影分析 … 33
第一节　点的投影 … 33
第二节　直线的投影 … 34
第三节　平面的投影 … 37

### 第五章　组合体的投影 … 47
第一节　组合体的组合方式 … 47
第二节　读组合体的投影图 … 50
第三节　模型测绘（轴测图代） … 54
第四节　组合体的尺寸标注 … 57
第五节　综合读图与画图 … 59

### 第六章　立体的截交与相贯 … 62
第一节　立体表面分析及定点 … 62
第二节　立体的截切（截交线） … 68
第三节　两立体相交（相贯线） … 78

### 第七章　建筑形体的表达方法 … 91
第一节　视图 … 91
第二节　剖面图 … 97
第三节　断面图 … 107

第四节　图样的其他画法 ································································· 108
　　第五节　第三角画法简介 ································································· 109

## 第二篇　透视、阴影、标高投影

第八章　透视图的基本画法 ······································································· 111
　　第一节　透视投影的基本知识 ························································· 111
　　第二节　直线的透视规律 ································································· 114
　　第三节　基面上平面图形的透视 ····················································· 119
　　第四节　建筑形体透视的基本画法 ················································· 123
　　第五节　圆（柱）及圆拱的透视作图 ············································· 132
　　第六节　透视辅助作图（定分比法） ············································· 135
　　第七节　透视图的选择 ···································································· 137

第九章　正投影图中的阴影 ······································································ 140
　　第一节　阴影的基本知识 ································································· 140
　　第二节　点、直线的落影 ································································· 141
　　第三节　立体的阴影 ········································································ 146
　　第四节　建筑细部的阴影 ································································· 150

第十章　标高投影 ······················································································ 155
　　第一节　基本知识 ············································································ 155
　　第二节　直线的标高投影 ································································· 156
　　第三节　平面的标高投影 ································································· 158
　　第四节　曲面和地形面的标高投影 ················································· 161

**参考文献** ································································································ 166

# 第一篇 制 图 基 础

## 第一章 制图基本知识

**本章主要内容**

(1) 制图标准的基本规定：图纸幅面、比例、字体、图线、尺寸标注规则。
(2) 制图工具和仪器。
(3) 几何作图：等分已知线段、等分圆周作正多边形、圆弧连接及平面图形的分析和画法。

### 第一节 制图标准的基本规定

**一、图纸幅面**

工程图样是设计施工中的重要技术资料。为统一画法、便于交流技术和提高设计制图效率，国家制定了一系列标准。图幅的标准见表 1-1，如图 1-1 和图 1-2 所示。根据需要，允许加长幅面，由基本幅面的短边成整数倍增加。图纸可横放、竖放。

表 1-1　　　　　　　　　　基本幅面及图框尺寸　　　　　　　　　　（mm）

| 尺寸代号 | 幅面代号 ||||| 
|---|---|---|---|---|---|
| | A0 | A1 | A2 | A3 | A4 |
| $b×l$ | 841×1189 | 594×841 | 420×594 | 297×420 | 210×297 |
| $c$ | 10 |||| 5 |
| $a$ | 25 |||||

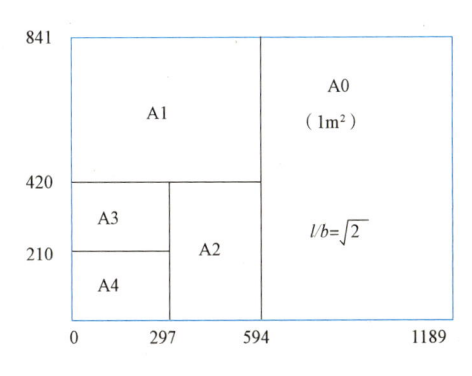

图 1-1　图幅关系（对裁）　　　　　　图 1-2　幅面代号意义

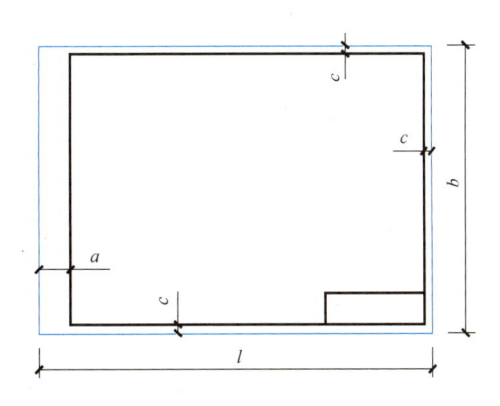

## 二、比例

比例是指图形与实物相应要素的线性尺寸之比，包括原值比例、放大比例和缩小比例。

原值比例：1∶1。

放大比例：2∶1，5∶1，…。

缩小比例：1∶2，1∶5，1∶100，1∶200，…。

不论采用何种比例绘图，尺寸数值均按原值注出，如图1-3所示。

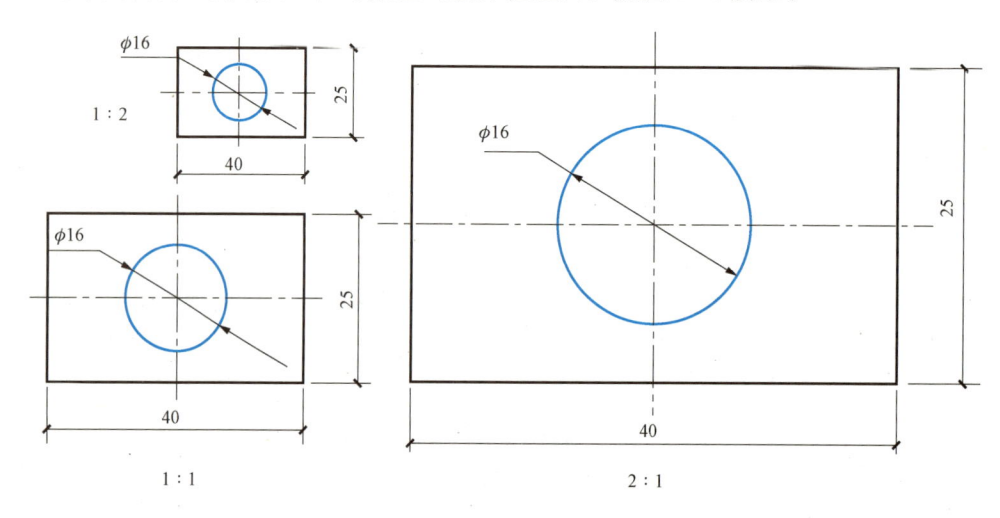

图1-3 不同比例的对比

建筑物形体庞大，绘制建筑图采用缩小的比例，为避免计算采用比例尺，例如三棱尺上有六种比例。比例尺的用法，例如1∶500的刻度作1∶50、1∶5的比例使用，如图1-4所示。

## 三、字体

### （一）汉字

汉字采用长仿宋体（高宽比3∶2），书写的要领是横平竖直，注意起落，结构均匀，排列整齐，如图1-5所示。字体的大小以字号（高度）来表示，见表1-2。起落笔法，顿一下笔，形成小三角，笔法如图1-6所示。

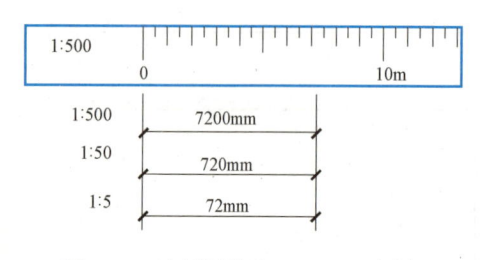

图1-4 比例尺读法（1∶500为例）

图1-5 仿宋字示例

表1-2 字体的大小 (mm)

| 字高 | 20 | 14 | 10 | 7 | 5 | 3.5 |
|---|---|---|---|---|---|---|
| 字宽 | 14 | 10 | 7 | 5 | 3.5 | 2.5 |

### (二) 数字及字母

字母及数字，当需写成斜体字时，其斜度应是从字的底线逆时针向上倾斜 75°，如图 1-7 所示。斜体字的高度和宽度应与相应的直体字相等。字母及数字的字高不应小于 2.5mm。

图 1-6　笔法　　　　　　　　　　图 1-7　数字、字母示例

### 四、图线

线型有实线、虚线、单点长画线、双点长画线、折断线和波浪线等。每种线型（除折断线、波浪线外）又有粗、中、细三种不同的线宽。图线的基本线宽 b，宜按照图纸比例及图纸性质从 1.4mm、1.0mm、0.7mm、0.5mm 线宽系列中选取。每个图样，应根据复杂程度与比例大小，先选定基本线宽 b，再选用表 1-3 中相应的线宽组。

表 1-3　　　　　　　　　　　　　线宽组　　　　　　　　　　　　　　　　（mm）

| 线宽比 | 线宽组 | | | |
|---|---|---|---|---|
| $b$ | 1.4 | 1.0 | 0.7 | 0.5 |
| $0.7b$ | 1.0 | 0.7 | 0.5 | 0.35 |
| $0.5b$ | 0.7 | 0.5 | 0.35 | 0.25 |
| $0.25b$ | 0.35 | 0.25 | 0.18 | 0.13 |

注：1. 需要缩微的图纸，不宜采用 0.18mm 及更细的线宽。
　　2. 同一张图纸内，各不同线宽中的细线，可统一采用较细的线宽组的细线。

制图中常见的线型见表 1-4。

表 1-4　　　　　　　　　制图中常见的线型

| 名称 | | 线型 | 线宽 | 用途 |
|---|---|---|---|---|
| 实线 | 粗 | ——— | $b$ | 主要可见轮廓线 |
| | 中粗 | ——— | $0.7b$ | 可见轮廓线、变更云线 |
| | 中 | ——— | $0.5b$ | 可见轮廓线、尺寸线 |
| | 细 | ——— | $0.25b$ | 图例填充线、家具线 |
| 虚线 | 粗 | – – – | $b$ | 见各有关专业制图标准 |
| | 中粗 | – – – | $0.7b$ | 不可见轮廓线 |
| | 中 | – – – | $0.5b$ | 不可见轮廓线、图例线 |
| | 细 | – – – | $0.25b$ | 图例填充线、家具线 |
| 单点长画线 | 粗 | —·—·— | $b$ | 见各有关专业制图标准 |
| | 中 | —·—·— | $0.5b$ | 见各有关专业制图标准 |
| | 细 | —·—·— | $0.25b$ | 中心线、对称线、轴线等 |

续表

| 名称 | | 线型 | 线宽 | 用途 |
|---|---|---|---|---|
| 双点长画线 | 粗 | —··—··— | $b$ | 见各有关专业制图标准 |
| | 中 | —··—··— | $0.5b$ | 见各有关专业制图标准 |
| | 细 | —··—··— | $0.25b$ | 假想轮廓线、成型前原始轮廓线 |
| 折断线 | 细 | ∿ | $0.25b$ | 断开界线 |
| 波浪线 | 细 | ∼ | $0.25b$ | 断开界线 |

虚线、单点长画线或双点长画线的线段长度和间隔，宜各自相等。长画线每一段长 15～20mm，间距约 2mm。虚线每段长 3～6mm，间距 0.5～1mm。单点长画线或双点长画线，当在较小图形中绘制有困难时，可用实线代替。单点长画线或双点长画线的两端，不应采用点。点画线与点画线交接或点画线与其他图线交接时，应采用线段交接。虚线与虚线交接或虚线与其他图线交接时，应采用线段交接。虚线为实线的延长线时，不得与实线相接。图线不得与文字、数字或符号重叠、混淆，不可避免时，应首先保证文字的清晰。虚线交接的画法，如图 1-8 所示。

### 五、尺寸标注规则

（一）尺寸的组成

尺寸由尺寸界线、尺寸线、尺寸起止符号和尺寸数字四部分组成，如图 1-9 所示。

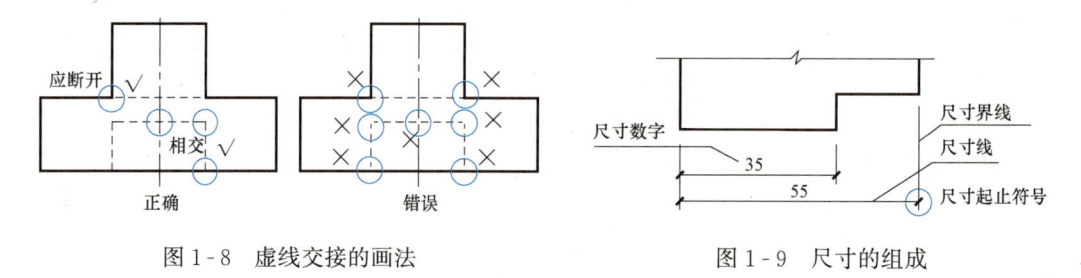

图 1-8 虚线交接的画法　　　　图 1-9 尺寸的组成

1. 尺寸界线

表示尺寸的范围，用细实线绘制，与被注长度垂直，其一端应离开图样轮廓线不小于 2mm，另一端宜超出尺寸线 2～3mm。图样轮廓线、中心线及轴线允许用作尺寸界线。

2. 尺寸线

表示长度方向的度量线，用细实线单独画出，与被标注的长度平行，其两端不超越尺寸界线。第一道尺寸线与图样轮廓线距离宜不小于 10mm，平行排列的尺寸线其间距 7～10mm。

3. 尺寸起止符号

尺寸线与尺寸界线的相交点是尺寸的起止点。在起止点处画上中粗短斜线符号。中粗短斜线的倾斜方向应与尺寸界线呈顺时针 45°角，长度宜为 2～3mm。

（二）半径、直径、角度的尺寸

半径的尺寸线应一端从圆心开始，另一端画箭头指向圆弧。半径数字前应加注半径符号

"R",较小圆弧的半径,可按图1-10(a)的形式标注。较大圆弧的半径,可按图1-10(b)的形式标注。标注圆的直径尺寸时,直径数字前应加直径符号"$\phi$"。在圆内标注的尺寸线应通过圆心,两端画箭头指至圆弧,如图1-10(c)所示。较小圆的直径尺寸,可标注在圆外,如图1-10(d)所示。角度的尺寸线应以圆弧表示。该圆弧的圆心应是该角的顶点,角的两条边为尺寸界线。起止符号应以箭头表示,如没有足够位置画箭头,可用圆点代替,角度数字方向一般水平注写,如图1-10(e)所示。

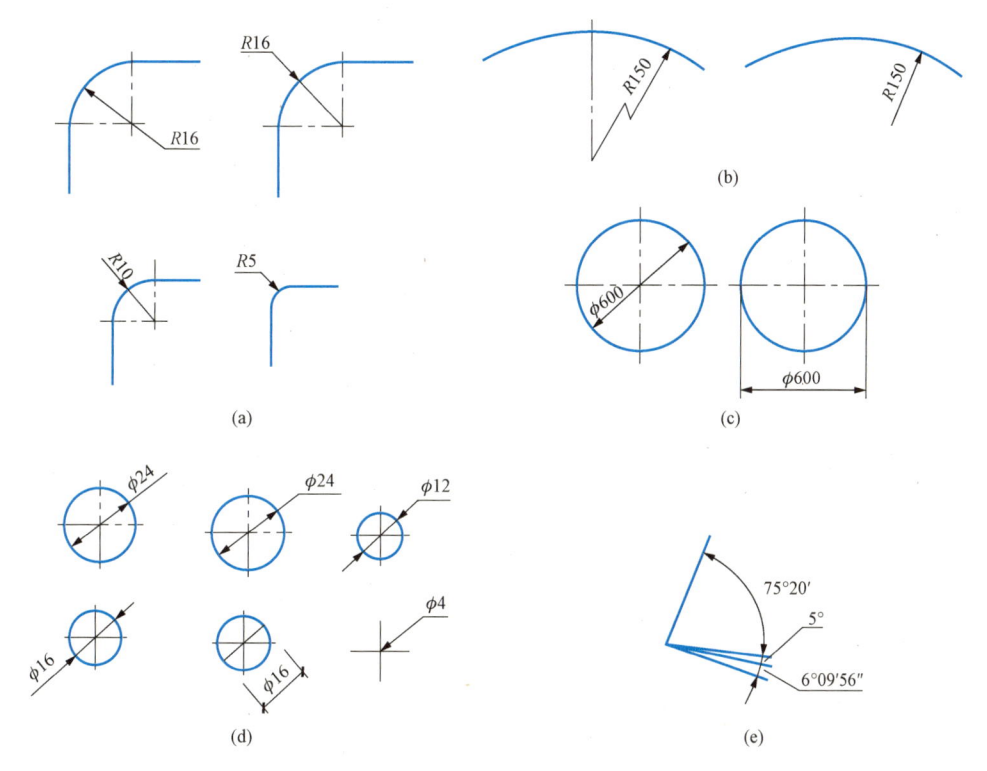

图1-10 半径、直径、角度的标注
(a)小圆弧半径的标注方法;(b)大圆弧半径的标注方法;(c)圆直径的标注方法;
(d)小圆直径的标注方法;(e)角度标注方法

### (三)尺寸数字

用阿拉伯数字标注工程形体的实际尺寸,它与绘图所用的比例无关。图样上的尺寸单位,除标高及总平面图以 m 为单位外,其余均以 mm 为单位,图样上的尺寸数字不注写单位。

#### 1. 尺寸数字的方向

应按图1-11(a)的规定注写,若尺寸数字在30°斜线区内,也可按图1-11(b)的形式注写。

#### 2. 尺寸数字的位置

尺寸数字应依据其方向注写在靠近尺寸线的上方中部,如没有足够的注写位置,最外边的尺寸数字可注写在尺寸界线的外侧,中间相邻的尺寸数字可上下错开注写,可用引出线表示标注尺寸的位置如图 1-12 所示。

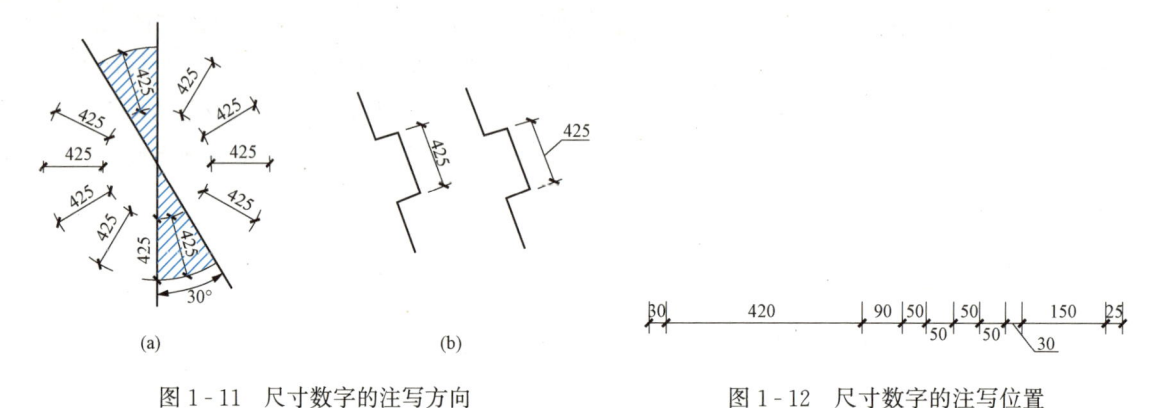

图 1-11　尺寸数字的注写方向

图 1-12　尺寸数字的注写位置

## 第二节　制图工具和仪器

手工绘图工具主要包括铅笔、图板、丁字尺、三角板、圆规和分规等。其中，丁字尺用来自左向右画水平线，垂线要用三角板配合丁字尺自下而上画出。使用圆规时针脚和铅笔脚均应垂直纸面。使用铅笔时，细实线用 2H，磨成圆锥形；粗实线用 HB 或 B，磨成矩形。写字时，铅笔用 HB，圆规铅芯比线重一级。分规是在比例尺（三棱尺）上量取长度，扎到图纸上。常用制图工具和仪器的用法如图 1-13 所示。

图 1-13 动画

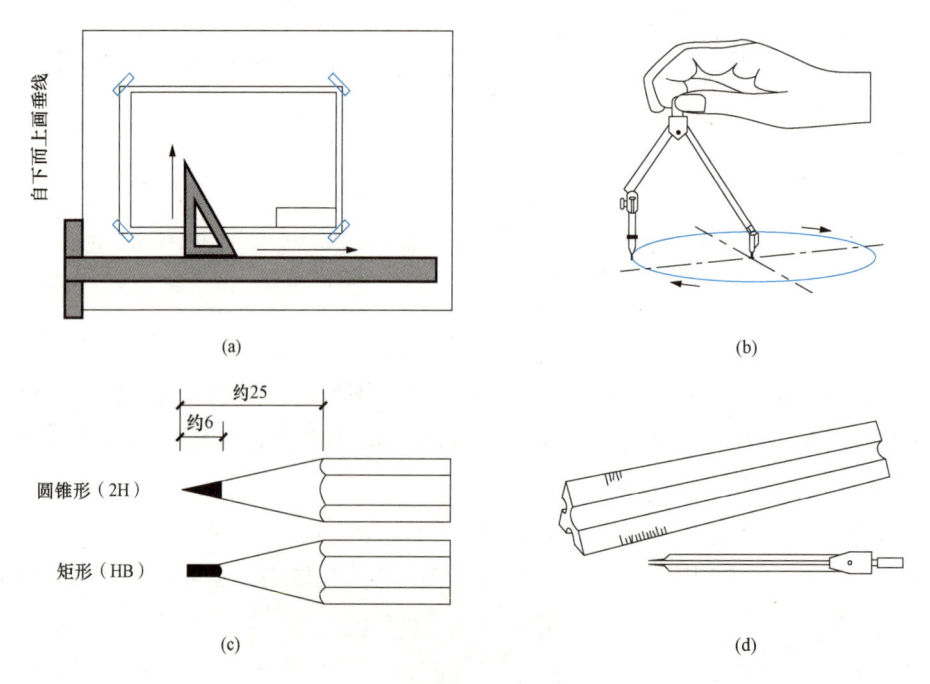

图 1-13　常用制图工具和仪器的用法
(a) 丁字尺；(b) 圆规；(c) 铅笔；(d) 分规

## 第三节 几 何 作 图

### 一、等分已知线段

将已知线段 AB 五等分为例讲解等分已知线段的方法，任引射线 AC。以适当单位在射线 AC 上截取五等分，得点 1、2、3、4、5。连接 5B，然后过点 1、2、3、4 作 5B 的平行线，即可将 AB 五等分，如图 1-14 所示。

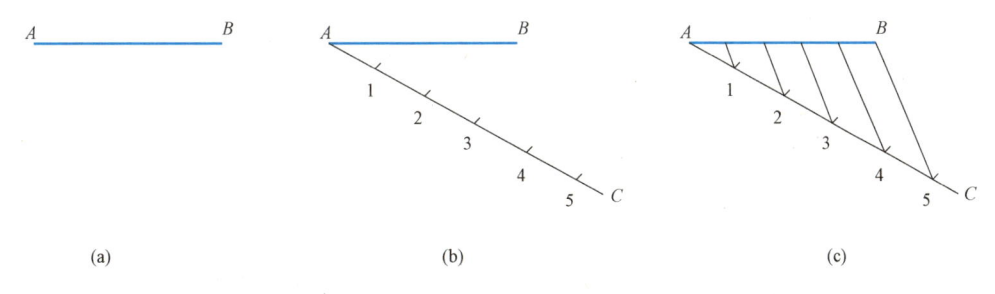

图 1-14 等分已知线段

【例 1-1】 绘制楼梯段（9 级），如图 1-15 所示。

作图：
(1) 起一步踢高，引斜线至梁顶。
(2) 任引射线，八等分斜线，末端封口。
(3) 作封口线平行线，将斜线八等分。
(4) 过等分点作水平线、垂线，两线相交即可得台阶。

图 1-15 动画

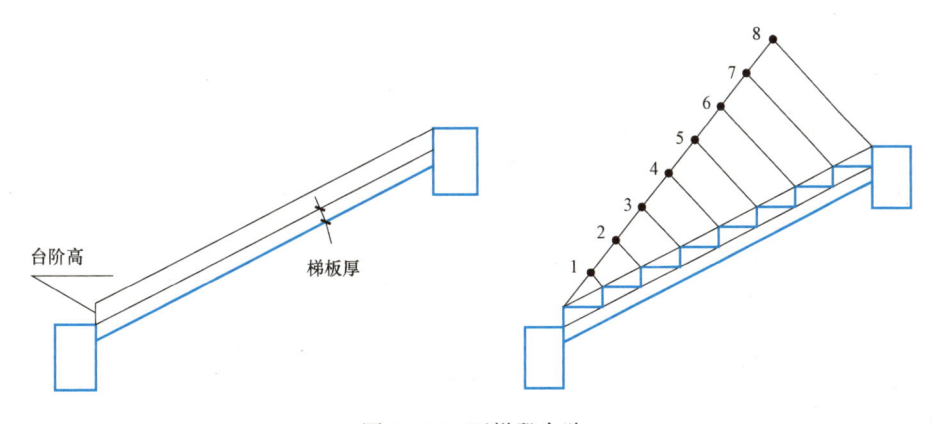

图 1-15 画梯段台阶

### 二、等分圆周作正多边形

（一）六等分圆周作正六边形

用 R 划分圆周为六等分，依次连接各分点，即得所求正六边形，如图 1-16 所示。

图 1-16 动画

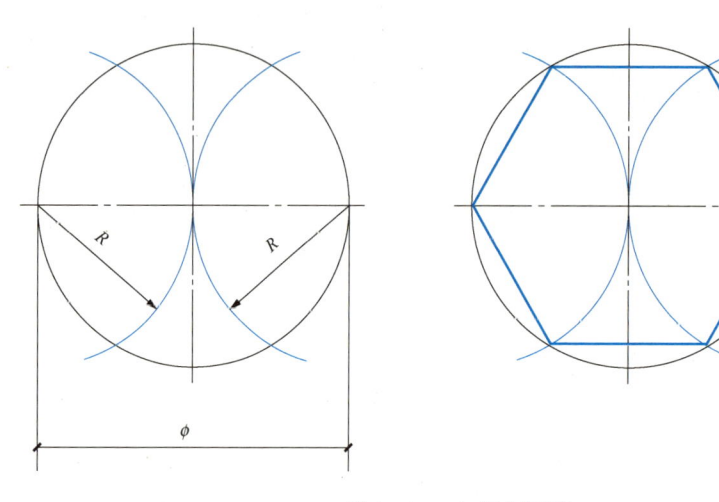

图 1-16 六等分圆周
注：圆内接正六边形边长＝半径 R。

### （二）五等分圆周作正五边形

（1）作半径 OF 的中点 G，以 G 为圆心，GA 为半径作圆弧，交直径于点 H。

（2）以 AH 为长度，五等分圆周。依次连接各等分点，即得所求圆内接正五边形，如图 1-17 所示。

图 1-17 动画

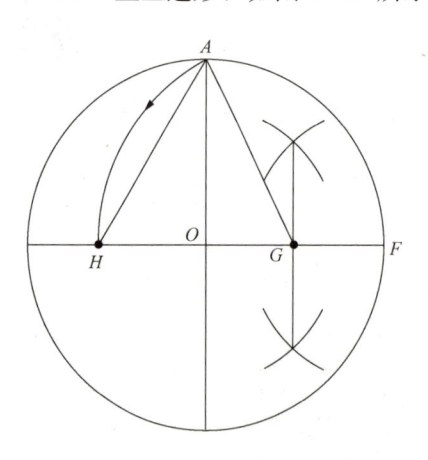

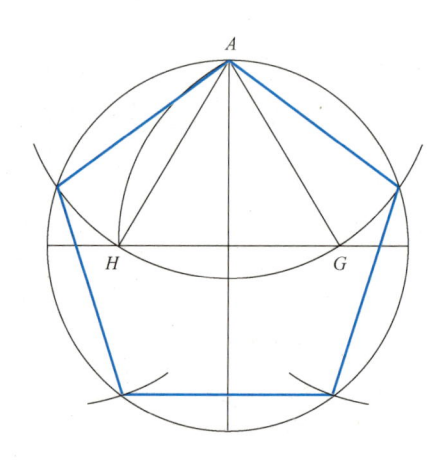

图 1-17 五等分圆周

### 三、圆弧连接

（一）用一已知半径（R）的圆弧光滑连接两直线

作图要点：准确求出连接弧的圆心位置及连接点（切点）的位置。

（1）分别作两条与已知直线、相距为 R 的平行线，其交点 O 即为连接圆弧的圆心。

（2）由圆心 O 向已知直线作垂线，垂足即切点 T。

（3）以 O 为圆心，R 为半径连接两直线，如图 1-18 所示。

图 1-18 动画

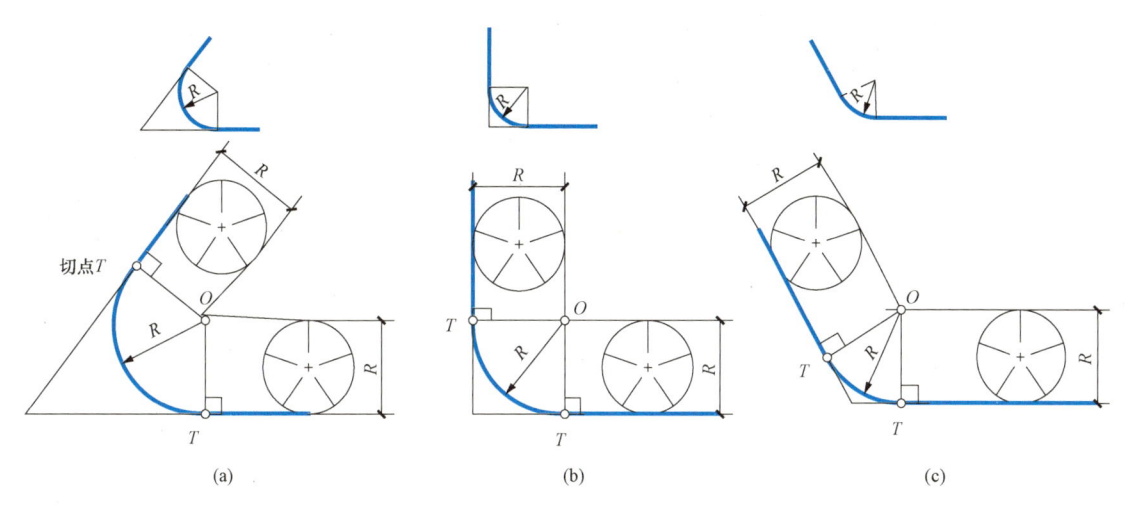

图 1-18 用圆弧连接两直线

(a) 用 R 连接锐角两边；(b) 用 R 连接直角两边；(c) 用 R 连接钝角两边

## （二）用一已知半径的圆弧光滑连接圆（弧）

用已知半径 R 的圆弧光滑连接圆（弧），关键是求连接弧的圆心 O 和切点 T。两圆外切时，圆心距等于两半径之和；两圆内切时，圆心距等于两半径之差。所以作外切圆弧时，分别以两圆的半径（$R_1$，$R_2$）与圆弧半径 R 的和为各自半径做圆弧，两圆弧的交点即点 O，然后以 O 为圆心、R 为半径作与两个已知圆外切的圆弧，如图 1-19（a）所示。同样，作内切圆弧时，分别以两圆的半径（$R_1$，$R_2$）与圆弧半径 R 的差为各自半径做圆弧，两圆弧的交点即点 O，然后以 O 为圆心、R 为半径作与两个已知圆内切的圆弧，如图 1-19（b）所示。

图 1-19 动画

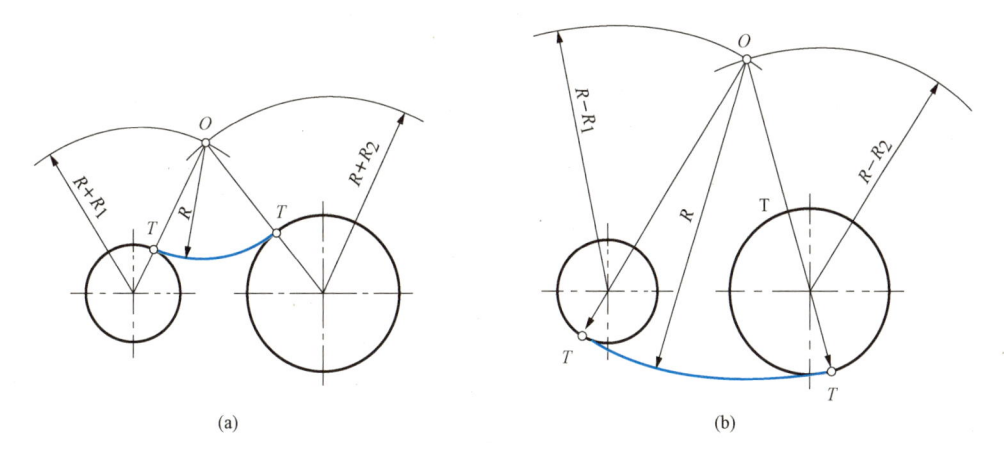

图 1-19 用圆弧连接两圆（弧）

(a) 外切；(b) 内切

## 四、平面图形的分析和画法

绘制平面图形时，首先要对组成平面图形的各线段的形状和位置进行分析，找出连接关系，明确哪些线段可以直接画出，哪些线段需要通过几何作图才能画出，即平面图形分析，以确定平面图形的正确画图顺序和尺寸标注。

**【例 1-2】** 对图 1-20 平面图形进行尺寸分析。

分析：(1) 定位尺寸（40，8）矩形底边是高度方向的定位基准线，矩形左侧边线是左右方向的定位基准线。

(2) 定形尺寸：矩形（40、10）和两圆（$\phi 20$，$\phi 10$），尺寸齐全，可以先画。

(3) 中间线段：R12，只有一个定位尺寸 10，另一定位尺寸根据与矩形边线相切来确定圆心位置。

(4) 连接线段：R40、R10、R5，只有定形尺寸、没有定位尺寸、需根据其与两邻边的相切关系确定圆心作图。

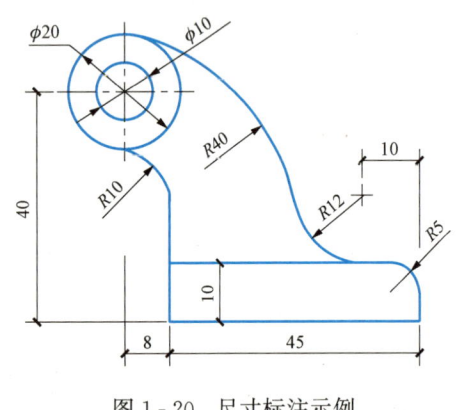

图 1-20 尺寸标注示例

**【例 1-3】** 斜述图 1-21 平面图形的作图步骤。

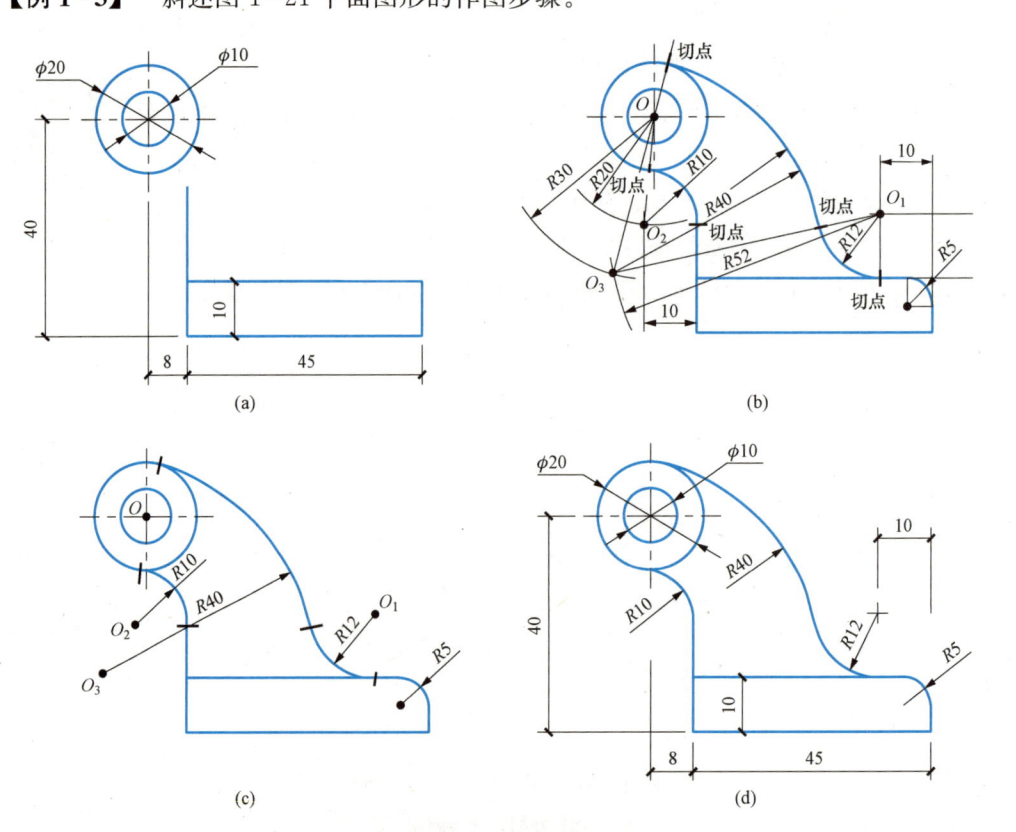

图 1-21 平面图形作图
(a) 画定位基准线及矩形和两圆；(b) 画 R 中间线；
(c) 去掉辅助线，确定切点位置；(d) 加深图线，标注尺寸

（1）画定位基准线及矩形和两圆：矩形底边线、左边线。根据定位尺寸（40，8）确定圆的中心线。画已知线段：矩形 45×10、两圆 $\phi$20 和 $\phi$10。

（2）画中间线段 $R$12：给定的一个定位尺寸 10，可确定圆心 $O_1$ 的左右位置；根据圆弧与矩形相切的条件，作一条与矩形上边线距离为 12 的平行直线，可确定圆心的高低位置，二者相交得圆心 $O_1$，以 $O_1$ 为圆心、$R$12 为半径画弧。过圆心向下作垂线，垂足即切点（短线标记）。

图 1-21 动画

再画连接线段 $R$40：圆弧 $R$40 与 $\phi$20 是内切关系，其圆心距离 $OO_3$＝40－10＝30（两圆半径之差），圆弧 $R$40 与弧 $R$12 是外切关系，其圆心距离 $O_1O_3$＝40＋12＝52（两圆半径之和），以 $O$ 为圆心、$R$30 为半径画弧；再以 $O_1$ 为圆心、$R$52 为半径画弧，两弧交点即 $O_3$。

圆弧 $R$40 与圆 $\phi$20 的切点，为两圆心连心线（$O_3O$）的延长线与 $\phi$20 的交点；圆弧 $R$40 与圆弧 $R$12 的切点，在两圆心连心线（$O_3O_1$）之间。以 $O_3$ 为圆心画 $R$40 大弧（范围在两切点之间）……

连接线段 $R$10、$R$5，根据两边相切条件求圆心。

（3）去掉辅助线，确定切点位置。

（4）加深图线，标注尺寸，完成全图。

# 第二章　投影及形体的三视图

**本章主要内容**

（1）投影的基本知识：投影、投影三条件、投影分类、正投影的主要投影特性。

（2）形体的三面投影（视图）：三视图的形成（三面投影图的形成、视图与物体的方位对应关系、三视图之间的投影关系）、基本几何体的投影、图物对照看图、由轴测图绘制三视图、读图补画第三投影（二求三）。

## 第一节　投影的基本知识

### 一、投影

投影是根据光照物体在地面上产生影子这一物理现象抽象而来的，如图 2-1 所示。投影要画出形体各部分的轮廓。

### 二、投影三条件

投影三条件为投影中心（光源）、对象（形体）、投影面。投影的实质是求直线（投射线）与投影面的交点问题，如图 2-2 所示。

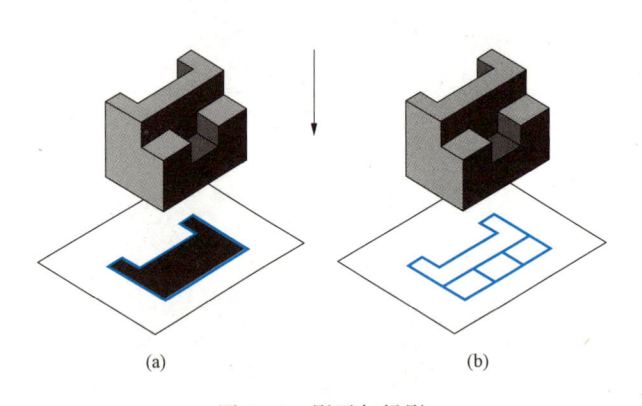

图 2-1　影子与投影
(a) 影子；(b) 投影

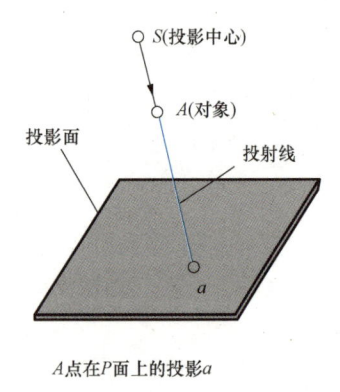

图 2-2　投影三条件

### 三、投影分类

投影分为中心投影、平行投影（包括正投影和斜投影）。其中，中心投影是投射线由投影中心 S 一点发出。正投影是投射线与投影面垂直。斜投影是投射线与投影面斜交。平行投影与投影面远近距离无关，中心投影则与投影中心、对象、投影面三者距离远近有关。如图 2-3 所示。投影应用实例如图 2-4 所示。

第二章　投影及形体的三视图　　　13

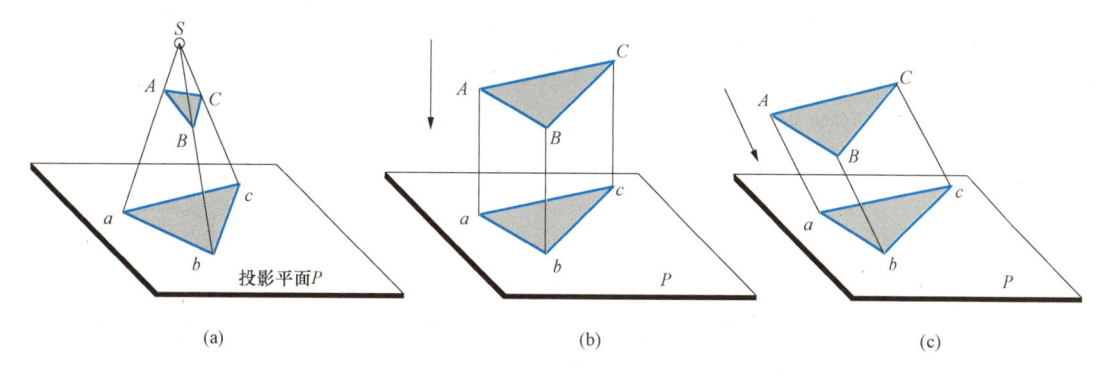

(a)　　　　　　　　　(b)　　　　　　　　　(c)

图 2-3　投影分类
(a) 中心投影；(b) 正投影；(c) 斜投影

(a)

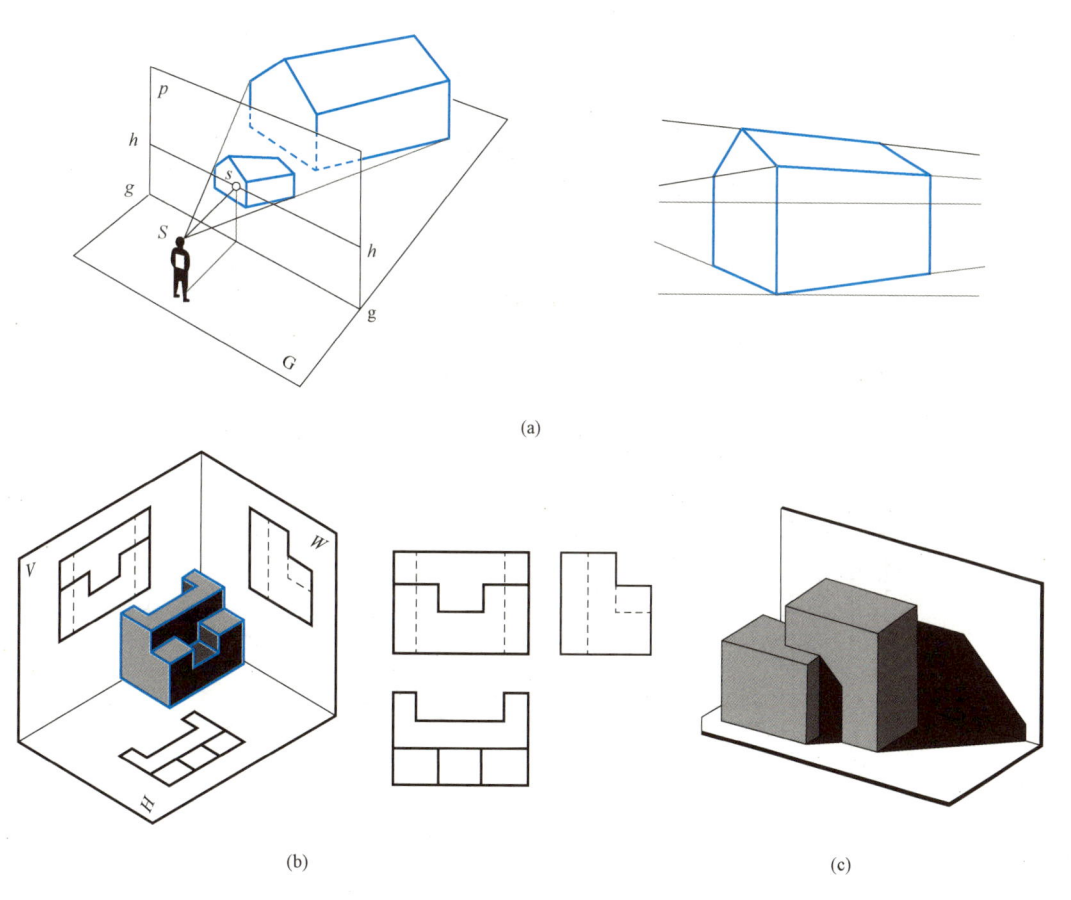

(b)　　　　　　　　　　　　　　　　　(c)

图 2-4　投影应用实例
(a) 中心投影（透视）；(b) 多面正投影；(c) 斜投影（阴影）

## 四、正投影的主要投影特性

正投影的投影特性分为三种，分别是实形性、积聚性和类似性。实形性是指平面平行于投影面，投影反映实形。积聚性是指平面垂直于投影面，投影成一条直线。类似性是指平面倾斜于投影面，投影缩小为类似形，如图 2-5 所示。实形性、积聚性、类似性这九字诀是学习投影的基本方法，贯彻始终。

讨论：不同形体可能有相同的投影，一个投影可能有不同的形体，由此可知一个投影不能确定空间三维形体的全貌，如图 2-6 所示。

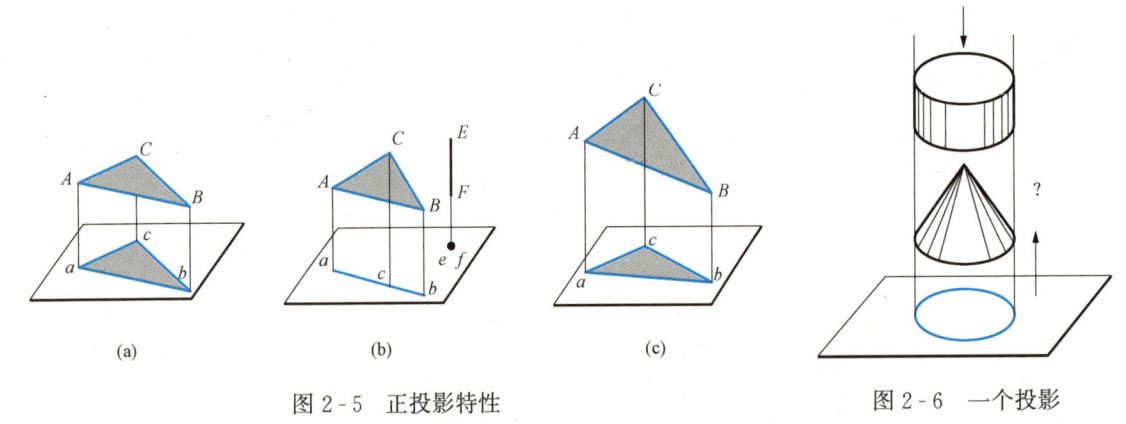

图 2-5　正投影特性
（a）平面平行于投影面；（b）平面垂直于投影面；（c）平面倾斜于投影面

图 2-6　一个投影

## 第二节　形体的三面投影图

### 一、三面投影图

先认识一下三面投影图，也称三视图，如图 2-7 所示。

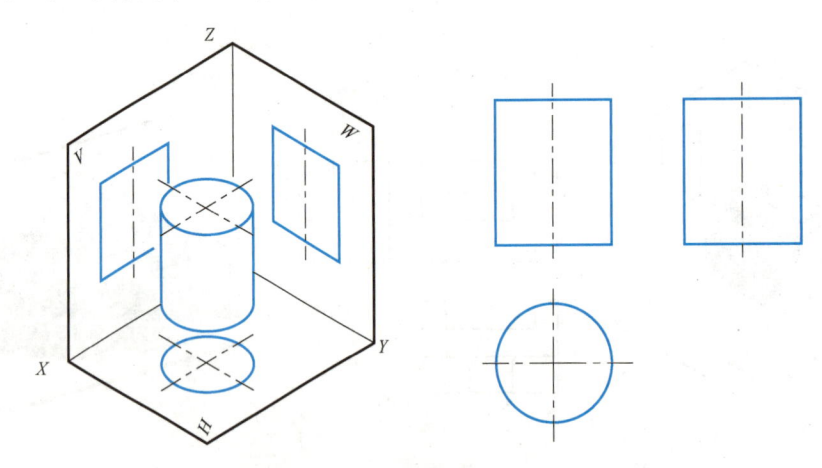

图 2-7　三面投影图（三视图）

（一）三面投影图的形成

三投影面体系：$V$（正立投影面），$H$（水平投影面），$W$（侧投影面）。$V$、$H$、$W$ 相互垂直。投影轴（投影面之间的交线）：$OX$（长度方向），$OY$（宽度方向），$OZ$（高度方向）。放入形体，向三个面正投影。展开：$V$ 不动，$H$ 向下旋转 90°，$W$ 向右后旋转 90°，展开在一个平面上。三面投影图的形成如图 2-8 所示。

图 2-8 动画

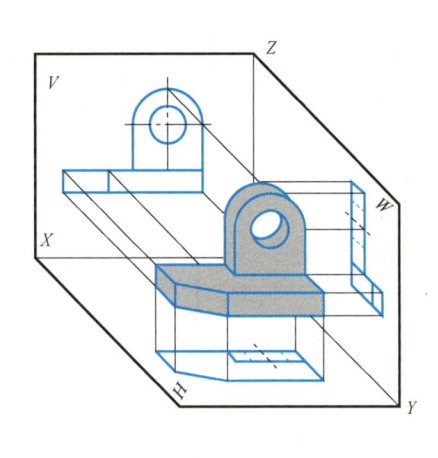

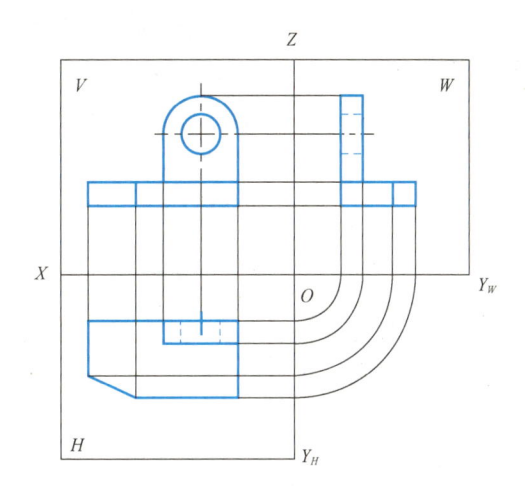

图 2-8 三面投影图的形成

（二）视图与物体的方位对应关系

正面投影是反映形体的正面形状及长度和高度；水平投影是反映形体的水平形状及长度和宽度。侧面投影是反映形体的侧面形状及宽度和高度。

三面投影图的投影关系如图 2-9 所示。

（三）三视图之间的投影关系（九字诀）

正面投影与水平投影（V、H）——长对正；正面投影与侧面投影（V、W）——高平齐；水平投影与侧面投影（H、W）——宽相等，旋转 90°前后对应。不符合三等投影关系的示例如图 2-10 所示。九字决（三等关系），是制图中基本的作图方法。

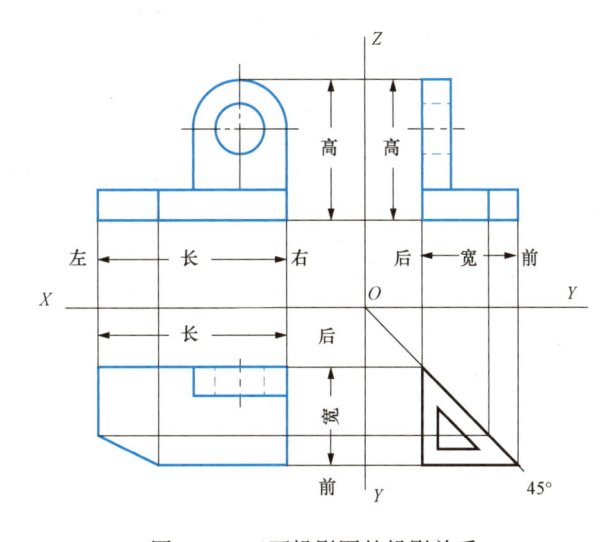

图 2-9 三面投影图的投影关系

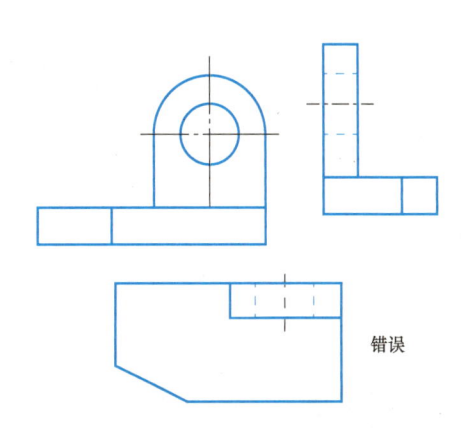

图 2-10 不符合三等投影关系的示例

## 二、基本几何体的投影

（一）正六棱柱

正六棱柱的投影如图 2-11 所示。

正六棱柱投影的作图步骤：

(1) 画作图基准线；

(2) 画圆内接正六边形（边长＝圆半径）；

(3) 画另外两个视图；

(4) 加深图线。

图 2-11 动画

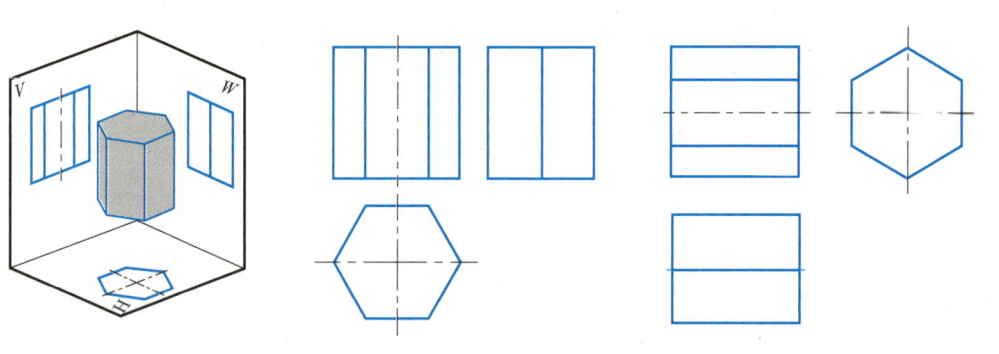

图 2-11　正六棱柱的投影

（二）圆柱

圆柱的投影如图 2-12 所示。

圆柱投影的作图步骤：

(1) 作基准线：圆的十字中心线，圆柱轴线及底线；

(2) 画三视图底稿；

(3) 加深图线。

图 2-12 动画

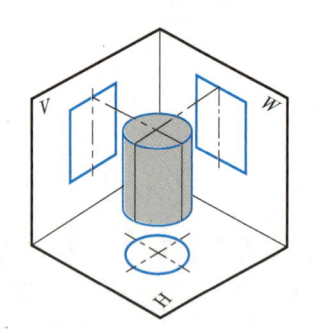

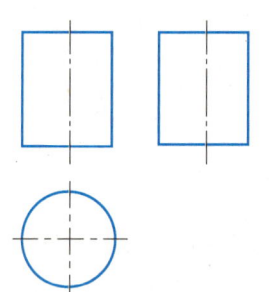

图 2-12　圆柱的投影

（三）圆锥

圆锥的投影如图 2-13 所示。

圆锥投影的作图步骤：

(1) 作基准线：圆的十字中心线，圆锥轴线及底线；

(2) 画三视图底稿；

(3) 加深图线。

图 2-13 动画

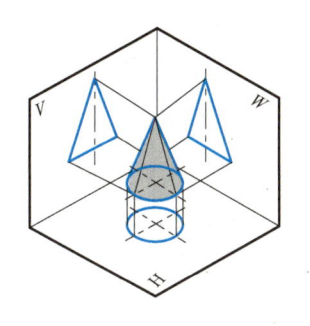

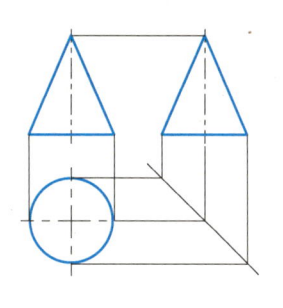

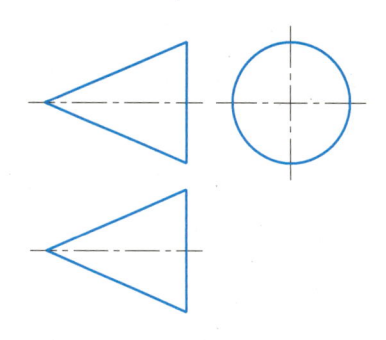

图 2-13 圆锥的投影

(四) 圆球

圆球的投影如图 2-14 所示。

圆球投影的作图步骤：

(1) 作基准线：圆的十字中心线；
(2) 画三视图底稿；
(3) 加深图线。

图 2-14 动画

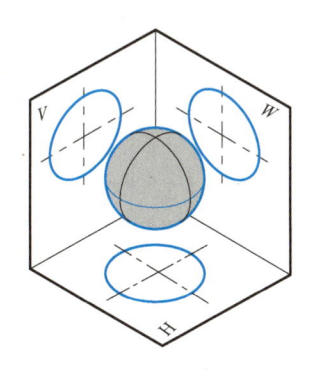

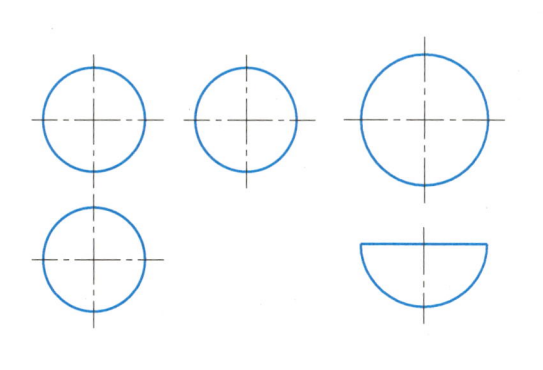

图 2-14 圆球的投影

### 三、图物对照看图

一个投影（视图）仅反映物体某一方向的形状及相应两个尺度，因而没有立体感，看图时要将几个投影联系起来想象整体形状。先浏览一下三投影，概括了解形体的大致组成，相互位置关系，然后再读各投影。例如看水平投影时，对照另两个投影，了解各部分的高低位置关系，虚线表示被遮挡的不可见部分，想象并作适当记忆，看其他投影依此类推。简言之，看水平投影时要能看出各部分的高低关系，看正面投影时要能看出各部分的前后关系，看侧面投影时要能看出各部分的左右关系，这样就把"死图看活"了，如图 2-15 所示。

【例 2-1】 阅读图 2-16 所示的 6 个小题的投影图。前 3 小题，正面投影、水平投影完全相同，侧面投影不同；后 3 小题，有的实线变成了虚线。形体也随之变化了，小结看图的体会。图 2-17 给出了 6 个参考立体图（顺序改变了），亦可切制泥模印证。也可先看立体图，勾画一下三视图，找到相应投影图，看看是否画对了，切勿简单对照了事。

图 2-15 图物对照

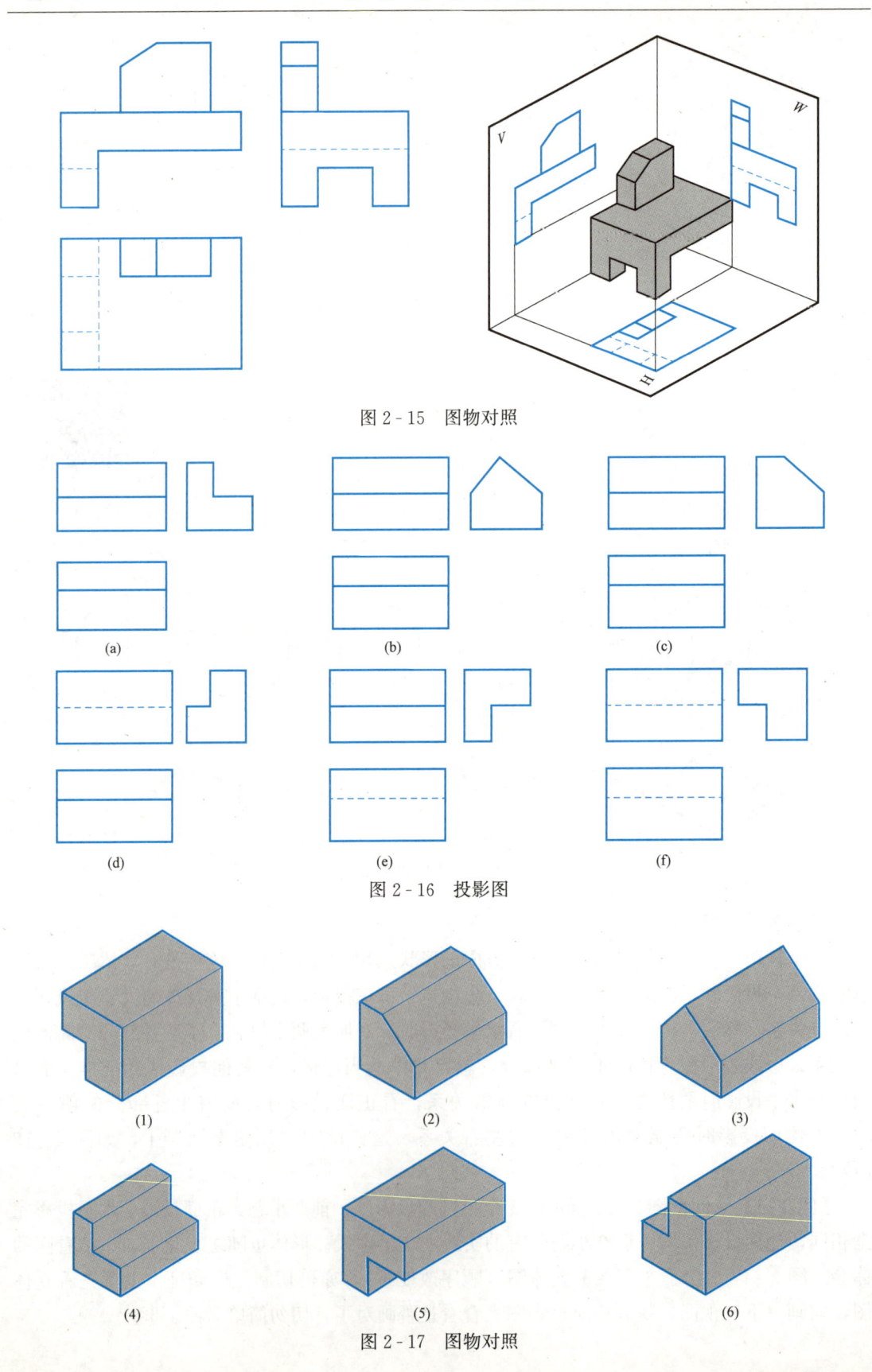

(a) (b) (c)
(d) (e) (f)

图 2-16 投影图

(1) (2) (3)
(4) (5) (6)

图 2-17 图物对照

## 四、由轴测图绘制三视图

由轴测图绘制三视图的尺寸用分规从立体图上1∶1截取。

**【例 2-2】** 由轴测图绘制三视图（叠加型组合），如图 2-18 所示。

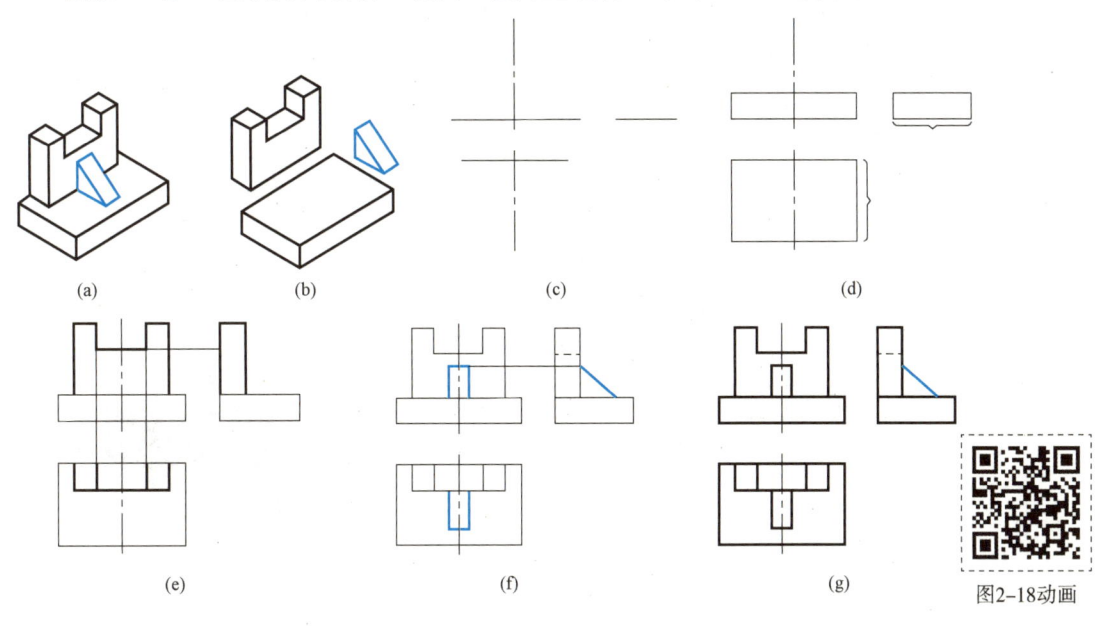

图 2-18　由轴测图绘制三视图（叠加型组合）分步作图
(a) 已知条件；(b) 分析形体；(c) 布图（画三视图基准线）；(d) 画底板三视图；
(e) 画带槽立板（从主视入手）；(f) 画三角形侧板（从左视入手）；(g) 检查、加深

图2-18动画

**【例 2-3】** 由轴测图绘制三视图（切割型），如图 2-19 所示。

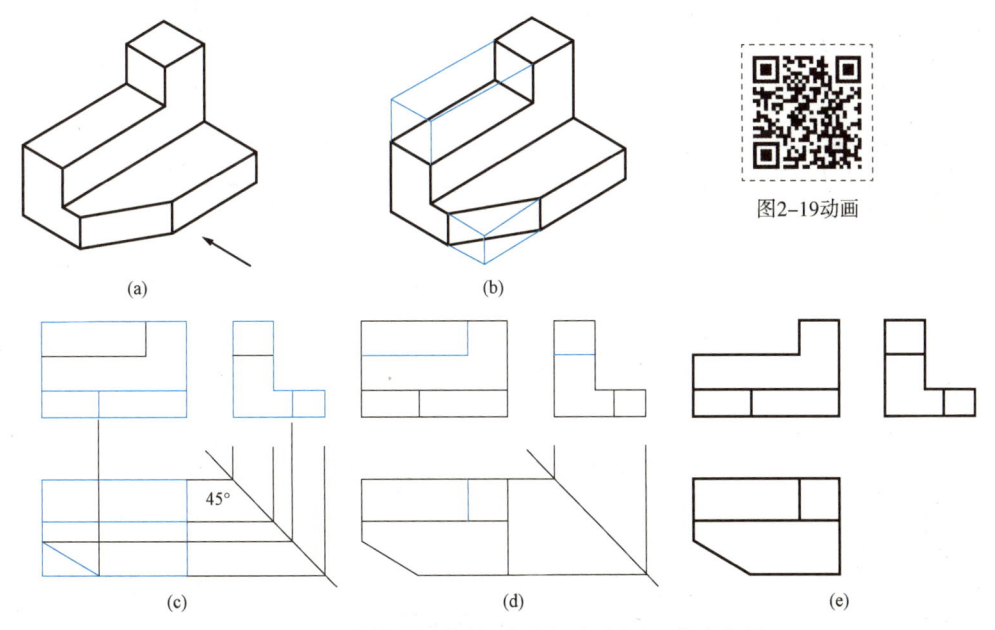

图2-19动画

图 2-19　由轴测图绘制三视图（切割型）分步作图
(a) 已知条件；(b) 填平补齐为 L 板；(c) 画 L 板（先画侧面）、切角；
(d) 开正面缺口（先画正面）；(e) 检查、加深

## 五、读图

**【例 2-4】** 已知形体的两投影，看懂图，补画其正面投影，如图 2-20 所示。

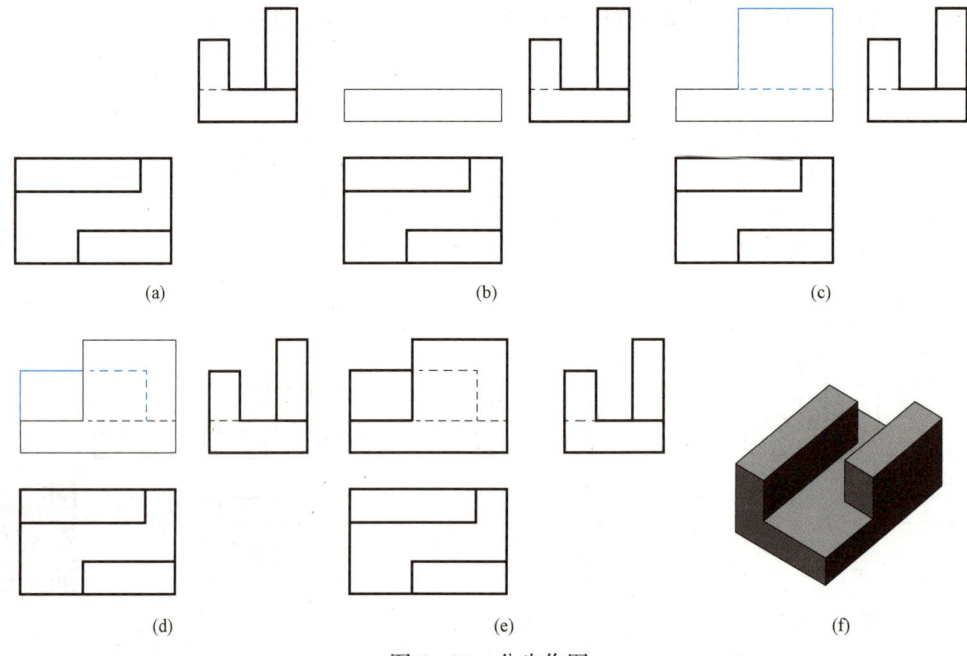

图 2-20 分步作图

(a) 已知条件；(b) 先画底板；(c) 画立板；(d) 画后面立板（注意遮挡关系）；(e) 检查加深；(f) 立体图

**【例 2-5】** 看图，补画侧面投影，如图 2-21 所示。

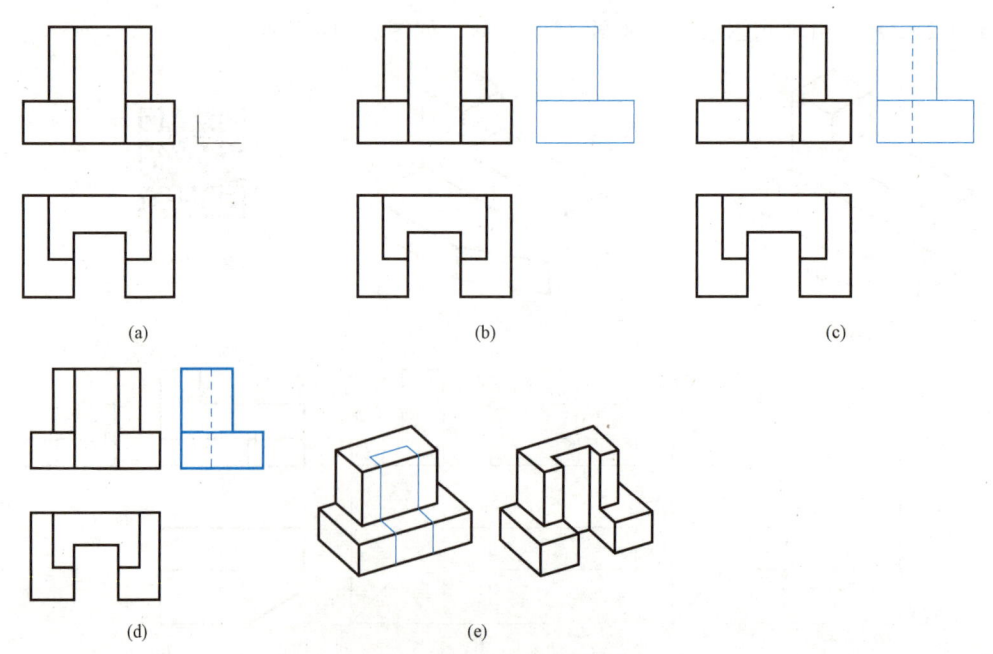

图 2-21 分步作图

(a) 已知条件；(b) 画两个长方体（勿忘交线）；(c) 开槽；(d) 检查加深；(e) 立体图

# 第三章 轴测投影图的画法

## 本章主要内容

(1) 常用的轴测投影图：正等轴测投影、正面斜二测、水平斜等测、不同观察方位的轴测图。

(2) 轴测图的画法：画法要点、特征端面法（适于柱类形体）、锥类形体多用坐标法绘制轴测图。

(3) 轴测图中平行于投影面的圆：正等测中平行于投影面的圆、斜二测中的正平圆反映实形（圆）、水平斜等测中的水平圆反映实形（圆）。

## 第一节 常用的轴测投影图

轴测投影图，直观性好、作图简单，是科普教育中应用较多的一种立体图，学习中帮助想象空间情况、提高空间想象能力。

### 一、正等轴测投影图（用长方体模拟）

形成及参数：物体放斜（先绕铅垂轴旋转 45°，再绕侧垂轴向前旋转 35°），视线垂直于投影面（$V$），在 $V$ 面上形成的立体图叫正等轴测投影图（简称正等测），其长（$X$）、宽（$Y$）、高（$Z$）方向及测量比例，如图 3-1 所示。

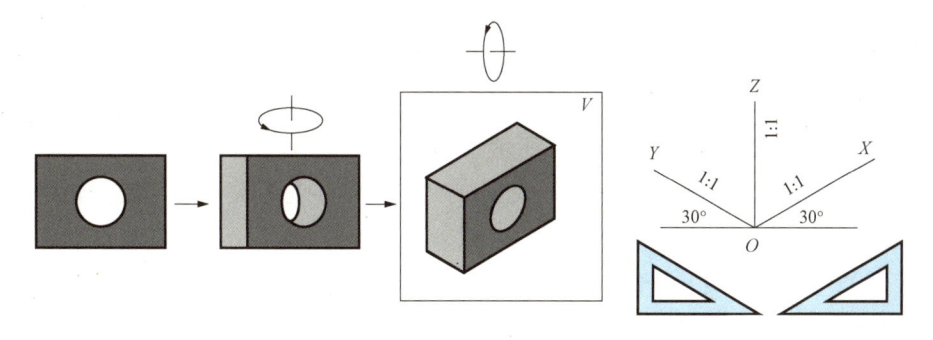

图 3-1 动画

图 3-1 正等测投影图的形成及参数

### 二、正面斜二测投影图

(一) 形成及参数

物体正面平行于投影面（$V$），视线倾斜于投影面（$V$），即视线从左前上方向右后下方投射，在 $V$ 面上形成的立体图，简称斜二测，其长（$X$）、宽（$Y$）、高（$Z$）方向及测量比例，如图 3-2 所示。

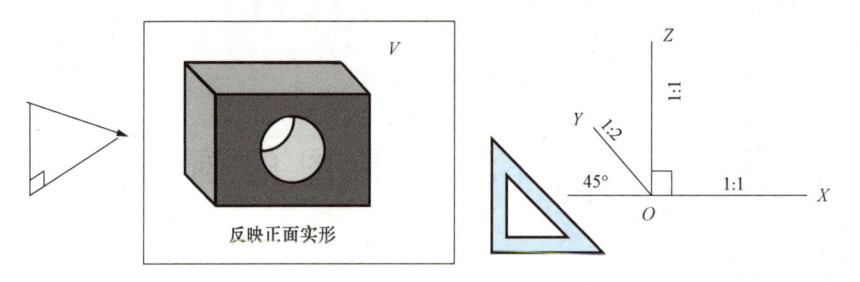

图 3-2 斜二测投影图的形成及参数

（二）特点

正面斜二测投影图的特点是斜二测反映正面实形。

### 三、水平斜等测投影图

（一）形成及参数

视线从物体左前上方向右后下方投射，在水平面 $H$ 上得到的立体图（鸟瞰图），如图 3-3 所示。

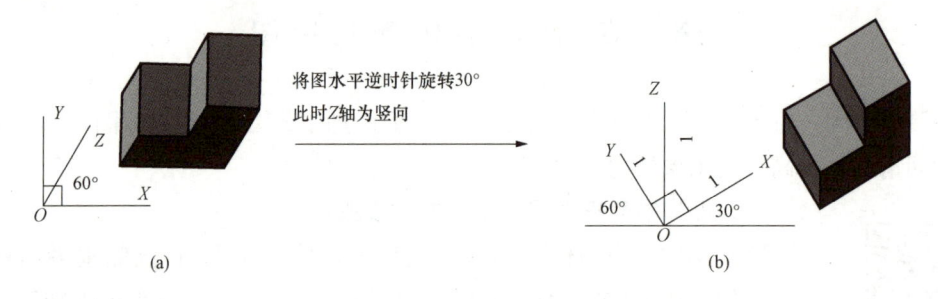

图 3-3　水平斜等测投影图的形成及参数
（a）理论；（b）实用

（二）特点

水平斜等测投影图的特点是轴测图反映水平面实形。

### 四、不同观察方位的轴测图

不同观察方位的轴测图，如图 3-4 所示。

图 3-4（a）为正等测的 4 种表现形式，（1）和（2）的区别是形体绕铅垂轴的旋转方向不同，分别表达了形体的左、右侧面，只是 $X$、$Y$ 轴方向互换了一下，其与水平方向的夹角仍是 30°。（3）、（4）与（1）、（2）的区别是形体绕侧垂轴的旋转方向不同，前者是形体向前倾转 35°，表达了形体的上底面，后者是向右倾旋转 35°，表达了形体的下底面（仰视）。上述 4 种形式，$Z$ 轴是竖直的，只是 $X$、$Y$ 轴方向互换了一下，其与水平方向的 30°不变，读者可用长方体根据表达需求模拟，切勿死记。但必须明确，$X$、$Y$ 轴确定的是水平面（上底或下底），$X$、$Z$ 轴确定的是形体的正面（在左侧或右侧），$Y$、$Z$ 轴确定的是形体的侧面（左侧面或右侧面）。

图 3-4（b）中为斜二测的 4 种表现形式，只是斜射光线不同，正面形状不变，45°方向（即宽度方向）有 4 种，分别表达形体的左、右侧面不同或上、下底面不同。

第三章 轴测投影图的画法　　　　　　　　　　　　　23

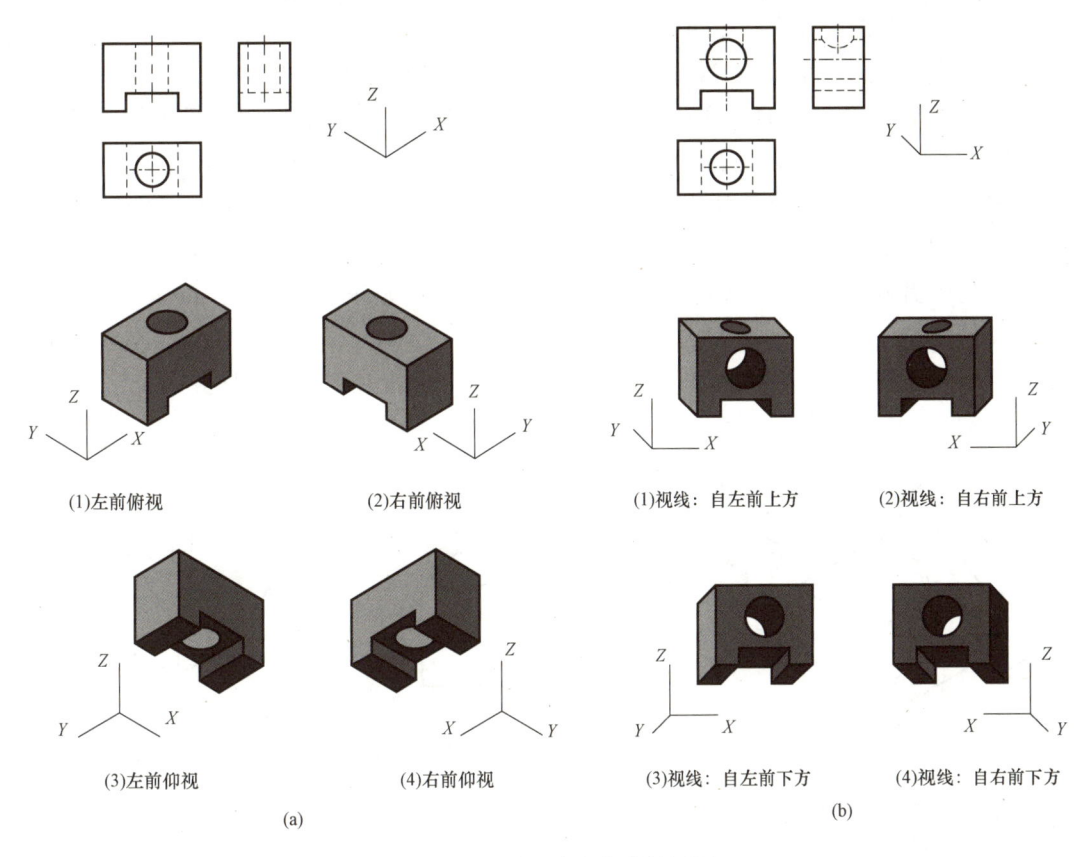

(1)左前俯视　　　(2)右前俯视　　　　　　(1)视线：自左前上方　　(2)视线：自右前上方

(3)左前仰视　　　(4)右前仰视　　　　　　(3)视线：自左前下方　　(4)视线：自右前下方

(a)　　　　　　　　　　　　　　　　　(b)

图 3-4　不同观察方位的轴测图

## 第二节　轴测图的画法

### 一、画法要点

不管哪种轴测图，只要给出 XYZ（长宽高）方向和度量比例，画法是一样的。只需明白正面是 XZ，水平面是 XY，侧面是 YZ，如图 3-5 所示。

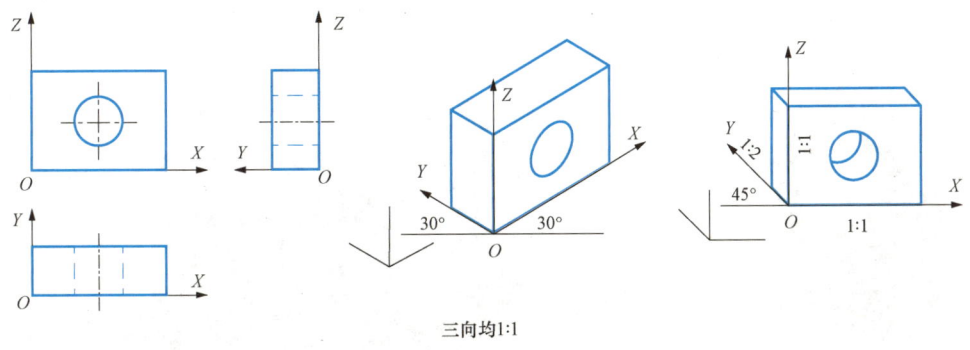

三向均1:1

图 3-5　三视图与轴测图的长、宽、高对应关系

(1) 把握轴测图与三视图之间 $X$、$Y$、$Z$ 轴的对应关系（对应性）。
(2) 利用平行关系作图（主要是平行于 $X$、$Y$、$Z$ 方向）（平行性）。
(3) 沿坐标轴（轴测轴）方向按比例测量尺寸作图（度量性），"轴测图"由此而得名。

绘制轴测图时，逐步摆脱把轴绑附在立体上，做到图上无轴，心中有轴。

轴测图是物体放斜后或者斜投影得到的一个单面投影。在轴测图上反映了物体三个方向（三大面）的形象，虽有变形，仍然可以想象出其立体形状，这有个习惯适应过程。看轴测图时，首先要明确物体的长（$X$）、宽（$Y$）、高（$Z$）方向及正面、侧面、顶面三大面对应的尺度测量。

徒手临摹画图 3-6 的轴测图，主要是对轴的方向、角度和平行性的把握。

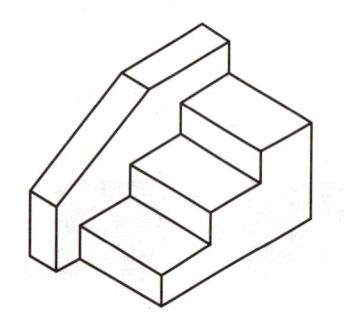

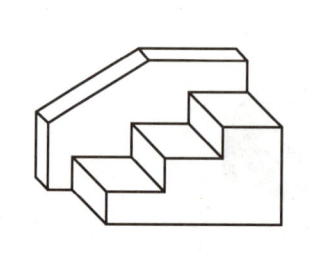

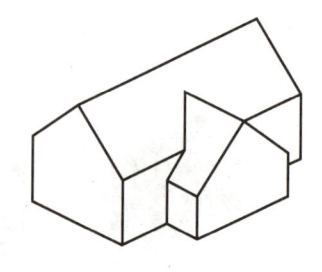

图 3-6　临摹画轴测图

观察轴测图中的圆，如图 3-7 所示。添加明暗和阴影的效果，如图 3-8 所示。

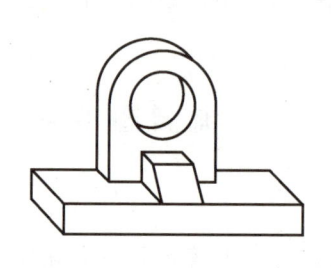

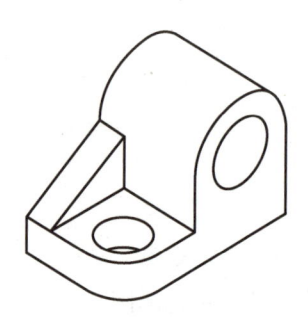

图 3-7　观察轴测图中的圆

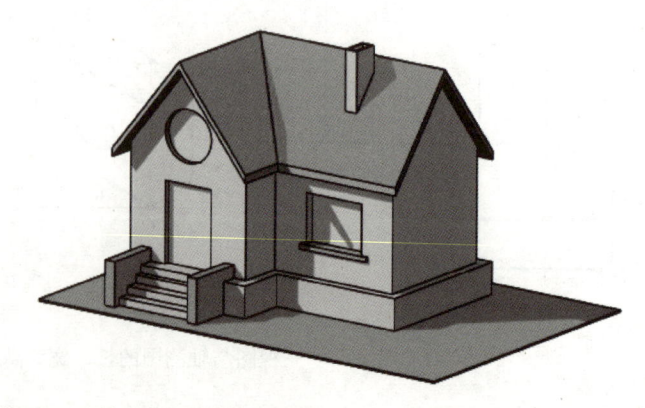

图 3-8　添加明暗和阴影的效果

## 二、特征端面法

特征端面法适用于柱类形体。从特征面入手，明确该特征面的坐标轴方向。根据特征面方向，通常由上而下或由前向后，或从左向右作图。

【例3-1】 同样形体、不同方位正等测图的画法，如图3-9所示。

图3-9动画

(1)投影图　　(2)先画上底面　　(3)往下画　　(4)检查、加深

(a)

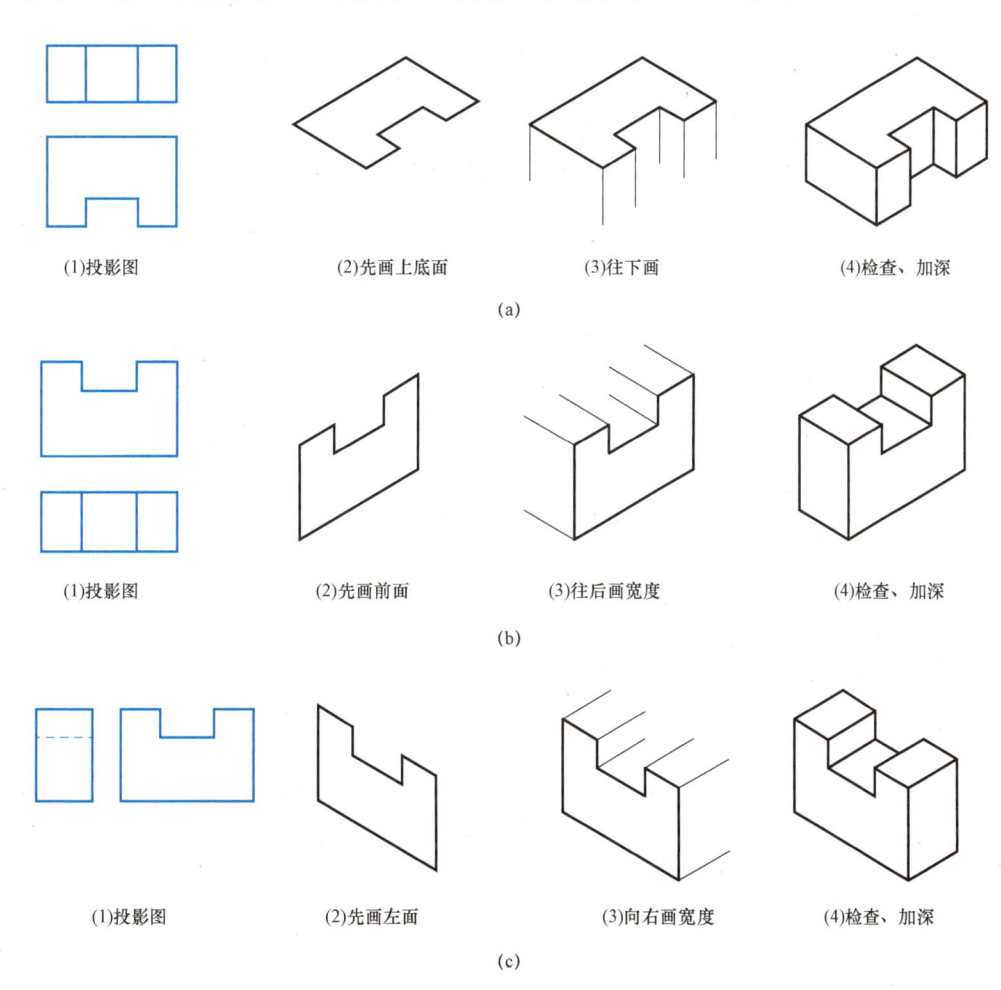

(1)投影图　　(2)先画前面　　(3)往后画宽度　　(4)检查、加深

(b)

(1)投影图　　(2)先画左面　　(3)向右画宽度　　(4)检查、加深

(c)

图3-9 从特征面入手

(a) 水平面是特征面，由上往下画；(b) 正面是特征面，由前向后画；
(c) 侧面是特征面，由左向右画

（一）叠加组合体的轴测图

【例3-2】 绘制叠加组合体的正等测图，如图3-10所示。

【例3-3】 绘制建筑形体的正等测图和斜二测图，如图3-11所示。

【例3-4】 绘制台阶的正等测图和斜二测图，如图3-12所示。

（二）切割形体的轴测图

【例3-5】 绘制切割形体的正等测图，如图3-13所示。

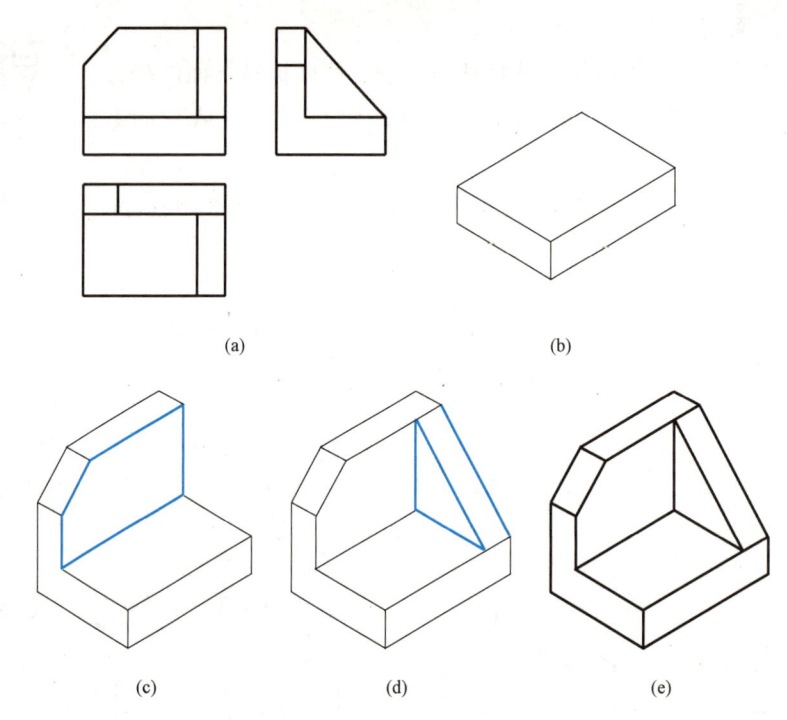

图 3-10 叠加组合体的正等测图分步作图
(a) 已知投影图；(b) 底板；(c) 立板；(d) 侧板；(e) 检查、加深

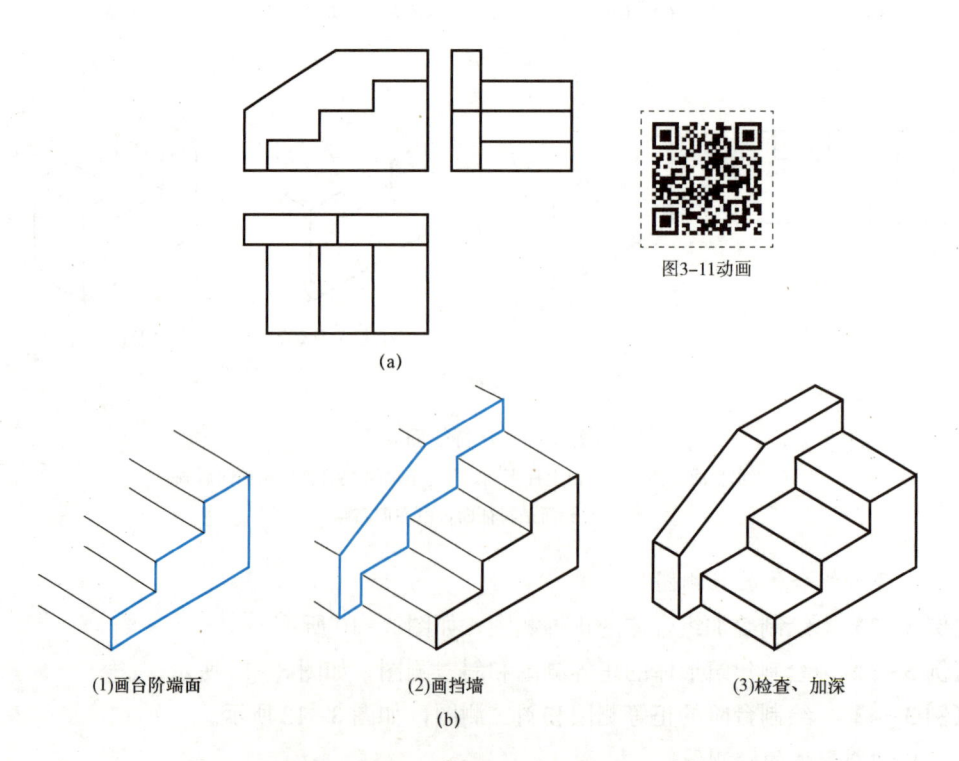

图3-11动画

(1) 画台阶端面　(2) 画挡墙　(3) 检查、加深
(b)

图 3-11 建筑形体的正等测图和斜二测图分步作图（一）
(a) 已知投影图；(b) 正等测分步作图

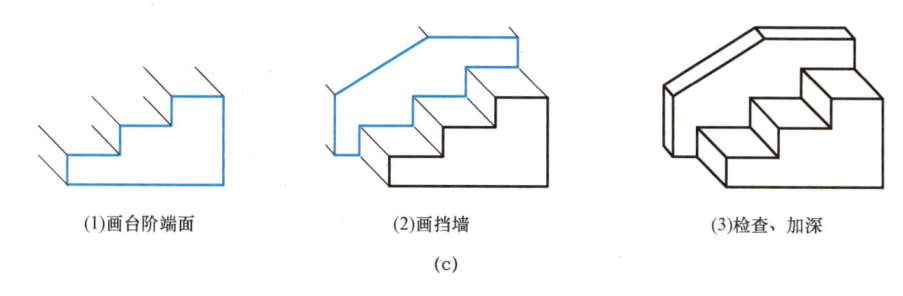

(1)画台阶端面　　　　　　　　(2)画挡墙　　　　　　　　(3)检查、加深

(c)

图 3-11　建筑形体的正等测图和斜二测图分步作图（二）
(c) 斜二测图分步作图

(a)

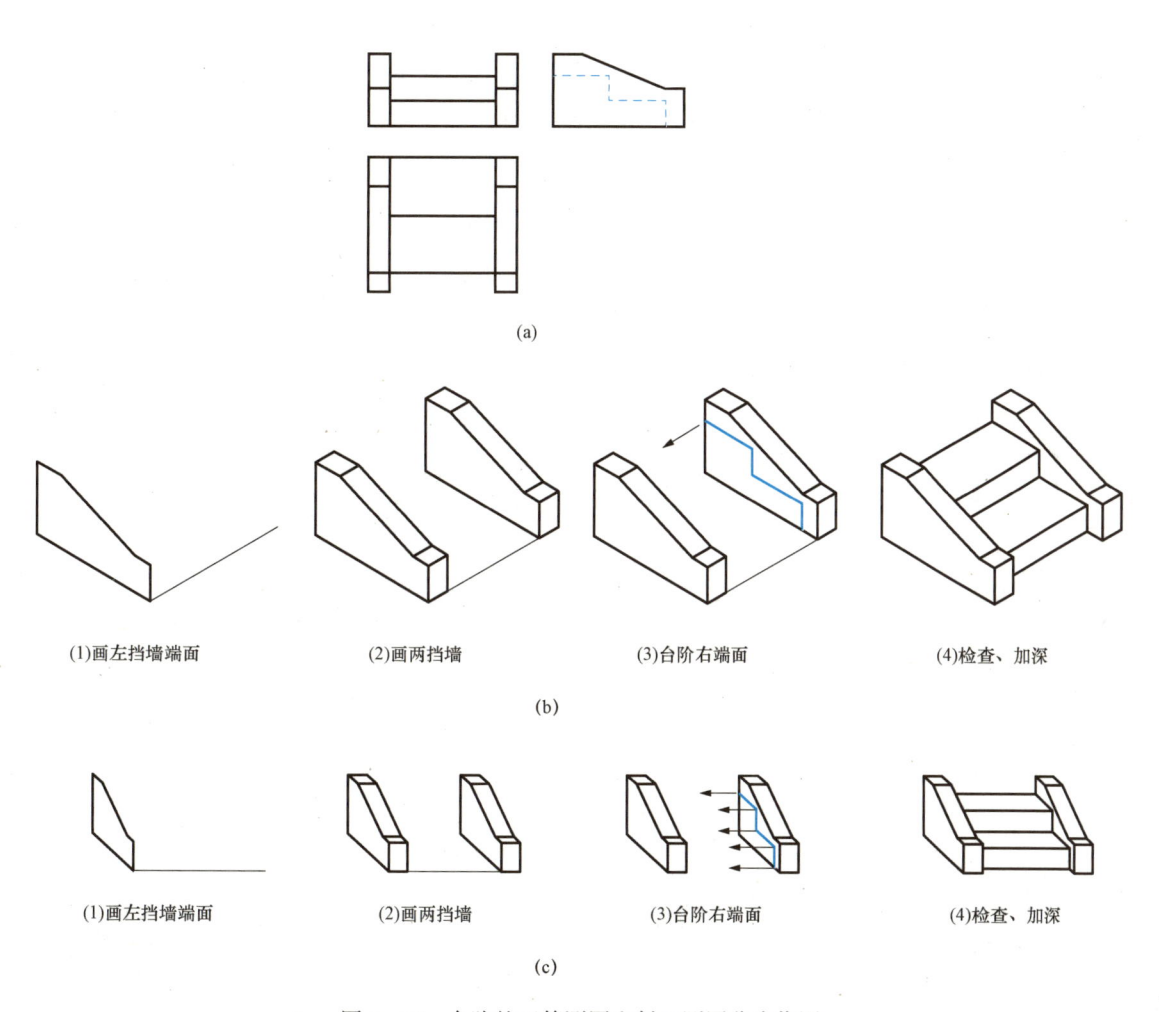

(1)画左挡墙端面　　　(2)画两挡墙　　　(3)台阶右端面　　　(4)检查、加深

(b)

(1)画左挡墙端面　　　(2)画两挡墙　　　(3)台阶右端面　　　(4)检查、加深

(c)

图 3-12　台阶的正等测图和斜二测图分步作图
(a) 已知投影图；(b) 正等测图分步作图；(c) 斜二测分步作图

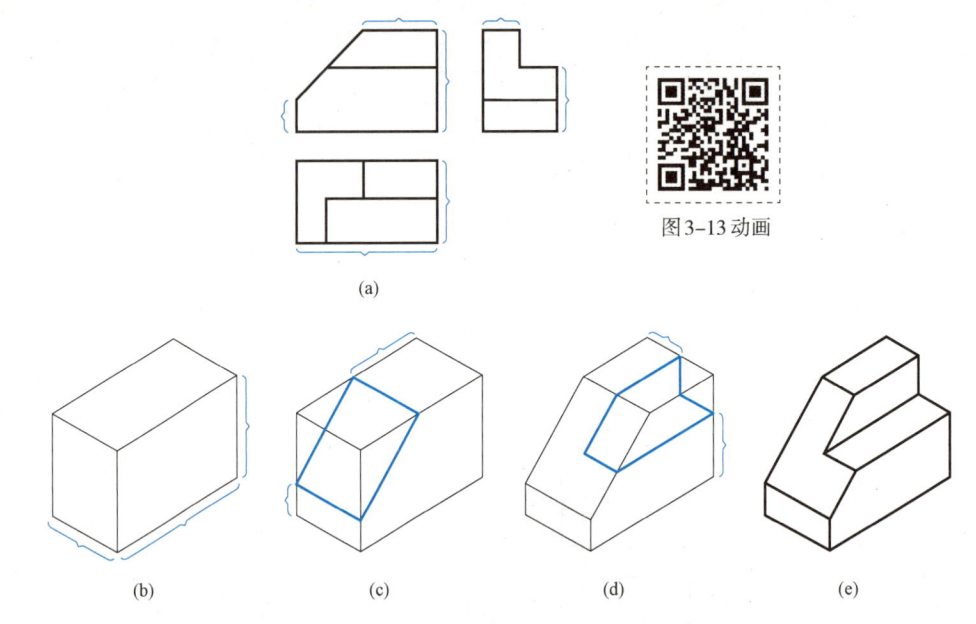

图 3-13 切割形体的正等测图分步作图
(a) 已知投影图；(b) 填平补齐，画长方体；(c) 切去左上角；
(d) 前上方切口；(e) 检查、加深

**【例 3-6】** 绘制切割形体的正等测图，如图 3-14 所示。

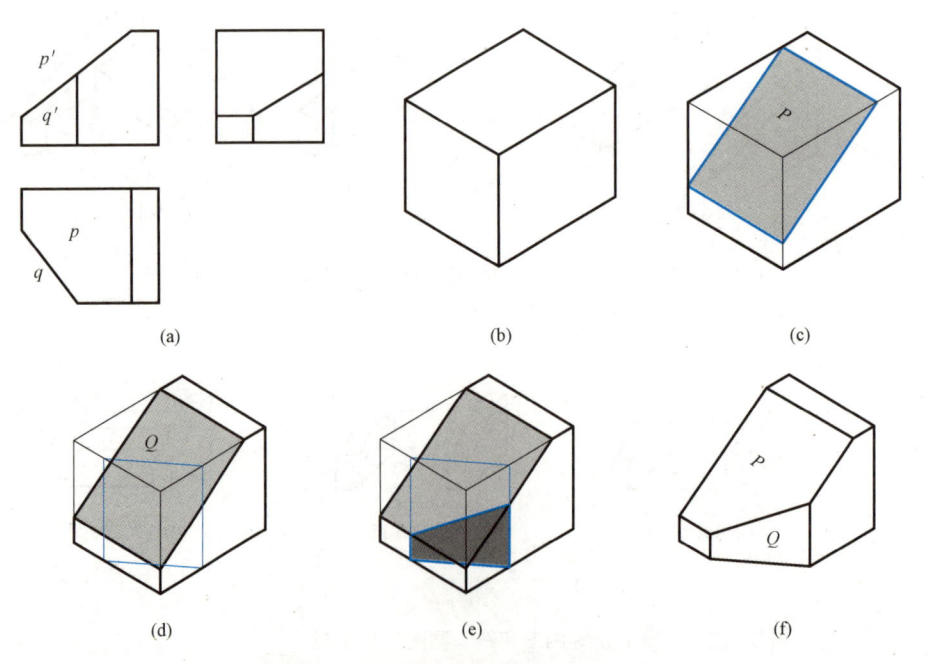

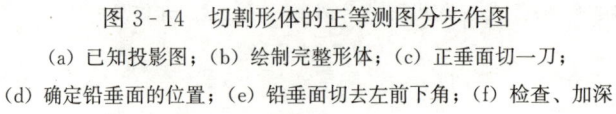

图 3-14 切割形体的正等测图分步作图
(a) 已知投影图；(b) 绘制完整形体；(c) 正垂面切一刀；
(d) 确定铅垂面的位置；(e) 铅垂面切去左前下角；(f) 检查、加深

（三）锥类形体多用坐标法绘制轴测图

【例 3-7】 画四棱锥台的正等测图，如图 3-15 所示。

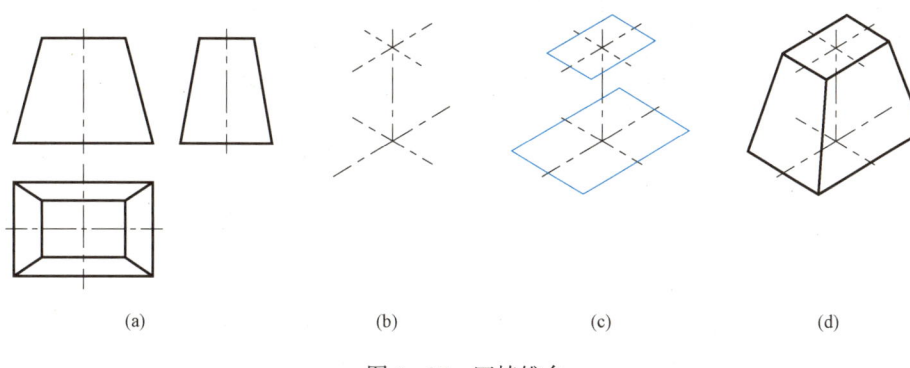

图 3-15 四棱锥台

图 3-15 动画

(a) 已知投影图；(b) 画上下底面对称线、锥高；(c) 画上下底面；(d) 连棱线、加深

【例 3-8】 画屋顶的正等测图，如图 3-16 所示。

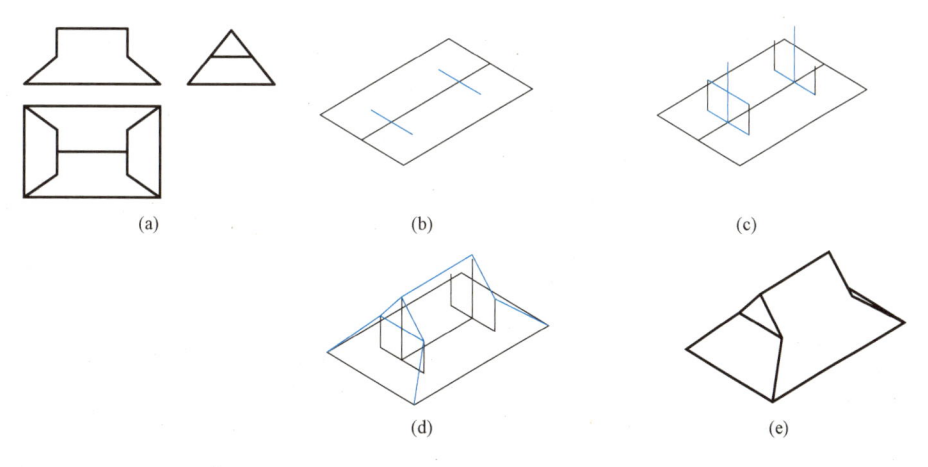

图 3-16 歇山屋顶

(a) 已知投影图；(b) 画平面；(c) 升高度；(d) 连屋脊、斜线；(e) 检查、加深

## 第三节 轴测图中平行于投影面的圆

### 一、正等测图中平行于投影面的圆

正等测图中平行于坐标面的圆变形为椭圆，采用圆外切正方形、内切四段圆弧近似椭圆（四心法），如图 3-17 所示。

（一）圆外切正方形法画椭圆

圆的外切正方形变形为菱形，圆变形为椭圆，椭圆由四段圆弧近似。菱形钝角夹着大弧，其圆心在对面钝角顶点 $O$ 上。菱形锐角夹着小弧，其圆心在菱形长对角线上与大弧夹角线的交点 $O_1$ 上，如图 3-18 所示。

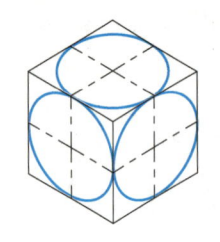

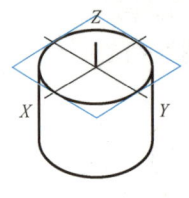

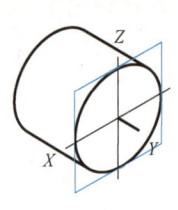

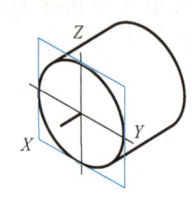

图 3-17 轴测图中不同方向的圆

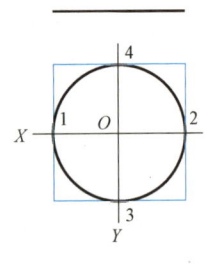

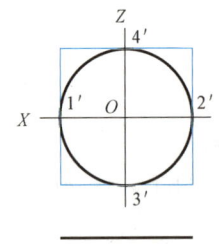

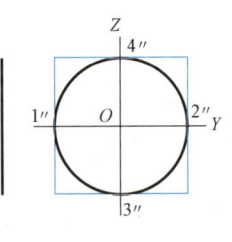

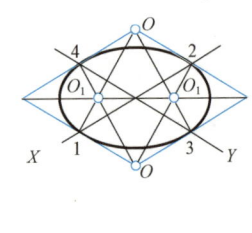

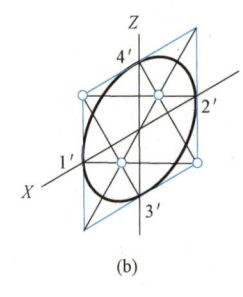

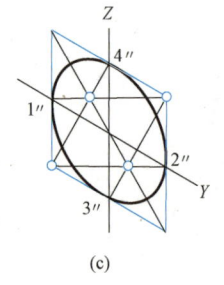

图 3-18 圆外切正方形法
(a) 水平圆；(b) 正平圆；(c) 侧平圆

图 3-18 动画

## （二）半圆、圆角的画法

半圆的画法如图 3-19 所示。

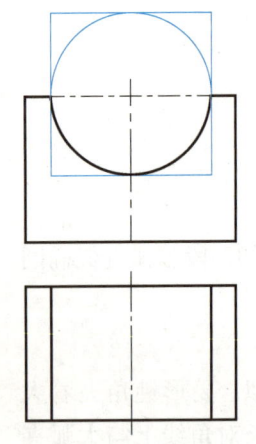

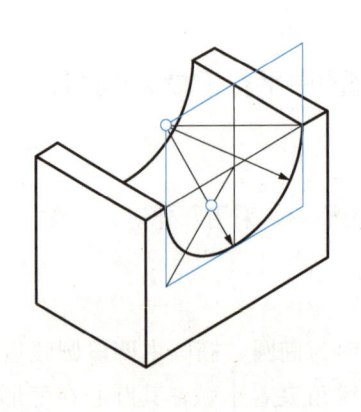

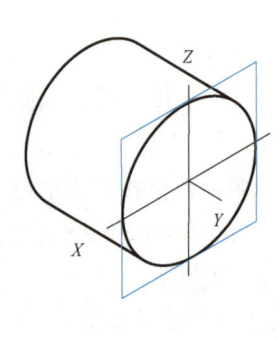

图 3-19 半圆（先画整圆，从中取半）

图 3-19 动画

半圆的画法：①绘制正立面图；②沿 $Y$ 轴拉伸；③将圆心沿 $Y$ 轴拉伸；④绘制后端面圆弧。

圆角的画法：①观察四心法椭圆，位于轴上的四个点是大、小圆弧的切点、分界点，其圆心在过切点各边垂线的交点上；②画长方体底板，从角点用 $R$ 量出切点，过切点分别作边线的垂线，交点即圆心，分别画弧；③向下平移圆心和切点（距离为板厚），画下端圆弧，如图 3-20 所示。

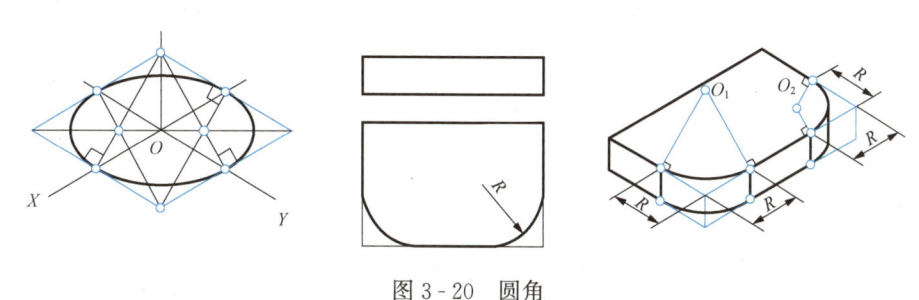

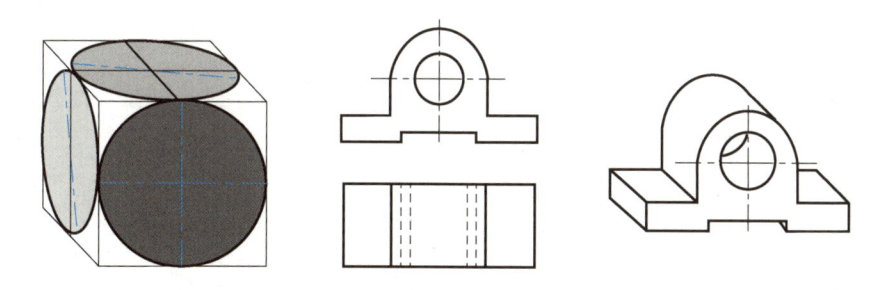

图 3-20 圆角

## 二、斜二测图中的正平圆

斜二测图中的正平圆反映实形（圆），如图 3-21 所示。

图 3-21 斜二测图中的正平圆反映实形（圆）

## 三、水平斜等测图中的水平圆

水平斜等测图中的水平圆反映实形（圆），如图 3-22 所示。小区的水平斜等测图，如图 3-23 所示。将平面图旋转 30°，立高度，画层分隔线。

(a)

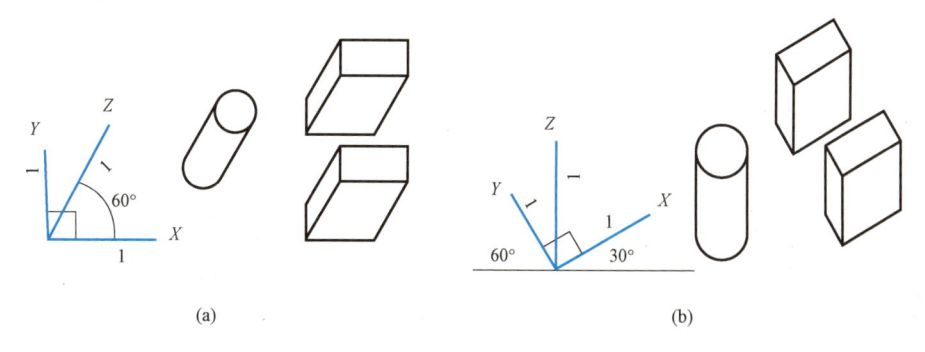

(b)

图 3-22 水平斜等测图中的水平圆反映实形（圆）
（a）理论画法；（b）实际画法

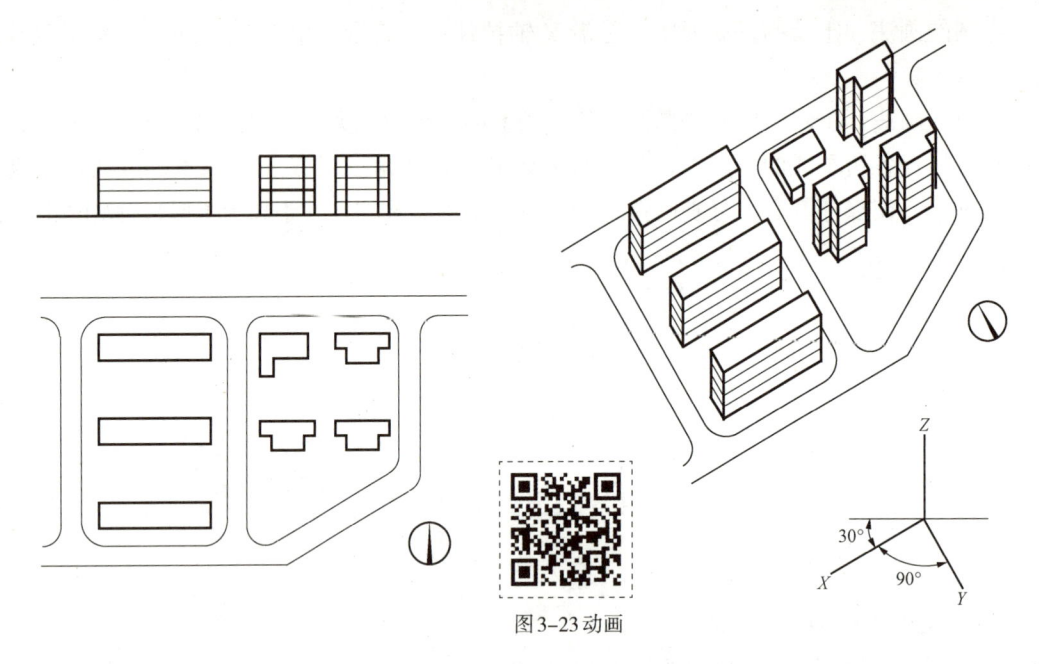

图 3-23 小区的水平斜等测图

### 四、预判轴测图效果

轴测投影的投影方向在正投影中的投影，如图 3-24 所示。据此可在三面投影中预判轴测图中的表达效果，如图 3-25、图 3-26 所示。

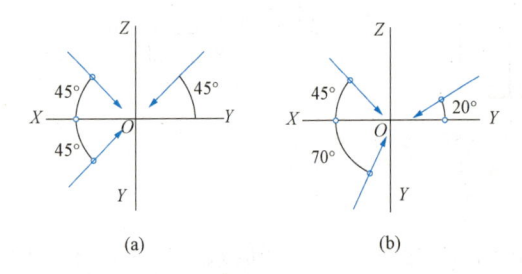

图 3-24 轴测投影的投影方向在正投影中的投影
（a）正等测图；（b）斜二测图

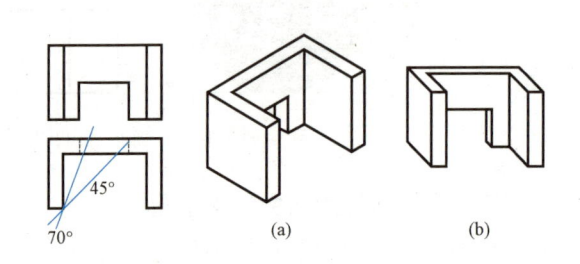

图 3-25 根据光线预判后面洞口的表达效果
（a）正等测；（b）斜二测

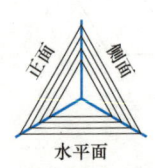

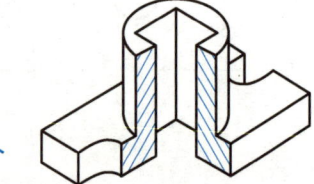

### 五、正等测中的剖面线方向

正等测中的剖面线方向如图 3-27 所示。

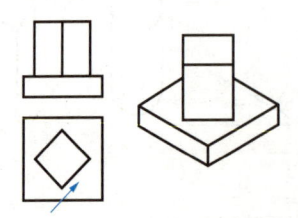

图 3-26 与光线平行的面，投影积聚

图 3-27 正等测中的剖面线方向

# 第四章　立体上点、直线、平面的投影分析

**本章主要内容**

前面宏观学习了形体的三面视图，本章将组成立体的几何元素（点、直线、平面）从立体上分离出来进行研究，以期解决较复杂的制图问题。

（1）点的投影：点在三投影面体系中的投影、点的投影与点的坐标关系、点的投影规律。

（2）直线的投影：一般位置线、投影面平行线、投影面垂线。

（3）平面的投影：各种位置平面（投影面平行面、投影面垂直面、一般位置平面、平面图形的识读及作图）、平面立体分析（平面立体的面形分析、用面形分析法读图、画图；在平面上作辅助线定点、立体上直线与平面求交问题）。

## 第一节　点 的 投 影

立体上的点一般以三面共点（交点）或线、面交点的形式出现，观察你身边立体上的点。

### 一、点在三投影面体系中的投影

（1）在三投影面体系中，将空间点 $A$ 分别向 $V$、$H$、$W$ 面进行正投影，得正面投影 $a'$、水平投影 $a$、侧面投影 $a''$。

（2）$V$ 面不动，将 $H$ 面绕 $X$ 轴向后下旋转 $90°$、将 $W$ 面向右后旋转 $90°$，三投影面展开摊在一个平面上，得三面投影图，如图 4-1 所示。

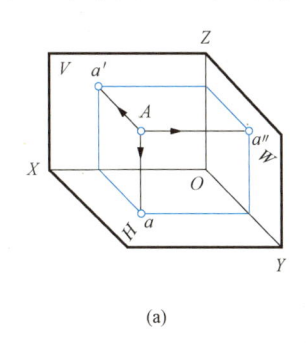

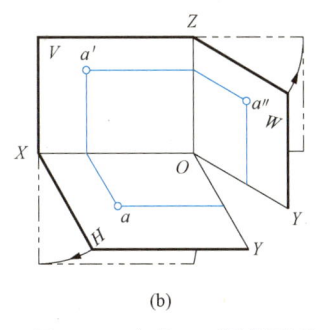

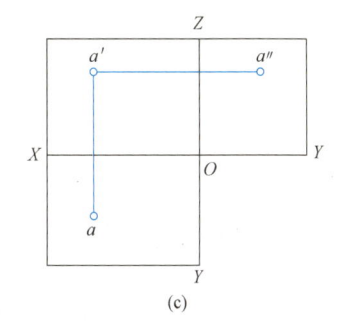

图 4-1　点的三面投影形成

### 二、点的投影与点的坐标关系（形、数结合的基础）

点到三个投影面的距离用坐标表示，用来定位点的位置。点到侧面的距离称作 $X$ 坐标，用来定位点的左右位置；点到正面的距离称作 $Y$ 坐标，用来定位点的前后位置；点到水平面的距离称作 $Z$ 坐标，用来定位点的高度，如图 4-2 所示。

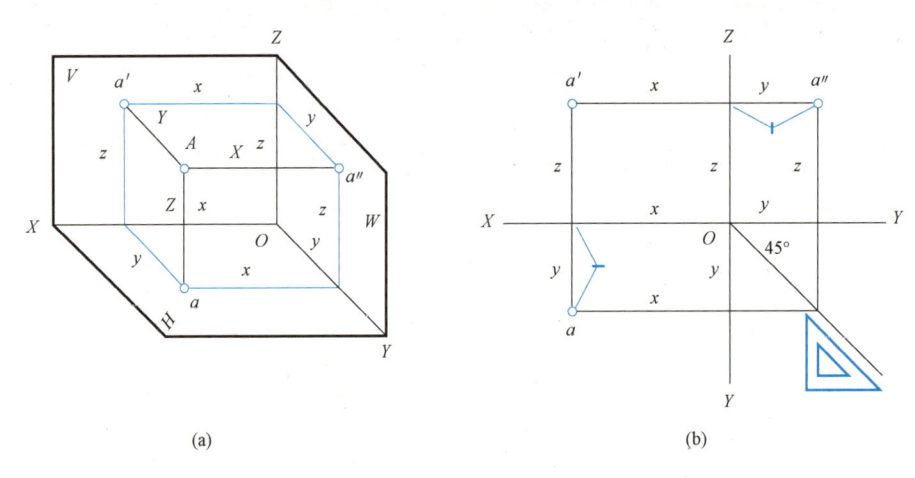

图 4-2 点的投影与坐标
(a) 空间；(b) 平面

点的投影与坐标如下：空间点 $A(x、y、z)$；水平投影 $a(x，y，O)$；正面投影 $a'(x，O，z)$；侧面投影 $a''(O，y，z)$。

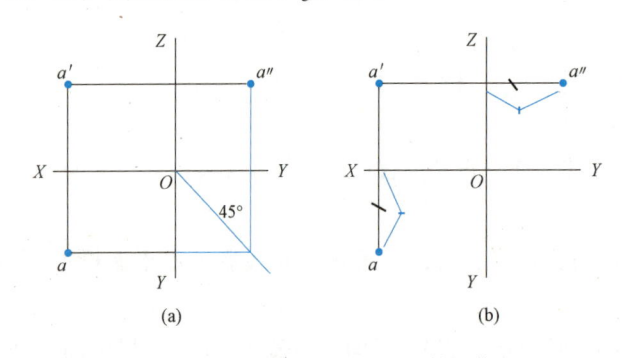

图 4-3 实现 H、W 投影宽相等的作图
(a) 借助 45°线；(b) 直接用分规截取

### 三、点的投影规律

正面投影与水平投影连线 $a'a$ 垂直于 OX 轴（长对正）；

正面投影与侧面投影连线 $a'a''$ 垂直于 OZ 轴（高平齐）；

水平投影 $a$ 到 OX 轴的距离等于侧面投影 $a''$ 到 OZ 轴的距离（宽相等）。

据此作图称为投影关系，特别要注意水平投影和侧面投影的关系，如图 4-3 所示。

这和三视图中的"三等"关系是一致的，二者只是测量基准的不同。

## 第二节 直线的投影

立体上的直线以两平面的交线形式出现，观察一下你身边立体上的直线。

### 一、一般位置线

**（一）一般位置线的投影**

一般位置线是指与三个投影面都倾斜的直线，直线与 H、V、W 投影面的倾角分别用 $\alpha$、$\beta$、$\gamma$ 表示，倾角的大小决定投影的长短和歪斜情况（直线与其投影之间，是直角三角形的斜边及相对直角边的余弦边角关系），如图 4-4 所示。

一般位置线的投影特性：三个投影均倾斜于投影轴，投影缩短，不反映实长和倾角的真实大小。

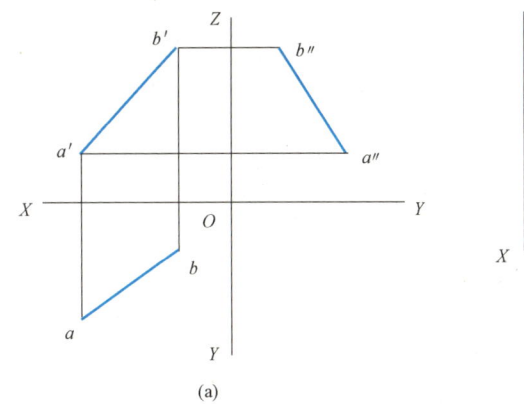

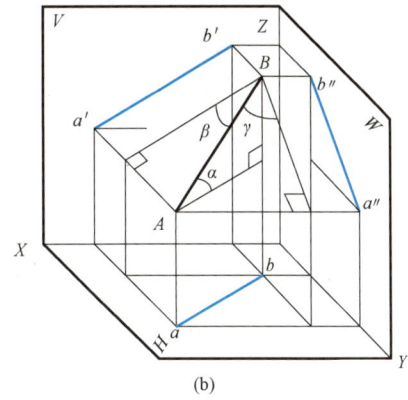

图 4-4 一般位置线的投影
(a) 投影；(b) 空间

立体上的一般位置线如图 4-5 所示。

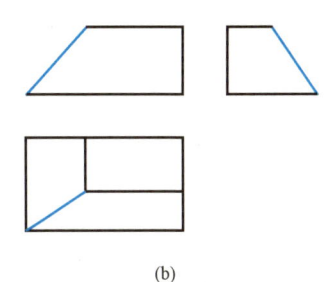

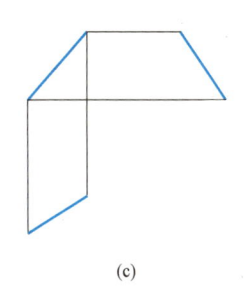

图 4-5 立体上的一般位置线
(a) 立体；(b) 三视图；(c) 一般位置线

（二）识读直线的投影（可用笔杆模拟）

图 4-6 给出直线投影的两种表达方式，初学阶段采用有轴投影，以后逐步过渡到无轴投影。无轴投影是用线段本身的相对坐标（$\Delta X$、$\Delta Y$、$\Delta Z$）作图，其优点是在保持"高平齐、长对正、宽相等"的前提下，可以调整投影之间的距离。

读图要诀：（下述中重点在前半句，后半句一般不会错）正面投影看高低及左右，模拟笔杆两端高低及左右；水平投影看前后及左右，据此调整笔杆两端前后；侧面投影看前后及高低（同前，未给水平投影时用）。直线的空间走向是从左前下方指向右后上方。

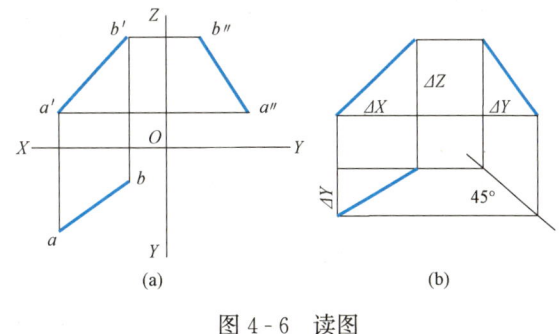

图 4-6 读图
(a) 有轴投影；(b) 无轴投影

## 二、投影面平行线

投影面平行线只平行于一个投影面，倾斜于另两个投影面。投影面平行线的投影特性，例如，正平线的投影特性：正面投影反映实长，同时反映与水平面的倾角 $\alpha$、与侧面的倾角 $\gamma$。另两个投影平行于相应的投影轴。自述水平线、侧平线的投影特性如图 4-7 所示。

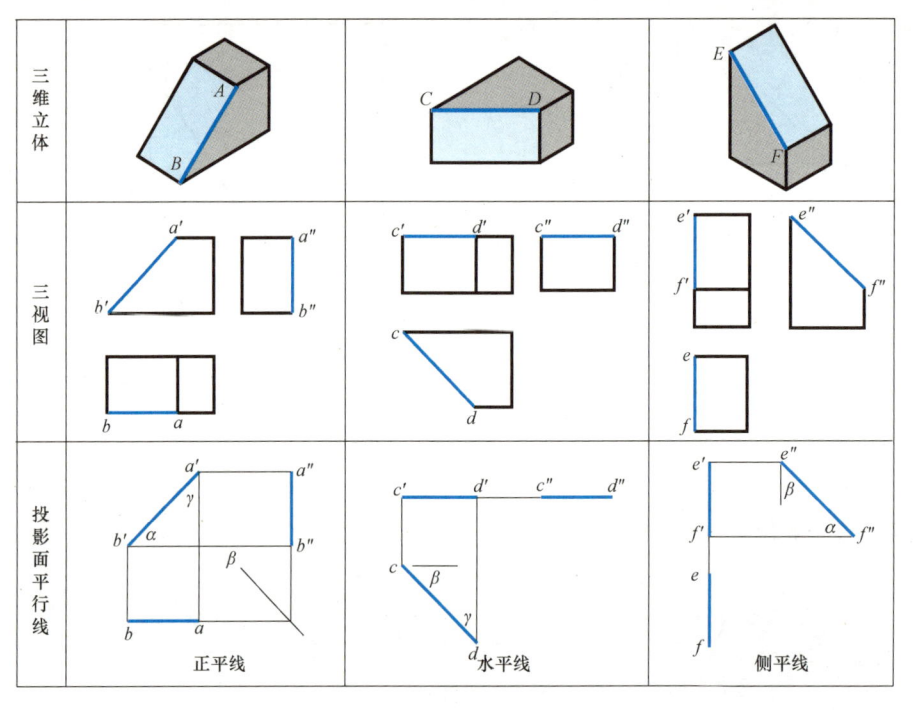

图 4-7 投影面平行线

### 三、投影面垂线

投影面垂线垂直于一个投影面，必平行于另两个投影面。例如，铅垂线的投影特性是水平投影积聚为点，另两个投影垂直于相应投影轴，余类推，如图 4-8 所示。

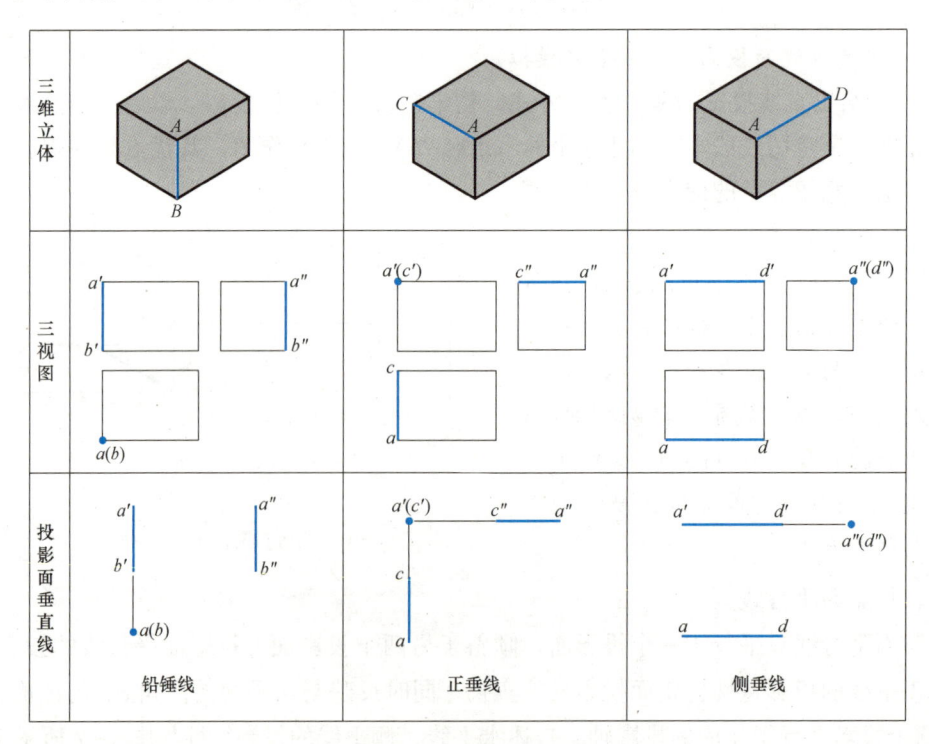

图 4-8 投影面垂线

【例 4-1】 读连续折线的投影，如图 4-9 所示，可用铁丝弯折模拟。

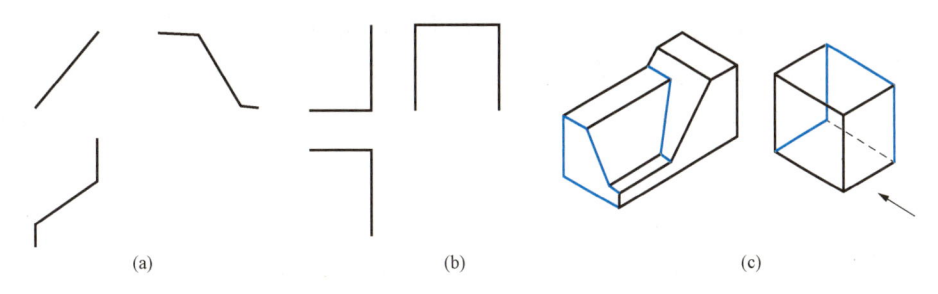

(a)　　　　　　　　　(b)　　　　　　　　　(c)

图 4-9　连续折线
(a) 三段线；(b) 四段线；(c) 空间情况

## 第三节　平　面　的　投　影

平面立体由多个平面围成，每一个平面可由直线、曲线或其组合构成，下面我们将把平面从立体上分离出来进行研究。

### 一、各种位置平面

平面相对于投影面的位置有三种：

（1）投影面平行面：平行于某一投影面。

有水平面、正平面和侧平面三种，这是立体上的主要平面。

（2）投影面垂直面：垂直于某一投影面，倾斜于另二投影面。

有正垂面、铅垂面和侧垂面三种，多指立体上的斜面。

（3）一般位置平面：与三个投影面都倾斜。

（一）投影面平行平面

根据正投影三个主要特性（积聚性、实形性、类似性）分别叙述其投影特性（要会模拟预判）。例如，水平面的投影特性是水平投影反映实形，另两投影平行于相应投影轴的线段，分别表示平面的长度和宽度，如图 4-10 所示。正平面和侧平面的投影特性留给读者自述。

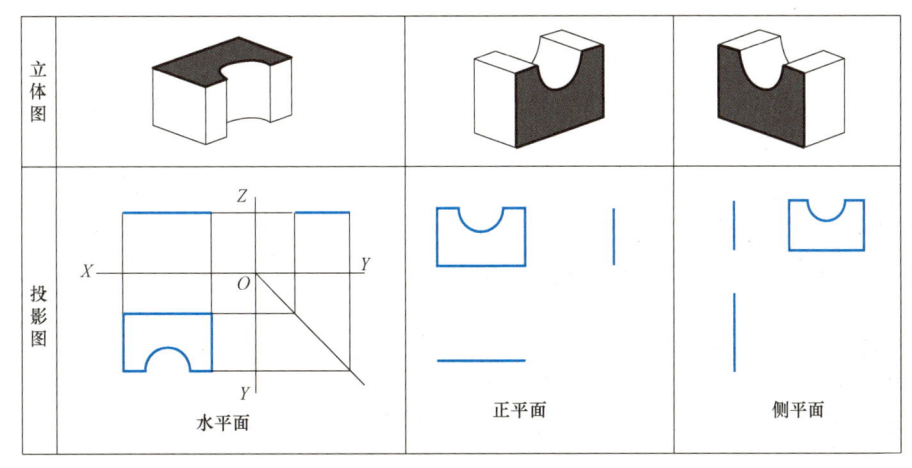

图 4-10　投影面平行面

## （二）投影面垂直面

投影面垂直面的投影特性是在所垂直的投影面上，投影积聚成一斜线段，反映与另两投影面的倾角，例如，正垂面的正面投影积聚为一斜线段，反映与水平面的倾角 $\alpha$、与侧面的倾角 $\gamma$。另两投影则为类似形，如图 4-11 所示。铅垂面和侧垂面的投影特性留给读者自述。

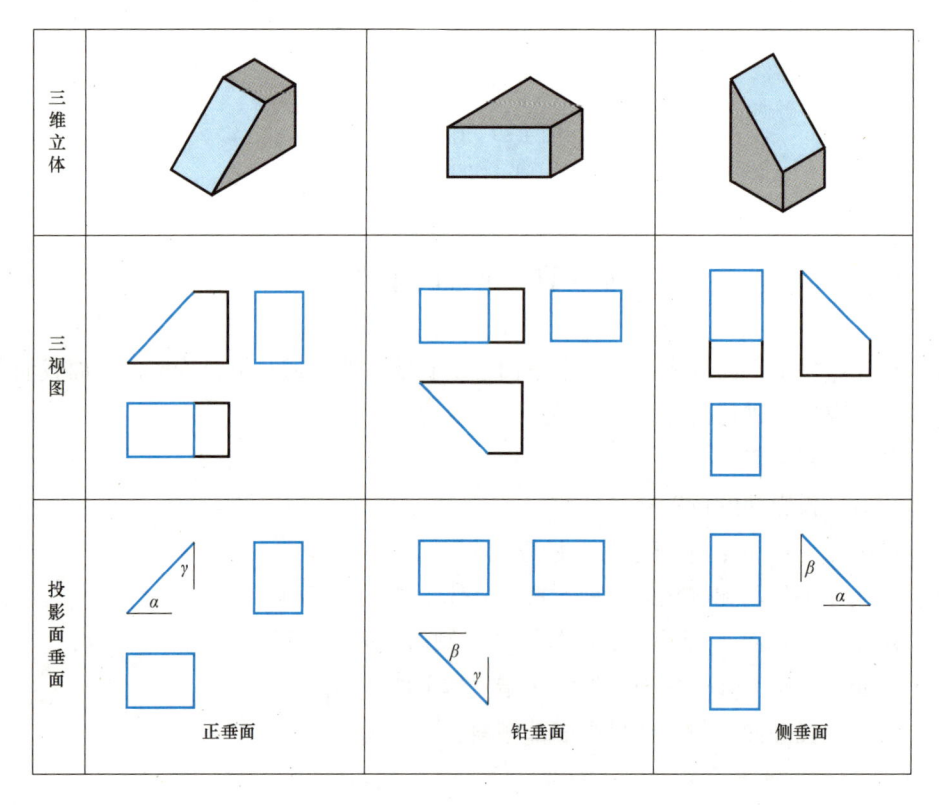

图 4-11　投影面垂面

## （三）一般位置平面

一般面的投影特性是三个投影均可见，均为缩小的类似形，如图 4-12 所示。

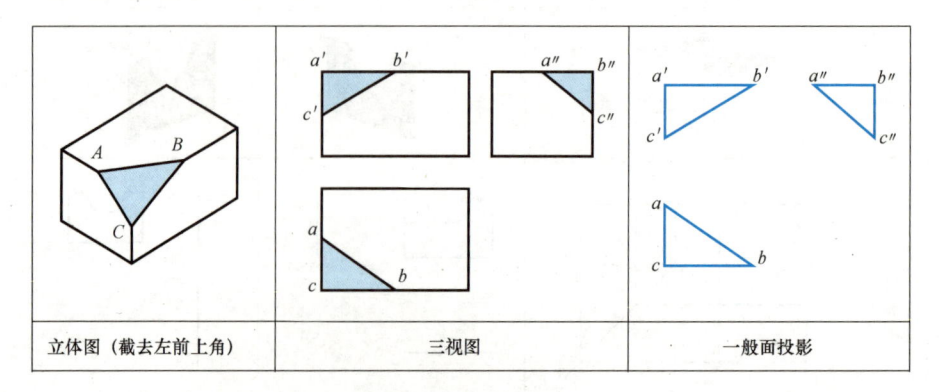

图 4-12　一般位置平面

## （四）平面投影的识读及作图

### 1. 看图

用三角板模拟平面的大致走向。正面投影看高低（将三角板摆成正面投影的样子，定出高低和左右的位置关系）；水平投影看前后，再调整前后。两个投影已经把三角板的大致倾斜情况看清了，即三角板是由左后上方向右前下方倾斜。若无水平投影时，可用侧面投影看前后，如图 4-13 所示。

### 2. 已知平面的 V、W 投影，补画 H 投影

作图前，先预判待求的 H 投影大致是什么样子，每条线是什么位置线，H 投影的走向，然后再按投影关系作图（初学者可标出各顶点的字符），如图 4-14 所示。

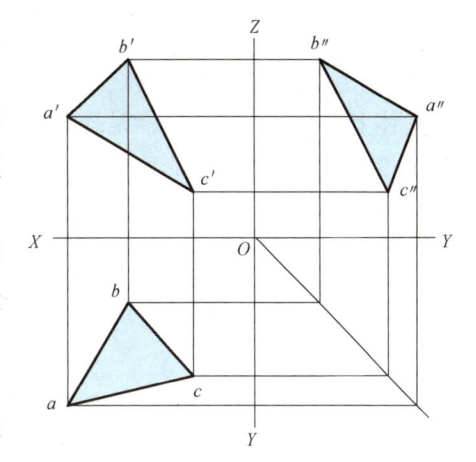

图 4-13 读图

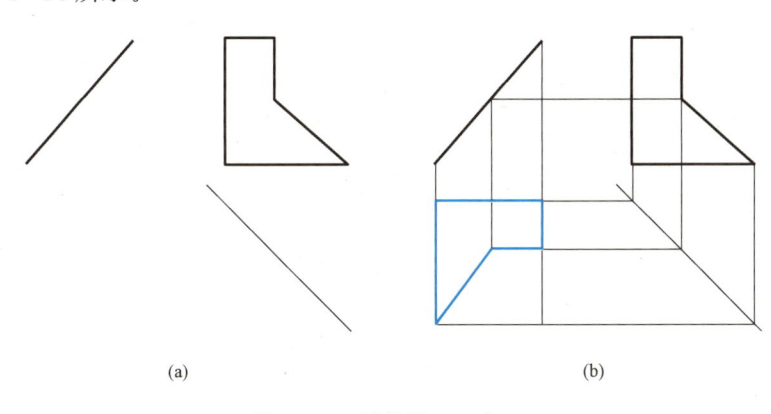

(a)　(b)

图 4-14 补投影（二求三）
(a) 已知条件；(b) H 投影

图 4-14 动画

### 3. 读图

连续平面的投影图如图 4-15 所示，说出每个平面是什么位置平面的名称。

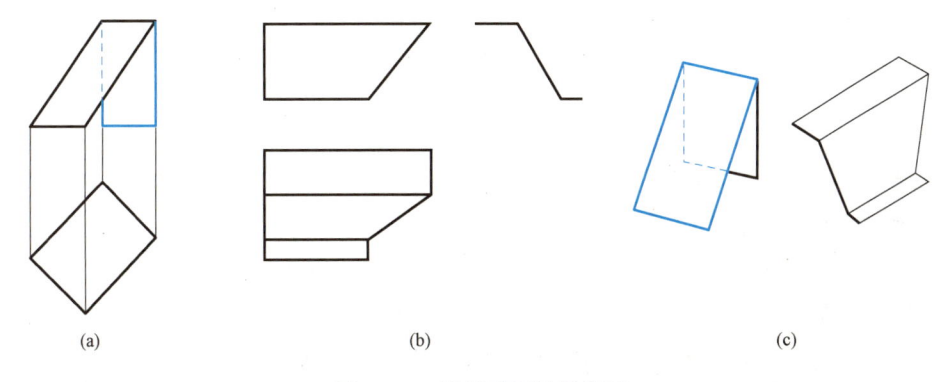

(a)　(b)　(c)

图 4-15 连续平面的投影图
(a) 投影图；(b) 三视图；(c) 立体图

## 二、平面立体分析

### （一）平面立体的面形分析

立体上平面的三投影可能是线框或者线段。若三投影均为线框（类似形），则为一般面；其中两投影为平行于某投影面的线段是投影面平行面；平面的一投影为斜线段，则为投影面垂面，如图 4-16 所示。

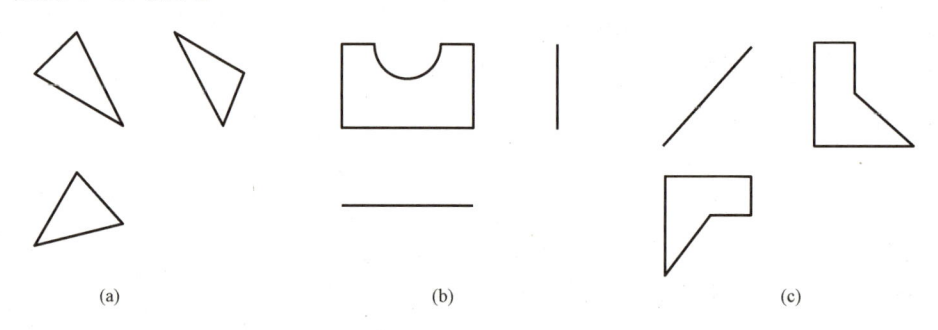

图 4-16　平面投影的三种情况
(a) 一般面；(b) 正平面；(c) 正垂面

分析立体表面时，首先了解立体的大致形状，然后再进行面形分析。分析面，一般从线框那个投影入手，找对应投影，对应投影若非类似形必为一条线，此线为相应垂面的积聚投影。用着色或标字符来分析立体表面，如图 4-17 所示。

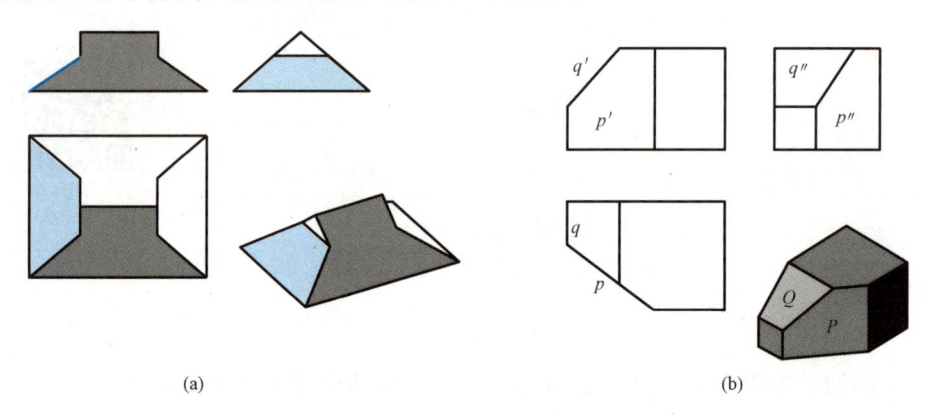

图 4-17　面形分析
(a) 着色；(b) 标字符

在分析面形的基础上，进一步了解图线和点的含义。

(1) "线"对应"点"或"点"对应"线"，是垂线。
(2) 垂线两侧是垂面，两垂面交线是垂线。
(3) 不同方向两垂面的交线是一般线（图 4-17 中为斜线）。
(4) 投影图中的点（顶点），可能是两垂面的交线，或垂线的积聚投影。
(5) 立体上的点，是三面公有点，也可看成线面交点，过一点至少有三条线。

### （二）用面形分析法读图和画图

【例 4-2】　读图，着色分析面，如图 4-18 所示。

作图：初识形体：填平补齐原形为长方体，用两刀切去前面部分，再切去左上角，如图 4-19 所示。

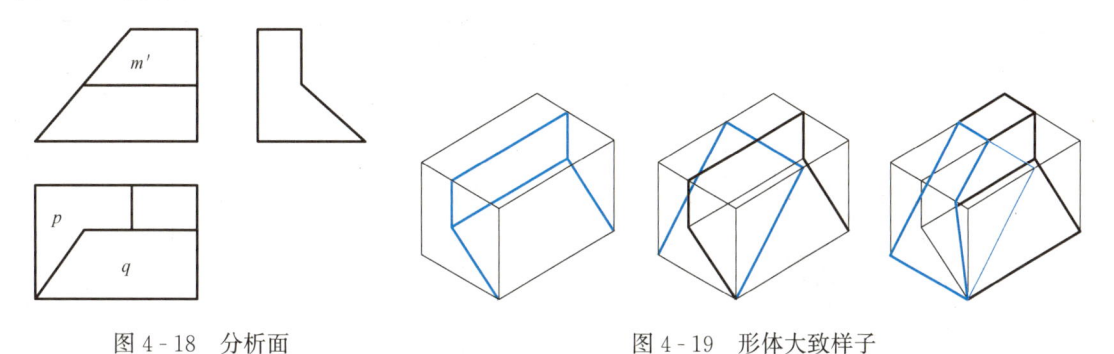

图 4-18　分析面

图 4-19　形体大致样子

分析面（着色）：从线框（$p$、$q$、$m'$）投影入手，找对应投影。线框 $p$ 对应的正面投影为一段斜线，$P$ 面为正垂面，侧面投影有类似形对应；线框 $q$，正面投影有类似形对应，侧面投影对应一斜线，$Q$ 面是侧垂面；线框 $m'$ 对应投影均为平行于投影面的线段，$M$ 面是正平面，如图 4-20 所示。

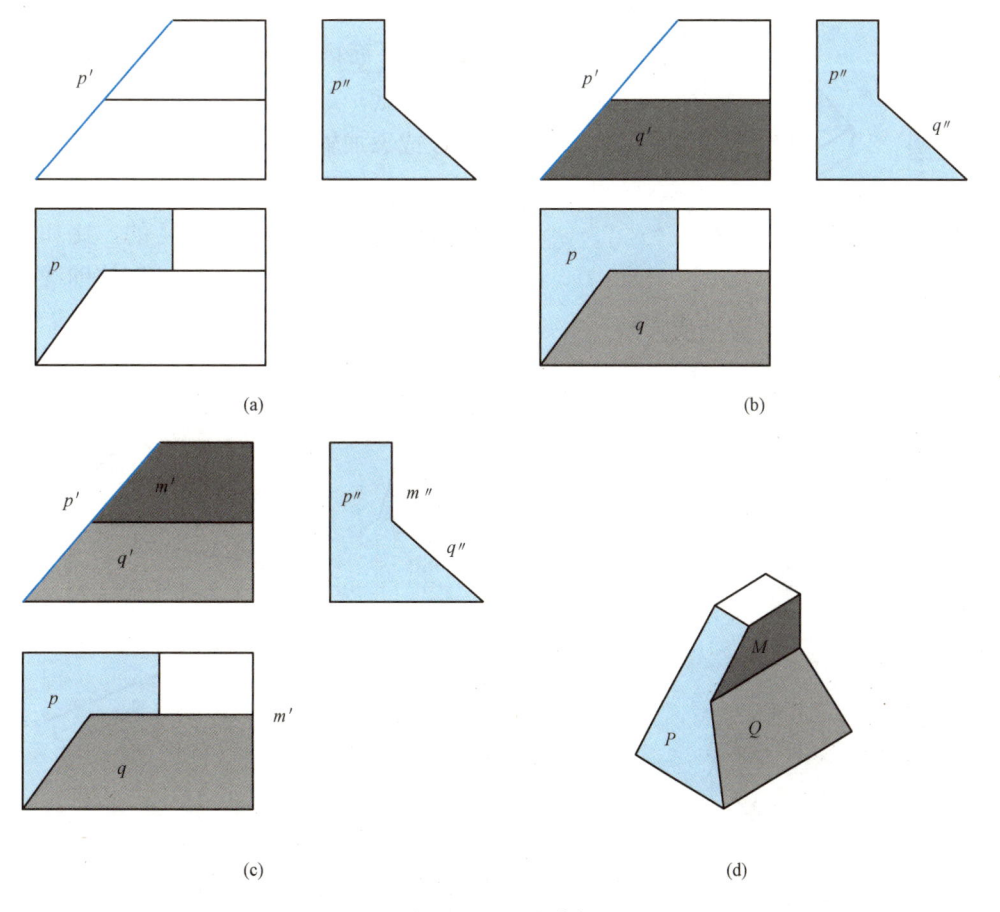

图 4-20　面形分析
(a) 找 $P$ 面；(b) 找 $Q$ 面；(c) 找 $M$ 面；(d) 空间

**【例 4 - 3】** 已知形体的两投影，补画其侧面投影，如图 4 - 21 所示。

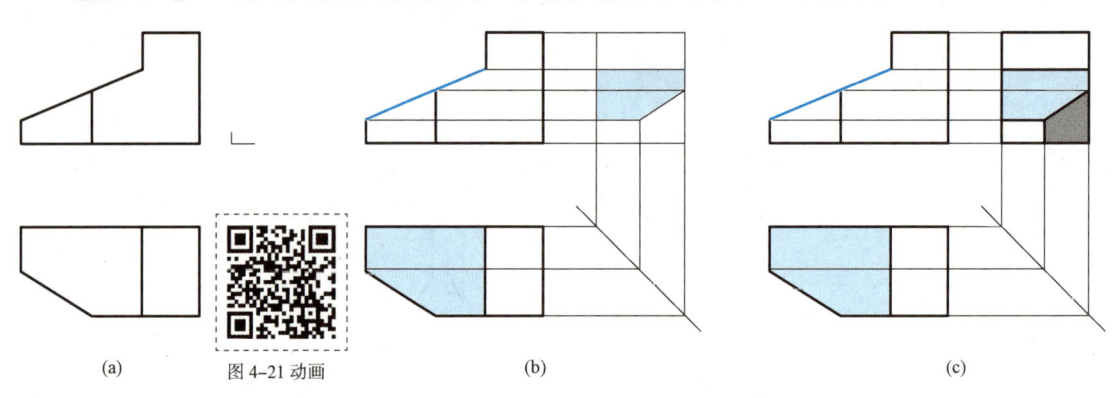

(a)　　　图 4-21 动画　　　(b)　　　(c)

图 4 - 21　补侧面投影

（a）已知条件；（b）画长方体、正垂面；（c）画相邻铅垂面，加深

讨论图如图 4 - 22 所示。

（三）在平面上作辅助线定点

在平面上画辅助线需满足两个条件：过平面内两点或过平面内一点，且平行于面内一直线。在平面上定点，一定要点在平面的一条直线上（已有线段或添加辅助线）才算点在平面上，如图 4 - 23 和图 4 - 24 所示。

在平面内作辅助线是有技巧的，比如通过平面上一已知点、用投影面平行线作辅助线等有许多优点，如图 4 - 25 所示。

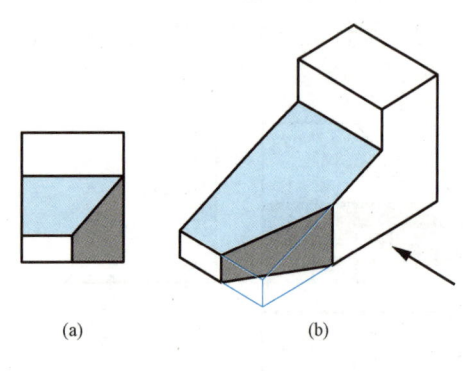

(a)　　　(b)

图 4 - 22　讨论

（a）侧面投影常见错误；（b）轴测图

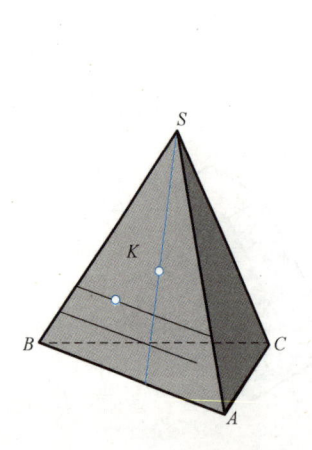

图 4 - 23　在立体表面上引辅助线定点

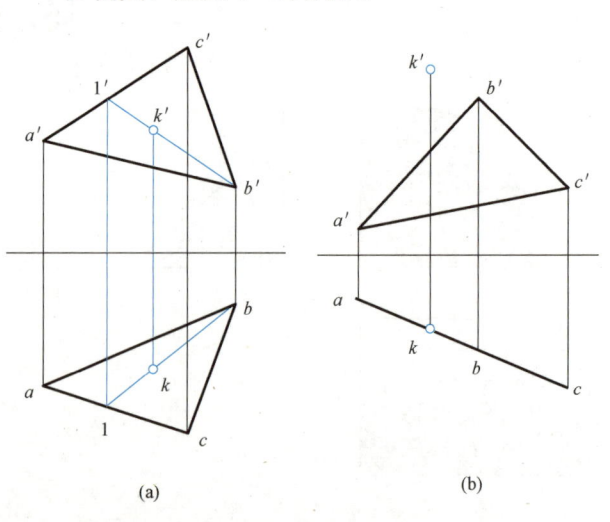

(a)　　　(b)

图 4 - 24　在平面上定点

（a）辅助线定点；（b）利用平面积聚性定点

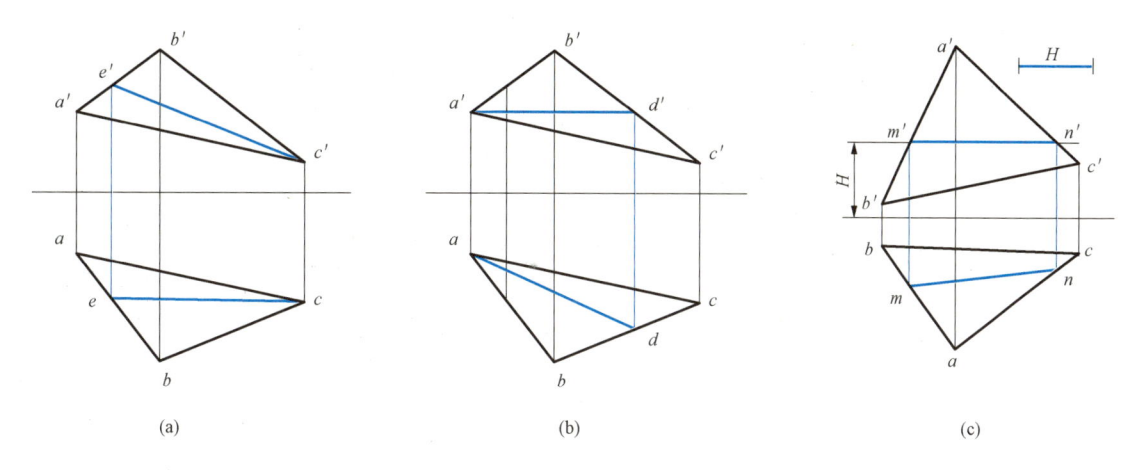

第四章  立体上点、直线、平面的投影分析    43

(a)　　　　　　　　　　　(b)　　　　　　　　　　　(c)

图 4-25　在平面上作投影面平行线
(a) 过已有点 $C$ 作正平线；(b) 过点 $A$ 作水平线；(c) 作给定高度 $H$ 的水平线

【例 4-4】　补绘平面图形的水平投影，如图 4-26 所示。
本例平面为侧垂面，先找出曲线上几个关键点的侧面投影，按投影关系求得水平投影。

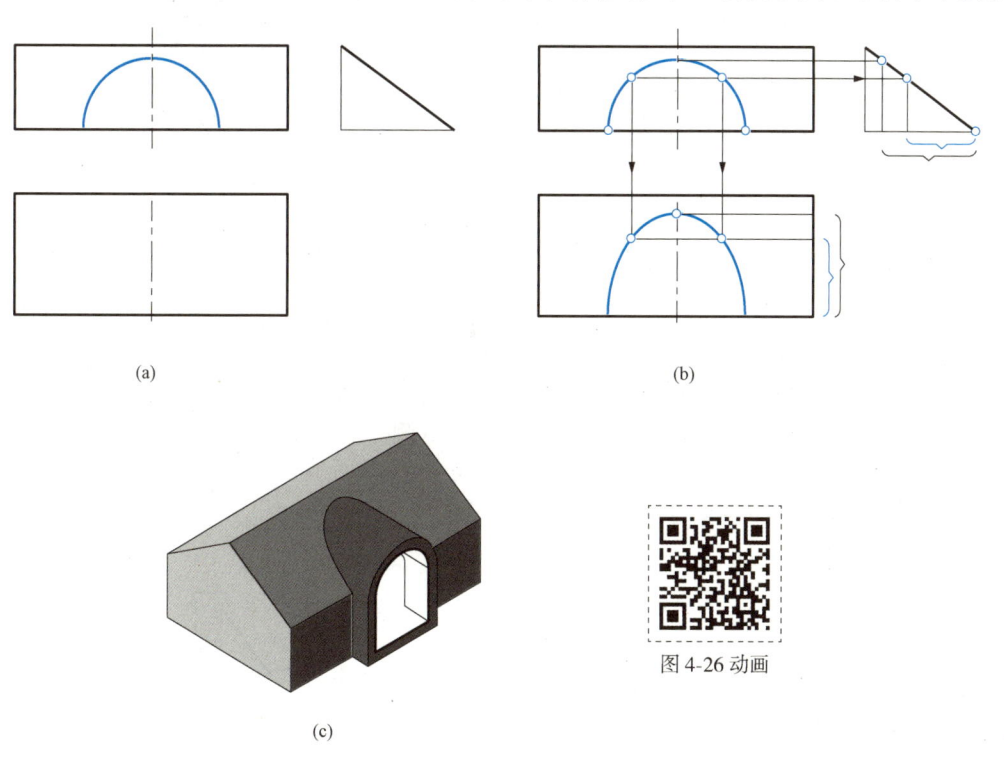

(a)　　　　　　　　　　　　　　　　　　(b)

(c)

图 4-26 动画

图 4-26　补绘水平投影
(a) 已知条件；(b) 水平投影；(c) 坡屋面与半圆拱

【例 4-5】　补全平面图形的正面投影，如图 4-27 所示。
本例在平面上引辅助线（平行于一已知边）补全正面投影。

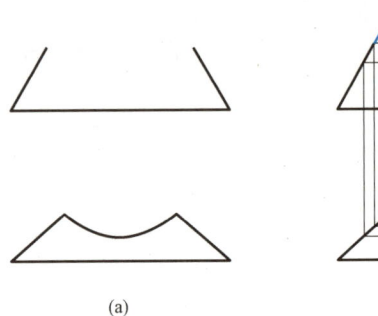

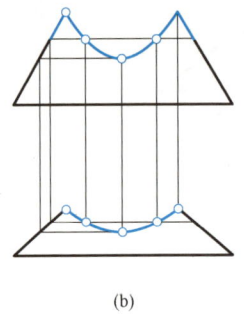

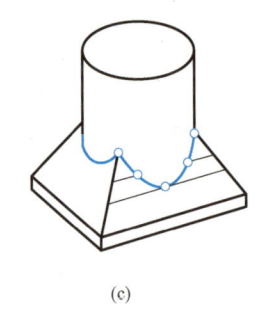

图 4-27 补全正面投影

(a) 已知条件；(b) 正面投影；(c) 圆柱与四棱锥相交

图 4-27 动画

### （四）立体上直线与平面求交线问题

两立体表面交线（接合处）的画法，实质是直线与平面的求交点问题，如图 4-28 所示。

图 4-28 立体表面的交线

#### 1. 平面为垂面的情况

平面为垂面的情况在制图中居多数。直线与垂面相交，交点的一个投影在垂面的积聚投影上直接显示，交点的另一投影根据点在线上的从属关系求得。可见性（先后遮挡关系）判别，也是从平面的积聚投影上直接看出对应投影的可见性。如图 4-29 所示的水平投影，交点 $k$ 右侧平面在前、直线在后，故正面投影交点 $k'$ 右侧一段直线在后，用虚线表示，左侧则相反，交点是可见性判别的分界点，也即虚实分界点。

平面与垂面相交，实质是求两条线的交点问题，如图 4-30 所示。

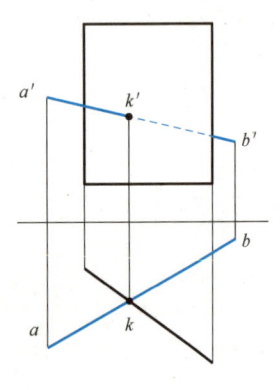

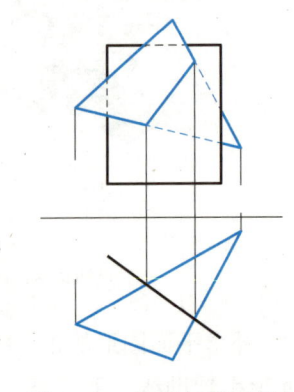

图 4-29 直线与垂面相交　　图 4-30 平面与垂面相交　　图 4-30 动画

直线与垂面相交的实例,如图4-31所示。

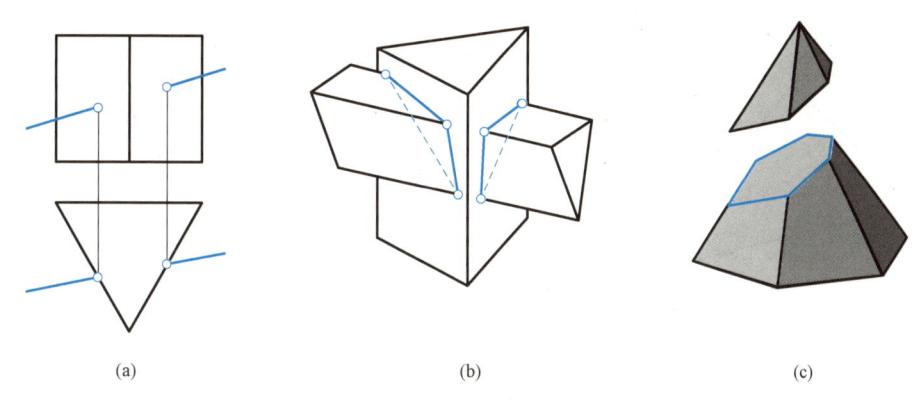

图4-31 直线与垂面相交的实例
(a) 直线与立体相交;(b) 两平面立体相交;(c) 立体截切

图4-32中,在立体中,大多数是几个特殊位置平面相交,前面尽管作了一些两个平面的交线,但到立体时,往往想不清楚空间情况导致错误。原因之一是不善于先进行空间模拟想象,原因之二是不适应特殊位置平面相交的情况。图4-32中,水平面$M$和正垂面$P$,是两个同方向的垂面(同垂直于正面),其交线亦垂直于正面,是正垂线(正面投影中积聚为点);侧垂面$Q$和正垂面$P$是两个不同方向的垂面,其交线是一般线(从$V$、$W$投影即可看出)。

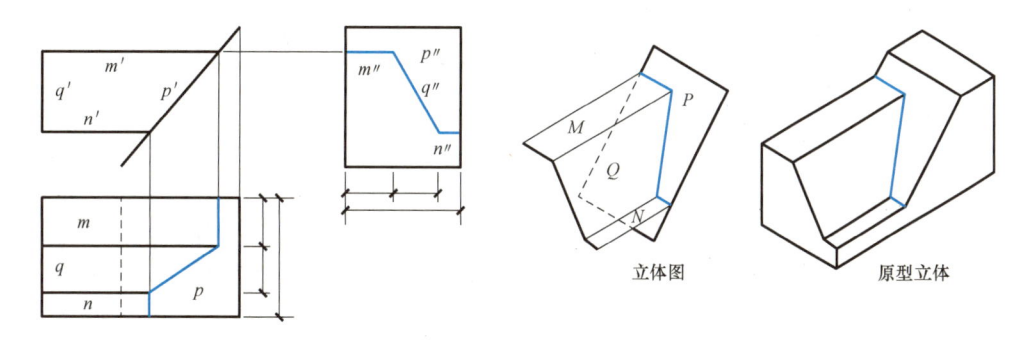

图4-32 连续平面相交

2. 直线为垂线的情况

垂线与平面的交点,交点的一个投影与垂线的积聚投影重合,即交点的一个投影已知,求交点的另一投影就转化为在平面上引辅助线定点的作图问题。

如图4-33所示,本例为正垂线与一般面相交,交点$K$的正面投影$k'$已知,可在平面上引辅助线$CF$求得交点的水平投影$k$。

可见性判别也是从有积聚的投影上判断。从正面投影看,$k'$高于平面下面部分的$c'e'$,所以水平投影交点$k$前那段直线高于平面的下面部分,故可见、用实线表示,后面部分相反。

气窗与坡屋面相交,如图4-34所示。这是立体相交的实例,坡平面为侧垂面,气窗三条棱线为正垂线，补全水平投影时，可借助侧面投影量得交点，也可在正面投影上引辅助线求得。

图 4-33 垂线与面相交
(a) 已知条件；(b) 作图

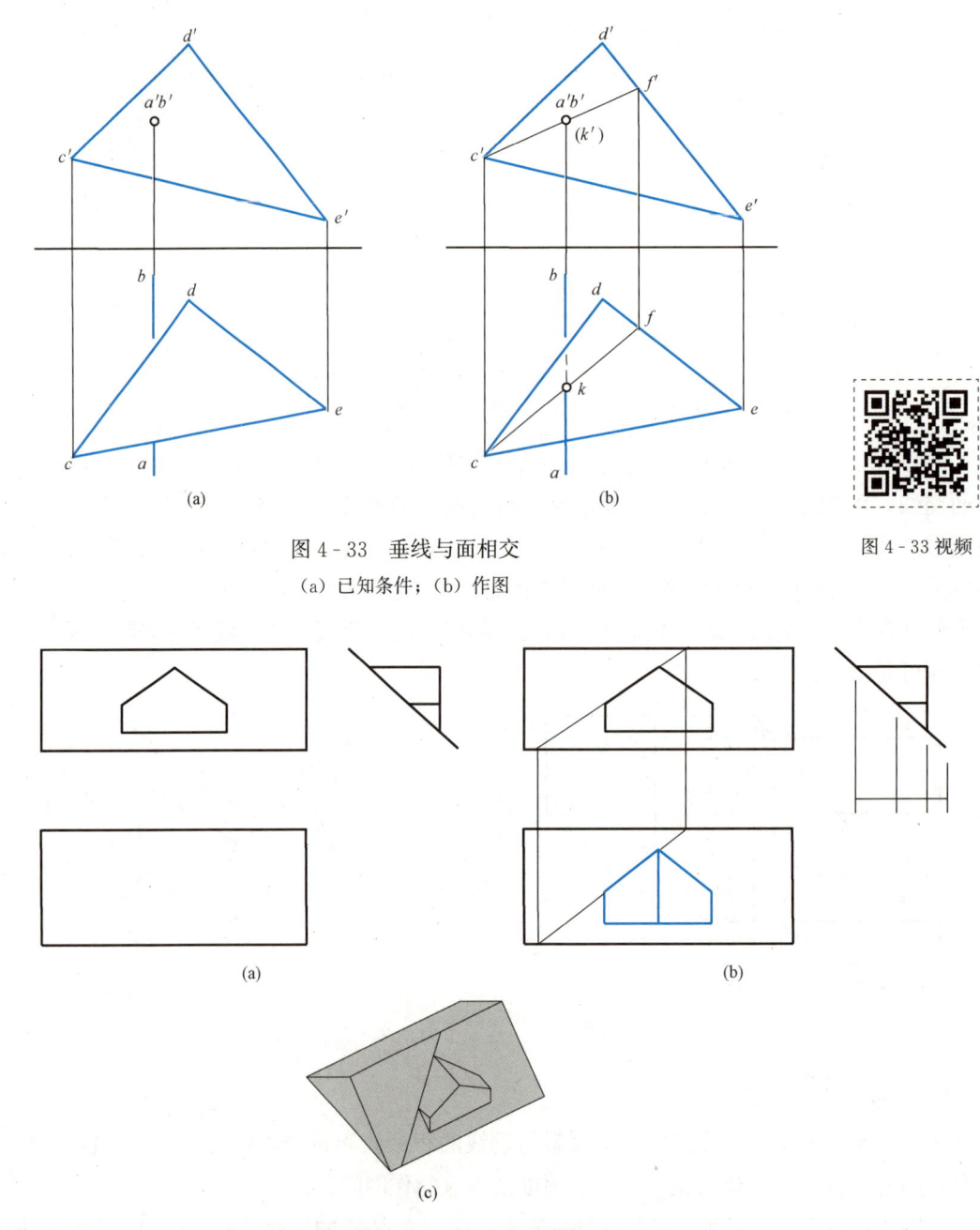

图 4-33 视频

图 4-34 气窗与坡屋面相交
(a) 已知条件；(b) 作图；(c) 立体图

# 第五章 组合体的投影

**本章主要内容**

（1）组合体的组合方式。
（2）读组合体的投影图。
（3）模型测绘。
（4）组合体的尺寸标注。
（5）综合读图与画图。

## 第一节 组合体的组合方式

组合体由多个形体组成（包括内部空心形体），组成方式有加和减两类，每一类又有多种情况，下面分别来介绍。

### 一、加法

加法由若干基本形体相加构成一个组合体。

（一）叠加体

叠加体是各个基本体是以平面相接触，如图 5-1 所示。两形体叠加（外部或内部）在有积聚投影上显示为直线分界。内孔叠加如图 5-2 所示。

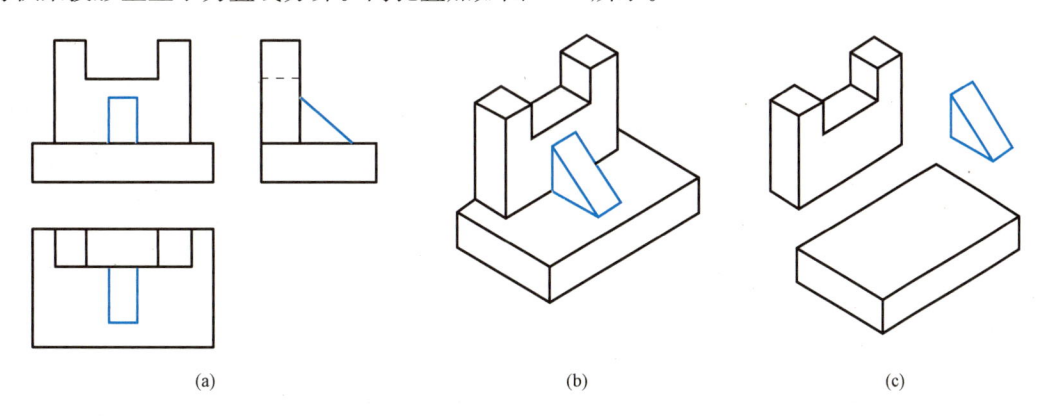

图 5-1 平面接触叠加
(a) 投影图；(b) 组合形体；(c) 基本形体

注意两种情况：
（1）当叠加形体一侧平齐共面时，不画线，如图 5-3 所示。
（2）两形体两表面光滑过渡（相切）时，不画分界线，如图 5-4 所示。

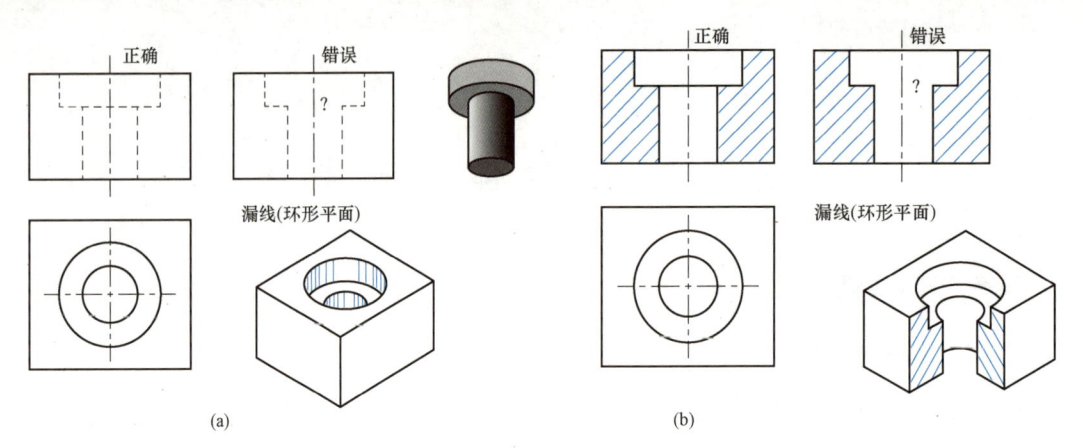

图 5-2 内孔叠加
(a) 阶梯孔（未剖）；(b) 阶梯孔（剖开）

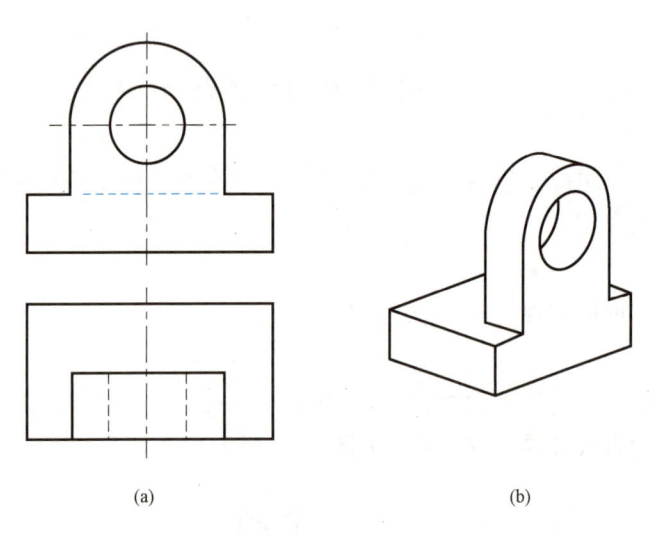

图 5-3 叠加形体一侧平齐共面
（a）投影图；(b) 立体图

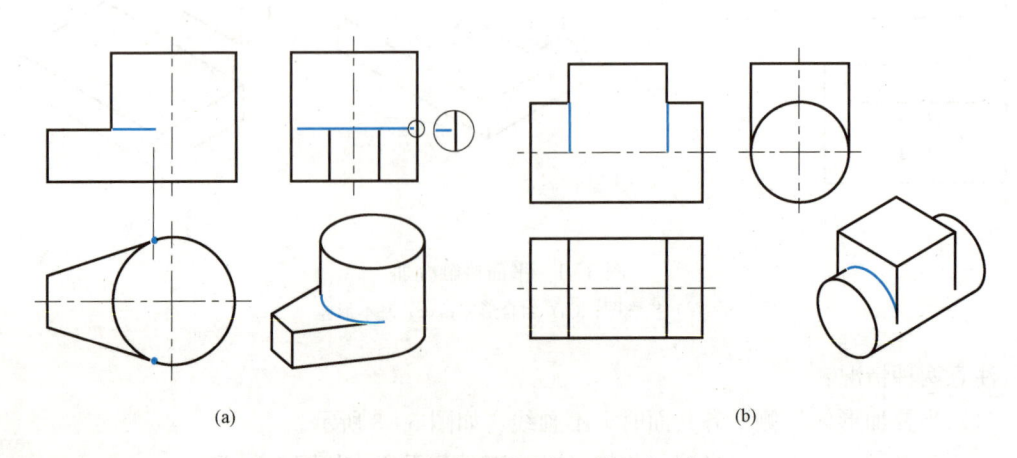

图 5-4 平面与圆柱面相切的两个示例

## （二）相交（相贯）

相交（相贯）接口处交线复杂，需作图求。如图5-5所示。

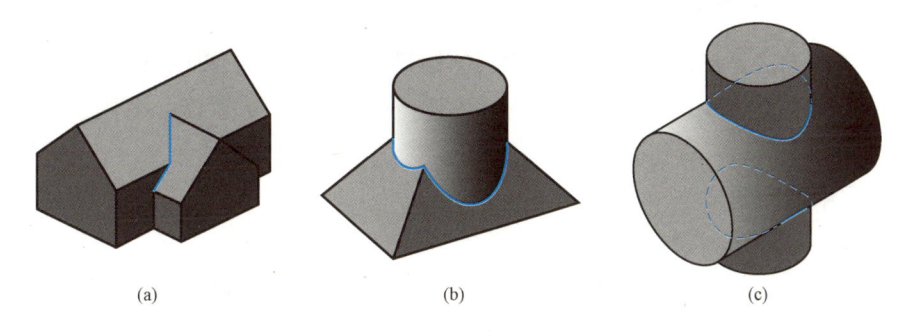

图5-5 相贯形体
(a) 两平面体相贯；(b) 平面体与曲面体相贯；(c) 两曲面体相贯

## （三）共轴线回转体

共轴线回转体的交线，为垂直于回转轴线的圆，在轴线平行面上的投影为垂直于轴线的直线段。如图5-6所示。

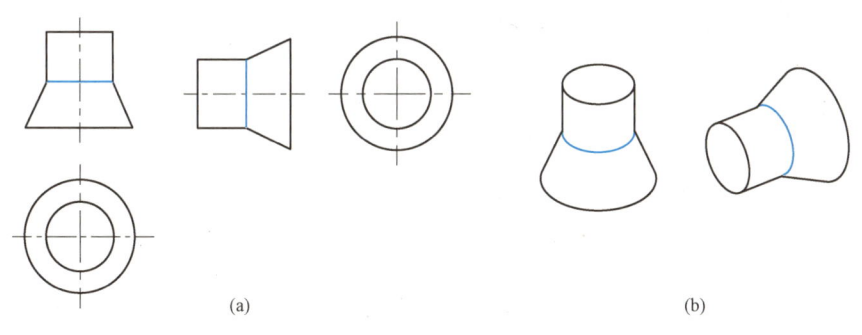

图5-6 共轴线回转体
(a) 投影图；(b) 立体图

## 二、减法

减法是在原有形体基础上去掉一部分材料，形成新的较为复杂的形体，如简单的开槽、打孔、切角等，截交（需作图求），如图5-7所示。

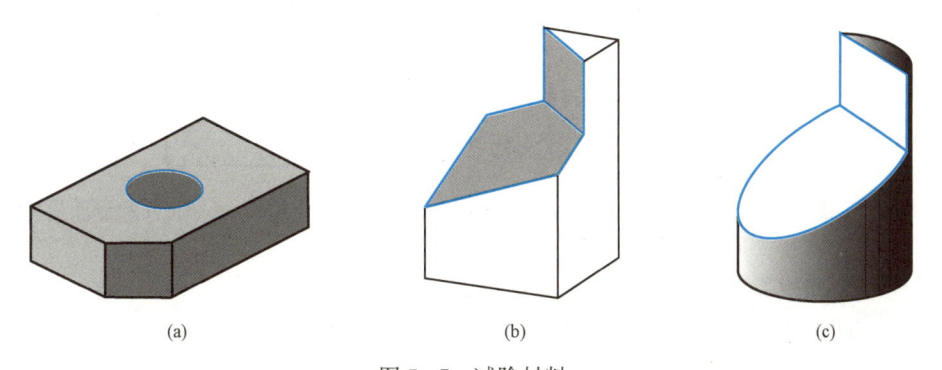

图5-7 减除材料
(a) 打孔，切角；(b)、(c) 截交

## 第二节 读组合体的投影图

读图的基本方法是形体分析和经验积累的渐进过程，有了三视图基础、轴测图画法和体上面形分析方法，如果视图表达完整，读图问题不大，要多读、多画图，从而积累经验。

### 一、读图中的问题

（一）要将几个视图联系起来读图

一个视图不能确定形体，如图5-8所示，三个视图联系看，才能确定形体。

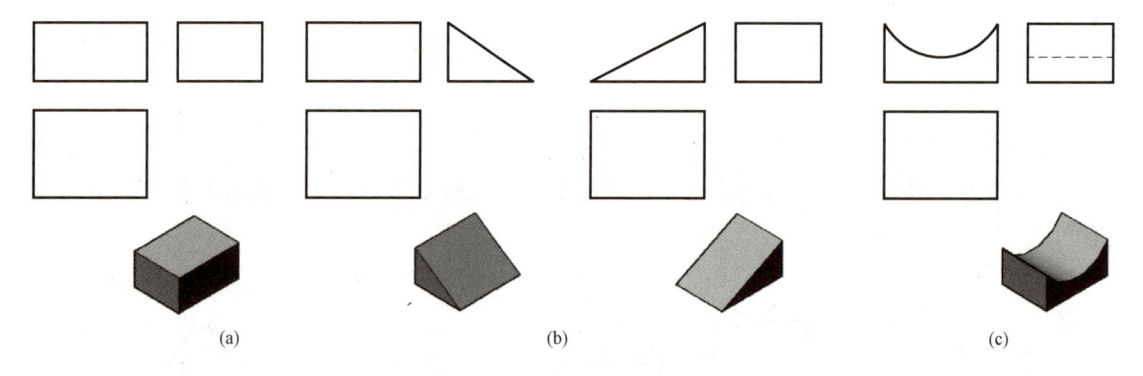

图5-8　视图确定形体

（二）有时两个视图也不能确定物体的形状

图5-9仅有正面、水平两个投影，可能有多种形体，图中给出了两个答案。

图5-10给出正面和侧面两个投影，形体也不唯一。

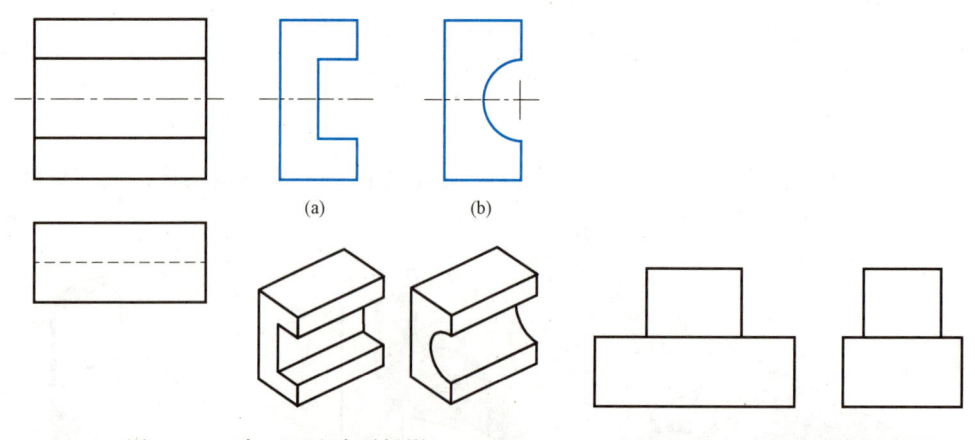

图5-9　已知正面和水平投影　　图5-10　已知正面和侧面投影

图5-11正面投影和水平投影是矩形，也不一定是长方体。

图5-12两个投影类似，多为斜面结构。

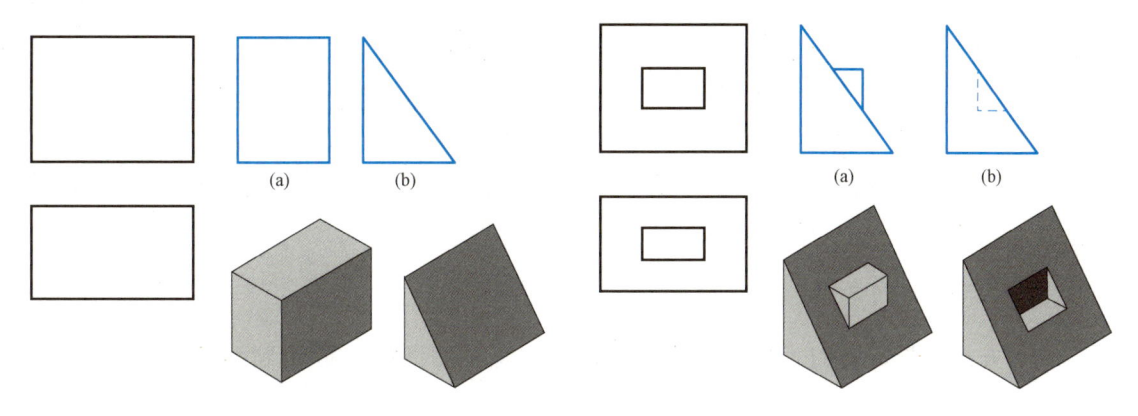

图 5-11 两投影是矩形　　　　　　图 5-12 两投影类似

从上述例举中看出，给出两个视图中，若缺少形象特征方向的那个视图，形体表达就不确定、不唯一。一般，对于简单形体而言，只要包含特征视图，两个视图可以完全确定形体。

## 二、构形设计

构形设计是给出一个或两个投影，表达不确定，读者可以自主设计几个不同的形体，用三视图表达出来，有利于培养发散思维能力。

【例 5-1】 给出一个正面投影，自主想象并设计几个不同的形体，如图 5-13 所示。

启示：正面投影没有宽度和前后相对位置的信息，如果想设计成前后凹凸的形状，从水平投影入手，这是因为水平投影前后位置最清晰；如果想把几部分设计成前后倾斜的，从侧面投影入手，图 5-14 给出几例供参考。

图 5-13 已知正面投影

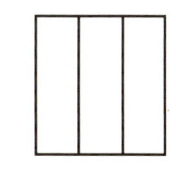

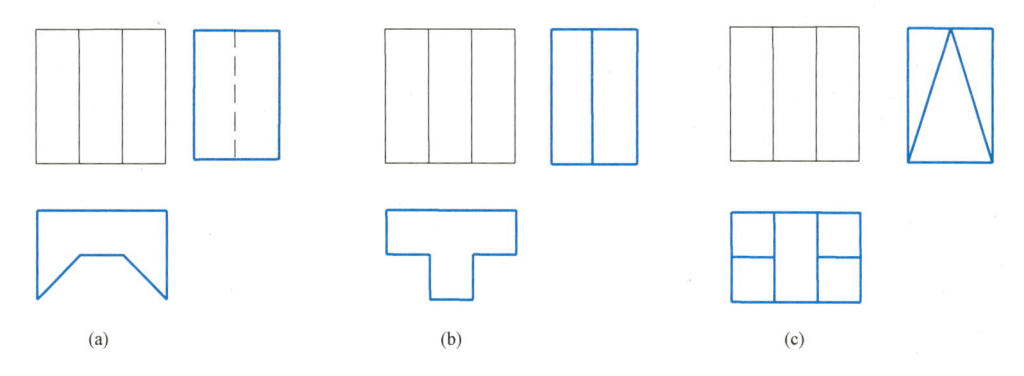

图 5-14 给定正面投影构形

【例 5-2】 给定水平投影构形（启示：可进行高低凹凸设计；进阶：对各部分进行左右或前后倾斜设计），如图 5-15 所示。

构形中常见错误是多线或漏线，不符合已知条件，也有结构不合理的。

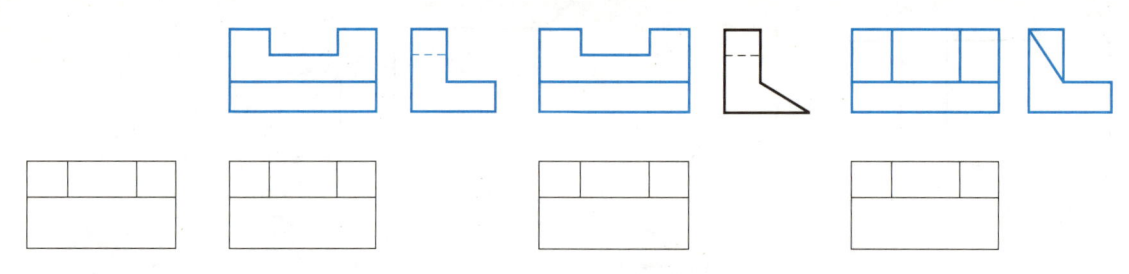

图 5-15 给定水平投影构形

构形方式多样，有的直接画图构思，有的先画轴测图构思或切制泥模。如图 5-16 所示。

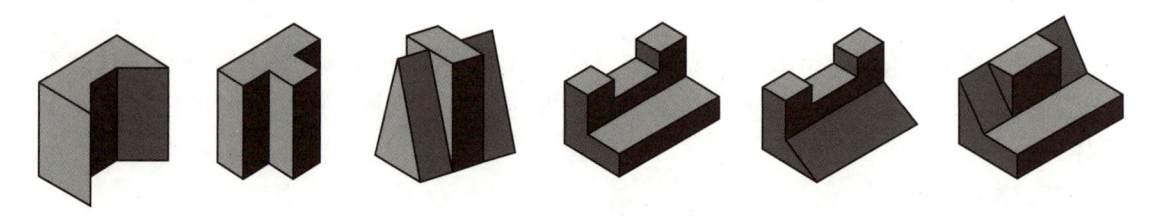

图 5-16 画轴测图或切泥模构思

通过初步的构形设计练习，视图间联系的观念增强了，平面视图立体化意识（凹凸层次感）得到了提高。

【例 5-3】 已知 3 个小题的正面和水平投影，选择相应的侧面投影，如图 5-17 和图 5-18 所示。

提示：先根据两面投影看懂图，勾画一下侧面投影，再找正确的那个投影，吸取经验教训。

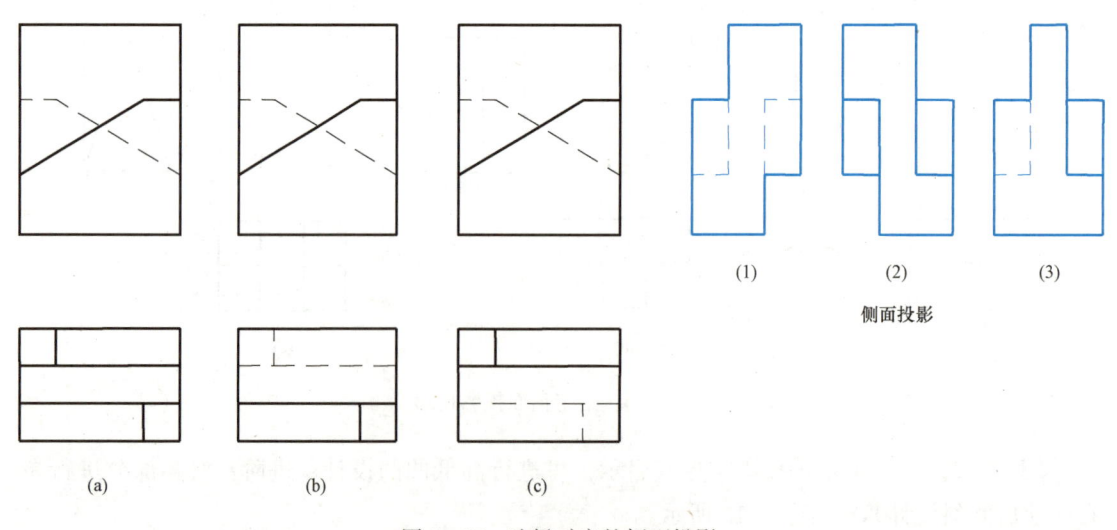

(a)      (b)      (c)

(1)      (2)      (3)

侧面投影

图 5-17 选择对应的侧面投影

(a)　　　　　　　　　(b)　　　　　　　　　(c)

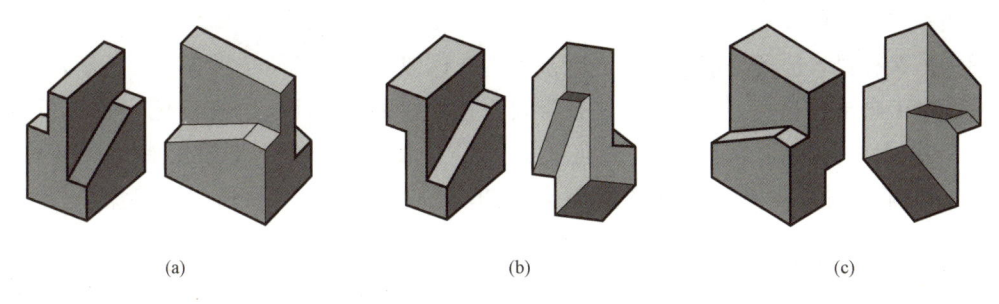

图 5-18　立体图答案

## 三、读图

图 5-19 所示为台阶状形体，包括两段台阶，前后三个层次。要求在水平投影中，能看出六个线框面的高低层次位置感（根据正面投影）；找到正面投影三个线框面的水平投影位置，看出其前后位置感。第二段台阶侧面投影不可见。

图 5-20 所示形体由三部分组成，左端为侧平矩形板，右上为水平矩形板，二者之间有一带缺口的板连接。

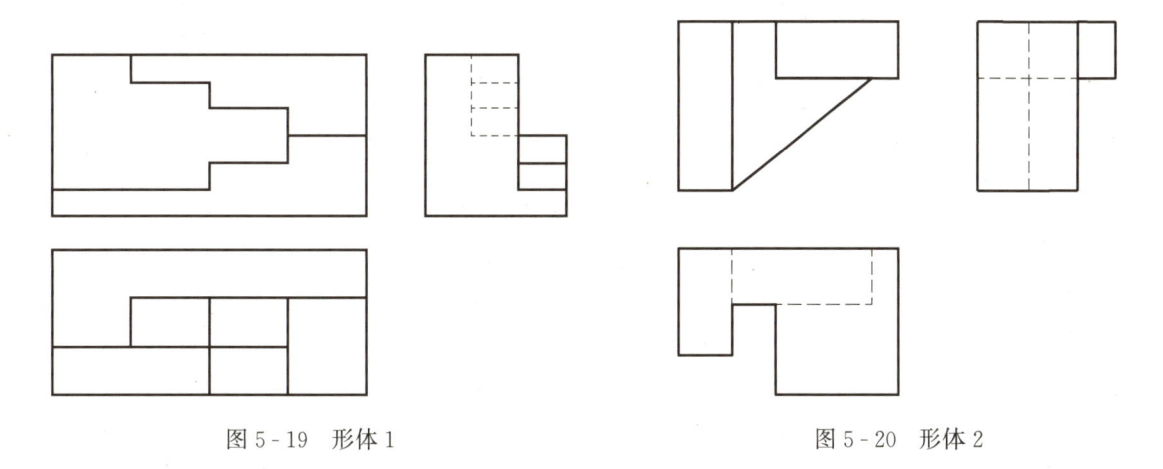

图 5-19　形体 1　　　　　　　　　图 5-20　形体 2

立体图如图 5-21 所示。

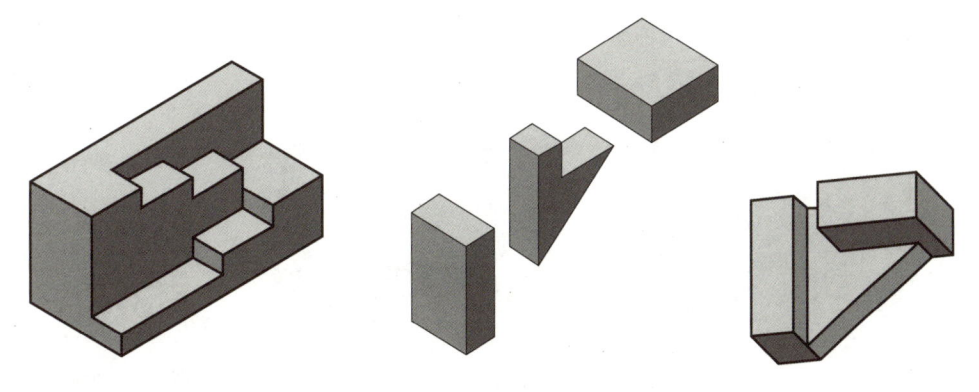

图 5-21　立体图

读图查错，如图 5-22 所示。

图中虽然有错，但还是能看懂。原因是有些形体或部分在某两个投影中表达了，只是在第三投影中未画出。检查方法：查水平投影要看正面投影，正面投影有高低、有转折变化，就很容易找到水平投影漏线所在；查正面投影要看水平投影，水平投影有宽窄变化，对上去就知道哪里漏线了。正面投影那个长形凹坑，水平投影也漏画了。答案如图 5-23 所示。

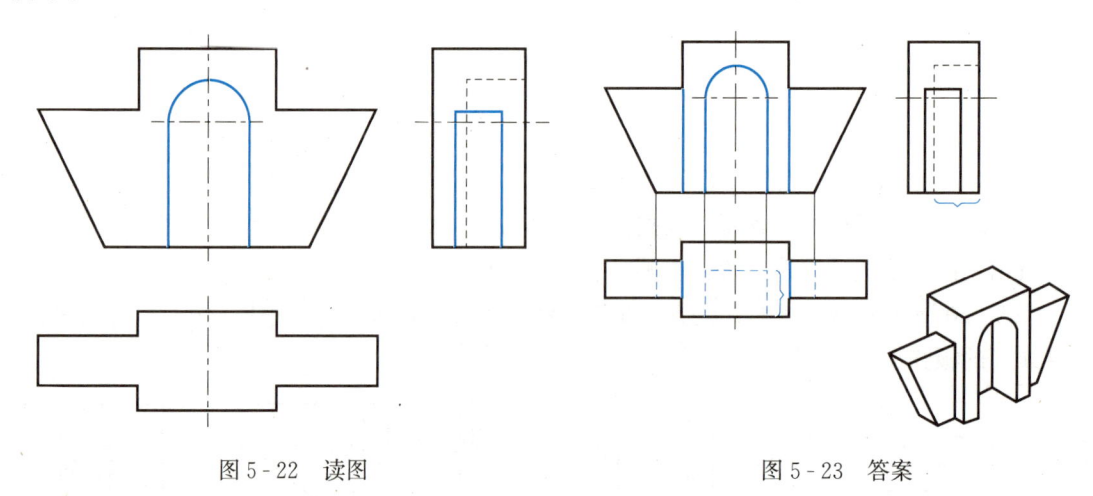

图 5-22　读图　　　　　　　　　　　图 5-23　答案

## 第三节　模型测绘（轴测图代）

【例 5-4】　根据模型尺寸绘制沉沙井的三视图，如图 5-24 所示。

主体方柱尺寸：长宽高均为 50；

主体方槽：长宽均为 30，深 40（与孔底平）；

上面方槽：宽 16，深 13；

两端圆柱：直径 26，长 15。内孔直径 16（通孔），孔中心至底面高 18。

形体左右、前后对称。

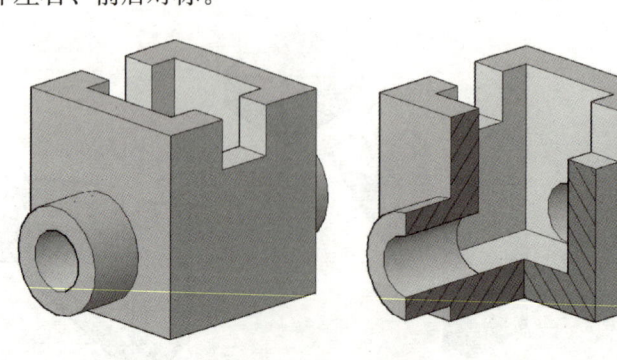

图 5-24　已知条件　　　　　　图 5-24 动画

作图：形体分析明确，按照由大到小、由外到内来画，如图 5-25 所示。

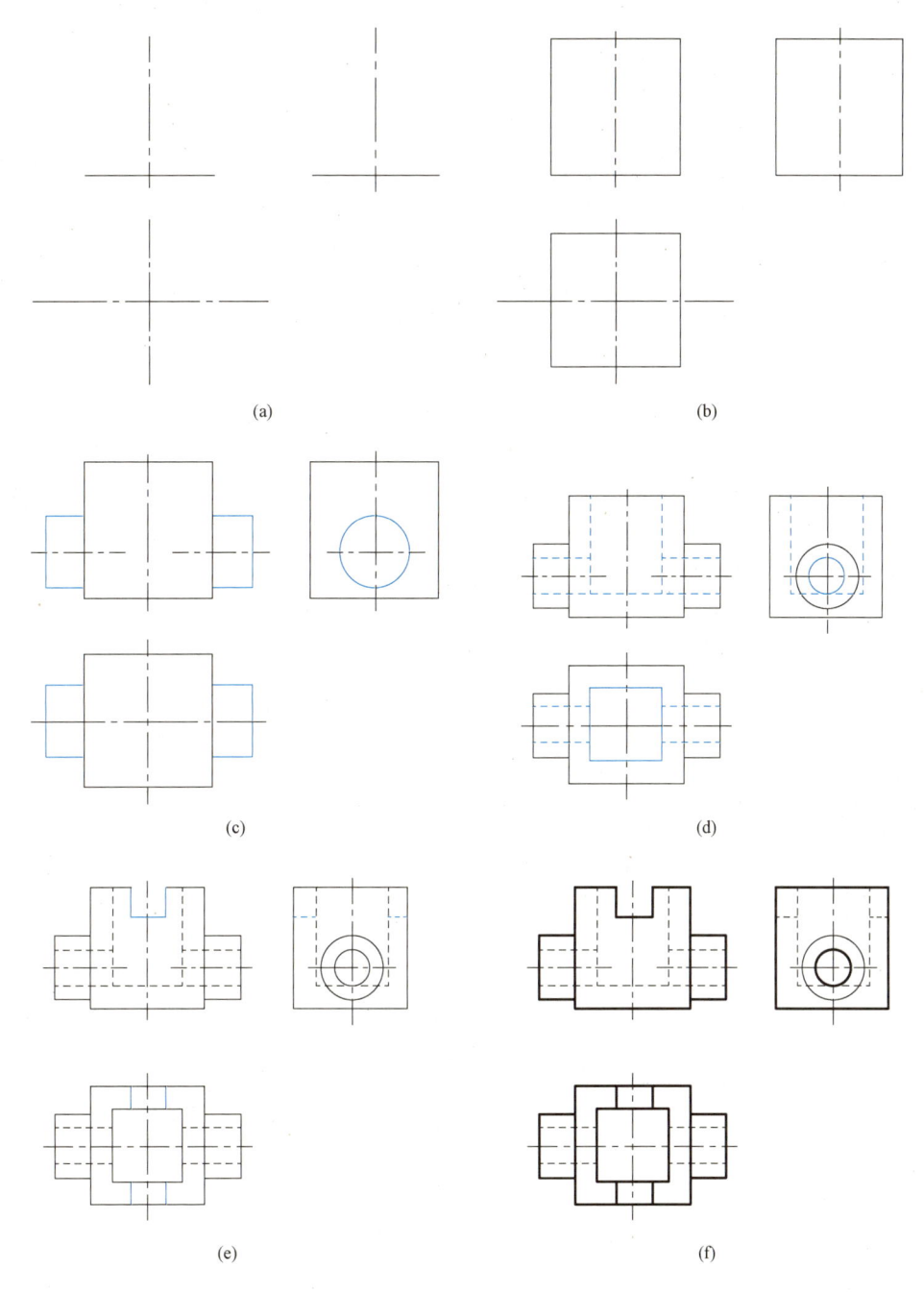

图 5-25 分步作图

(a) 布图画底线、对称线；(b) 画主体方柱；(c) 画两侧圆柱；
(d) 画中间方槽，再打圆孔；(e) 开上部方槽；(f) 检查、加深

**【例 5-5】** 由轴测图绘制台阶三视图，如图 5-26 所示。

作图：台阶各部分位置关系水平投影最清晰，故可先完成水平投影，再画正面及侧面投影，画时仍然按形体逐个添加，并注意与对应投影的关联。例如，画完正面挡板的轮廓后，要及时补上切角的另二投影交线，如图 5-27 所示。

图 5-26 台阶

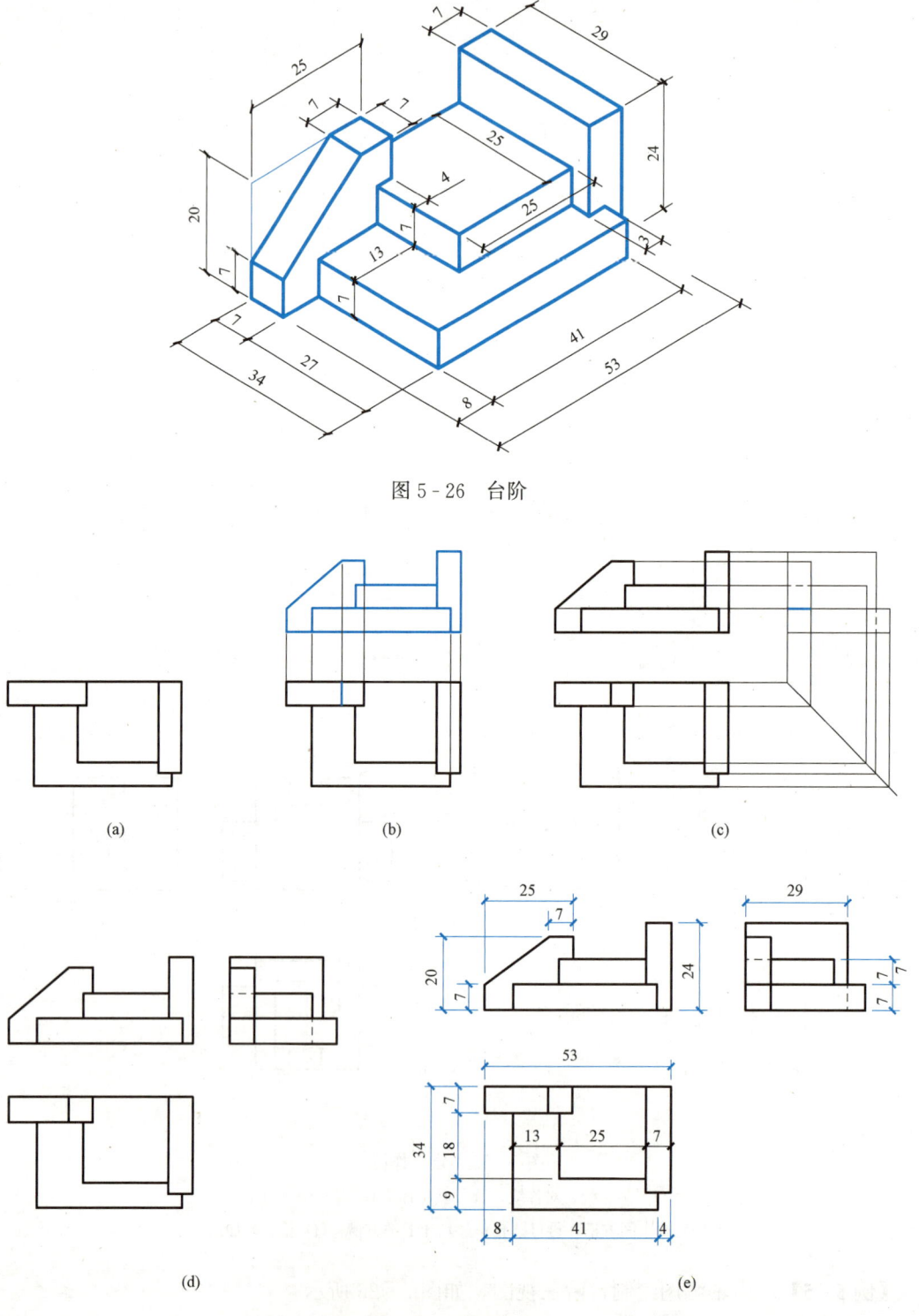

图 5-27 分步作图
(a) 画水平投影；(b) 画正面投影；(c) 画侧面投影；(d) 检查加深；(e) 标注尺寸

## 第四节　组合体的尺寸标注

视图表达形状，尺寸表达大小。

组合体尺寸标注的基本要求：完整，清晰，正确。"完整"指注明全形体的定形尺寸、定位尺寸和总体尺寸。"清晰"指布局整齐便于阅读，形数结合，避免交叉等。"正确"指符合尺寸标注的规则。

### 一、定形尺寸

定形尺寸是确定形体大小的尺寸，如图 5-28 所示。

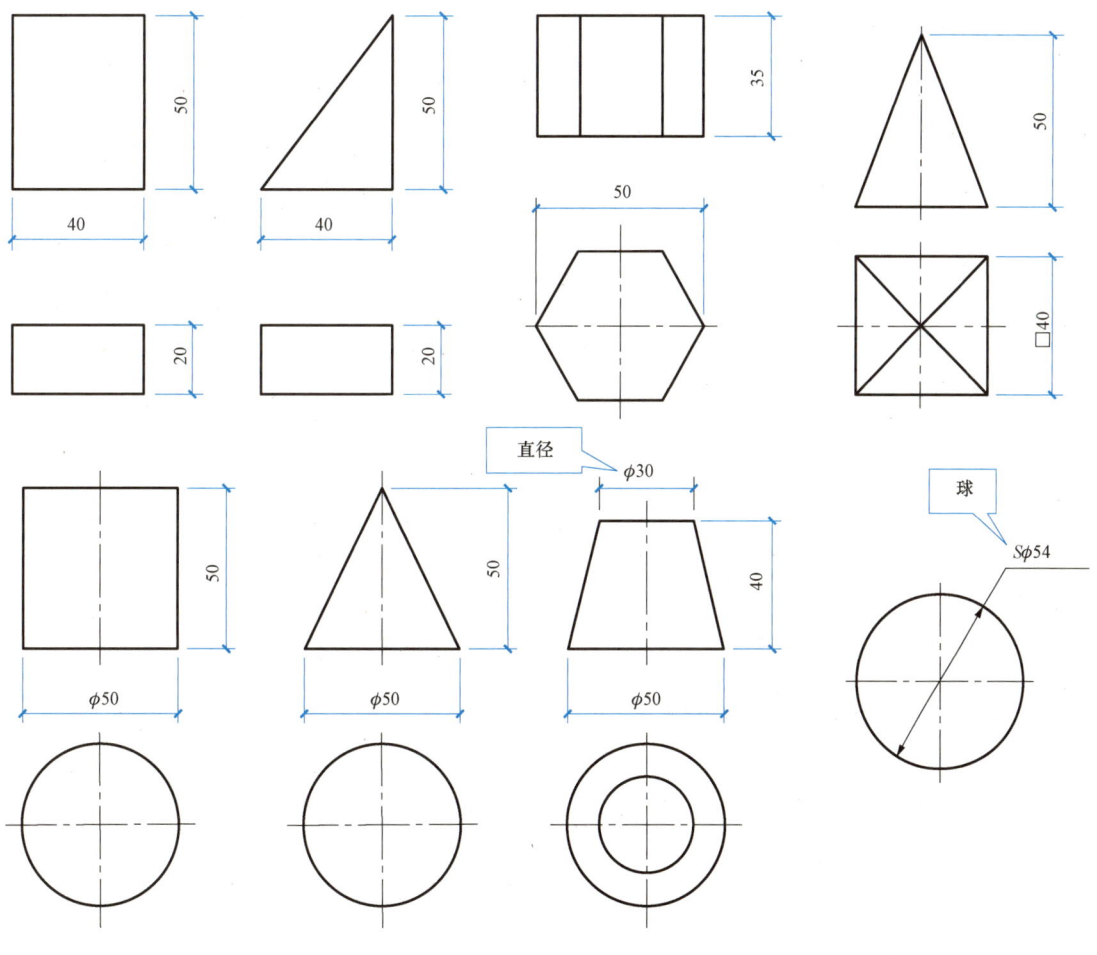

图 5-28　基本体的定形尺寸

注意：正方形注法，如 40×40 或 □40；圆的直径加符号 $\phi$，如 $\phi$40；标注尺寸后，可减少视图数量，例如圆柱加注尺寸一个视图就可以了；圆的直径一般注在非圆投影上。

### 二、定位尺寸

确定基本体之间相对位置的尺寸，称为定位尺寸。立体定位需三个方向定位。定位尺寸的起点称为基准，底面、端面、对称线均可作基准，如图 5-29 所示。

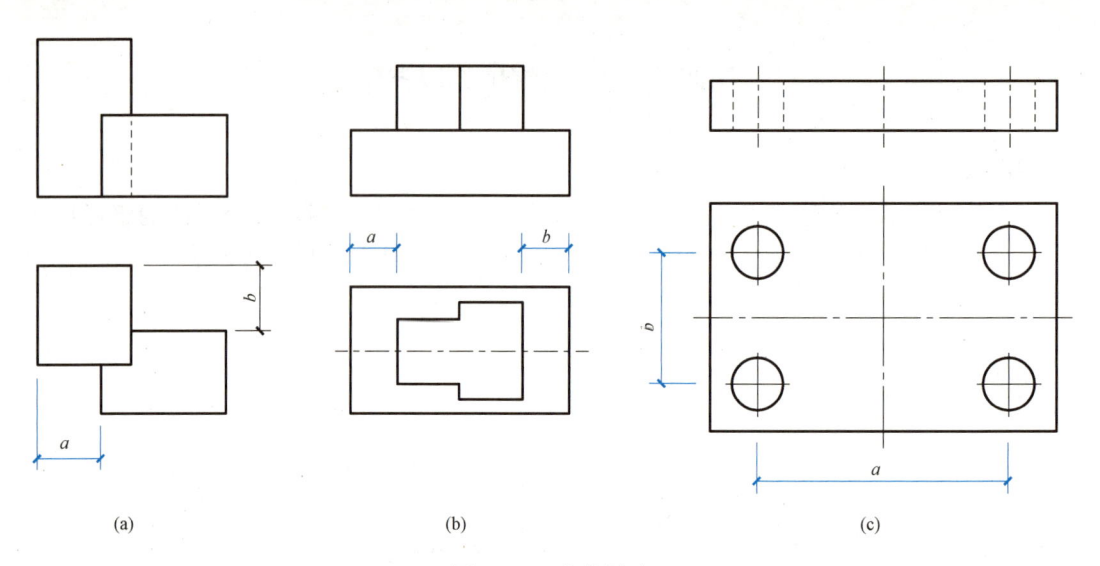

图 5‑29  定位尺寸

（a）分别选端面定前后、左右位置，本例高度无需定位；（b）本例只需左右定位，前后对称，一般不需定位；（c）本例，圆孔以对称线定位中心距

## 三、总体尺寸

总长、总宽、总高，有的尺寸由形体的尺寸代替。

阅读标有尺寸的图，体验标注尺寸的要求，如图 5‑30 和图 5‑31 所示。

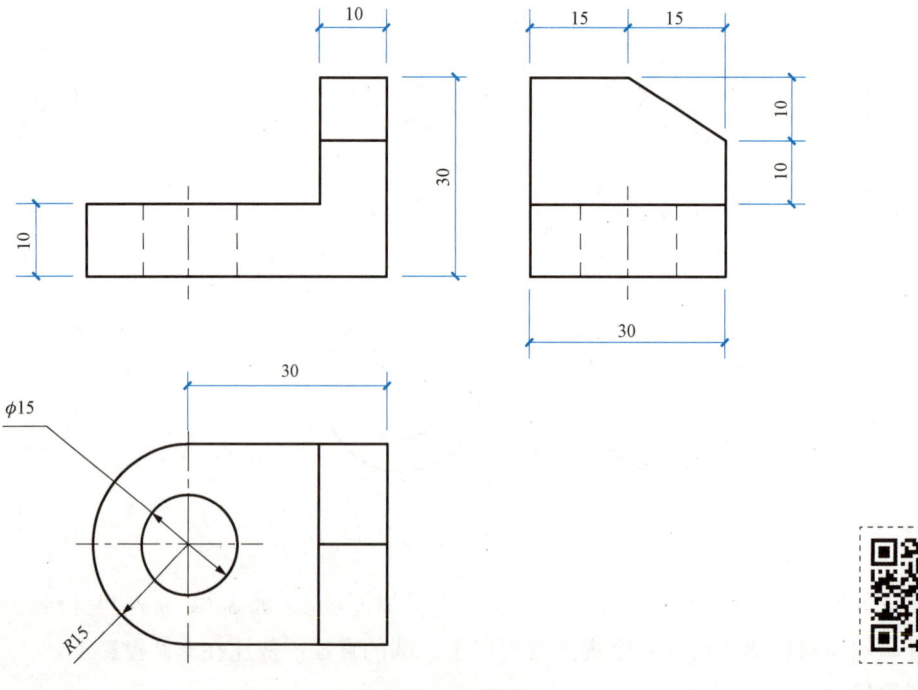

图 5‑30  阅读标有尺寸的图

图 5‑30 动画

图 5-31　体验标注尺寸图

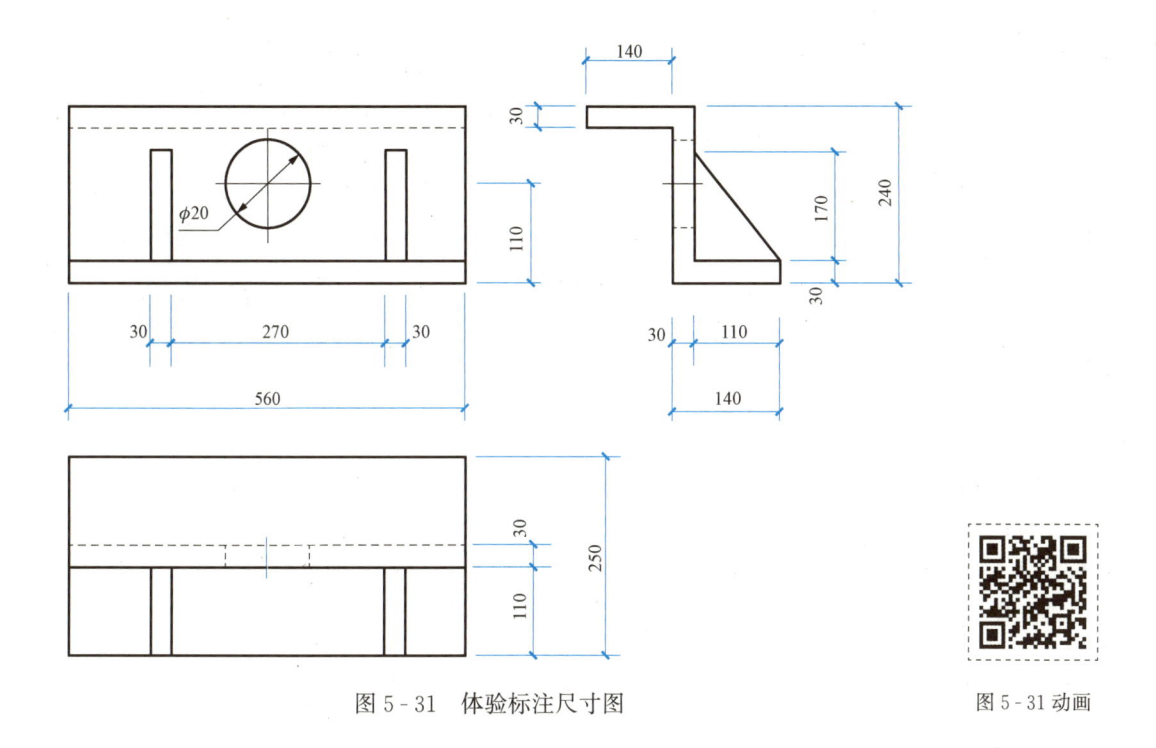

图 5-31 动画

## 第五节　综合读图与画图

【例 5-6】　补画入口处的平面图，如图 5-32 和图 5-33 所示。

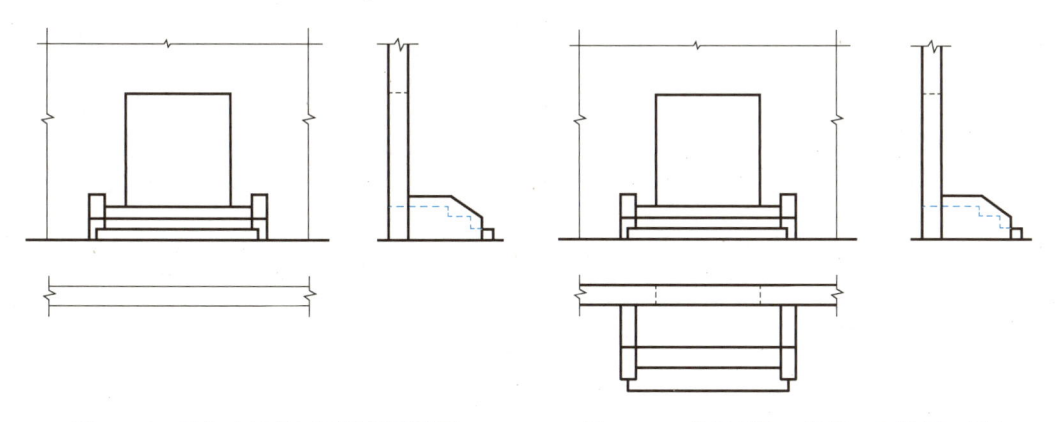

图 5-32　已知入口的正面及侧面投影　　　图 5-33　按照墙体、挡墙、台阶逐一画出

【例 5-7】　补全入口坡道的水平投影，如图 5-34 所示。

分析：从已知两投影知，中间坡道为侧垂面，左右挡墙为长方体。分析面，坡道正面投影为六边形线框，对应水平投影应为类似形（预判）；侧面投影三边形线框对应正面投影两段斜线，是正垂面（向左右两侧下行的坡），水平面投影应为类似形（预判）。据此分析作图，其实画出挡墙的水平投影后，稍加一笔就完成作图，如图 5-35 所示。

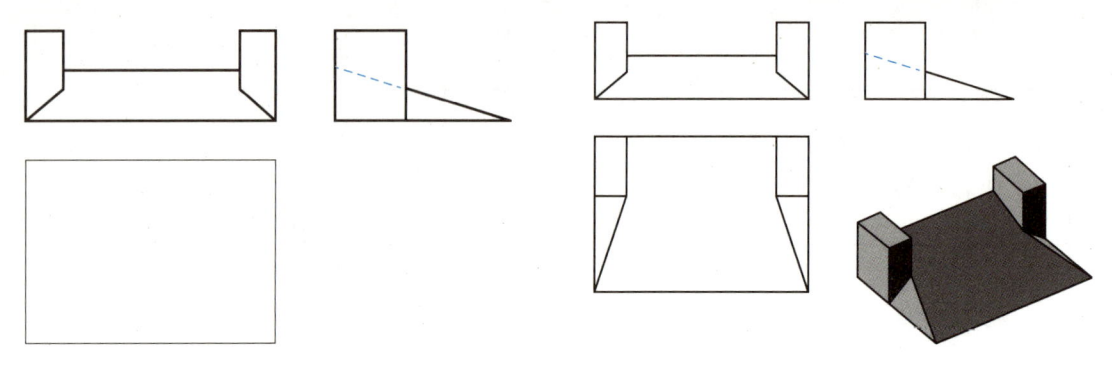

图 5-34　补画入口坡道的水平投影　　　　　　　图 5-35　水平投影

【例 5-8】　补全涵洞口八字翼墙的侧面投影，如图 5-36 所示。

分析：从正面投影中的虚线对照水平投影知，中间为槽，前后为墙体（左低右高、斜放呈八字形）。再来分析面，正面投影四边形实线框对应水平投影为前后两条斜线，是铅垂面。正面投影虚线上面四边形线框对应水平投影为里面两条斜线，内墙面也是铅垂面，其侧面投影可见。据此分析作图，如图 5-37 所示。

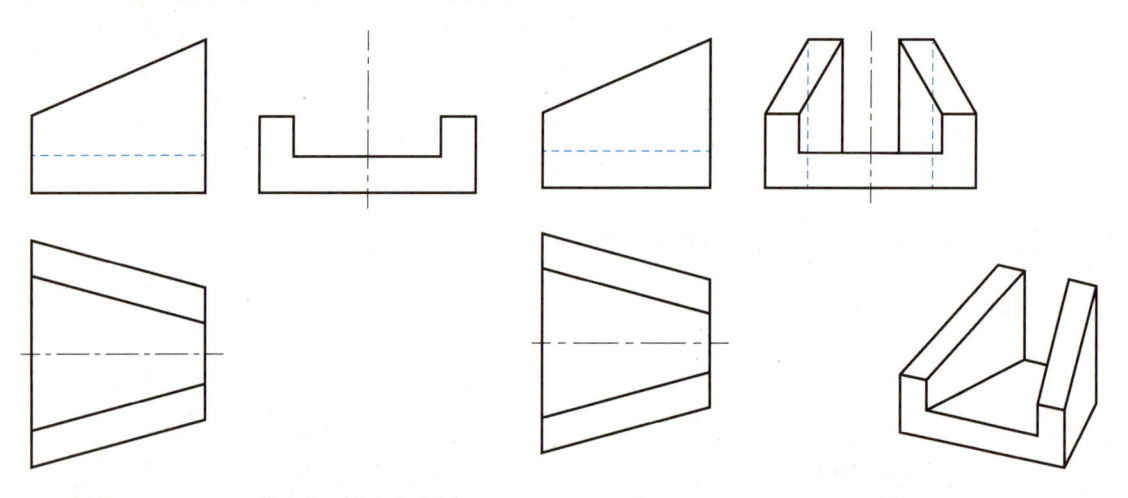

图 5-36　涵洞口八字翼墙的侧面投影　　　　　　图 5-37　侧面投影

【例 5-9】　读图，台阶如图 5-38 所示。

分析：图示为转角台阶，临空这一侧有栏板（随着台阶上升有一个相同的斜度），按照投影关系不难看懂，如图 5-39 所示。

【例 5-10】　读图，钢结构支座图，如图 5-40 所示。

分析：钢结构支座由工字钢和几块钢板焊接而成，底板为矩形（尺寸是长 3500、宽 2600、厚 200），前后夹板为六边形（尺寸是长度方向有 3500、1100，高度方向有 1300、600，厚度 100），夹板之间为矩形肋板（立面图中的虚线），正中为工字钢。尺寸前后定位基准为对称线。立体图如图 5-41 所示。

第五章 组合体的投影　61

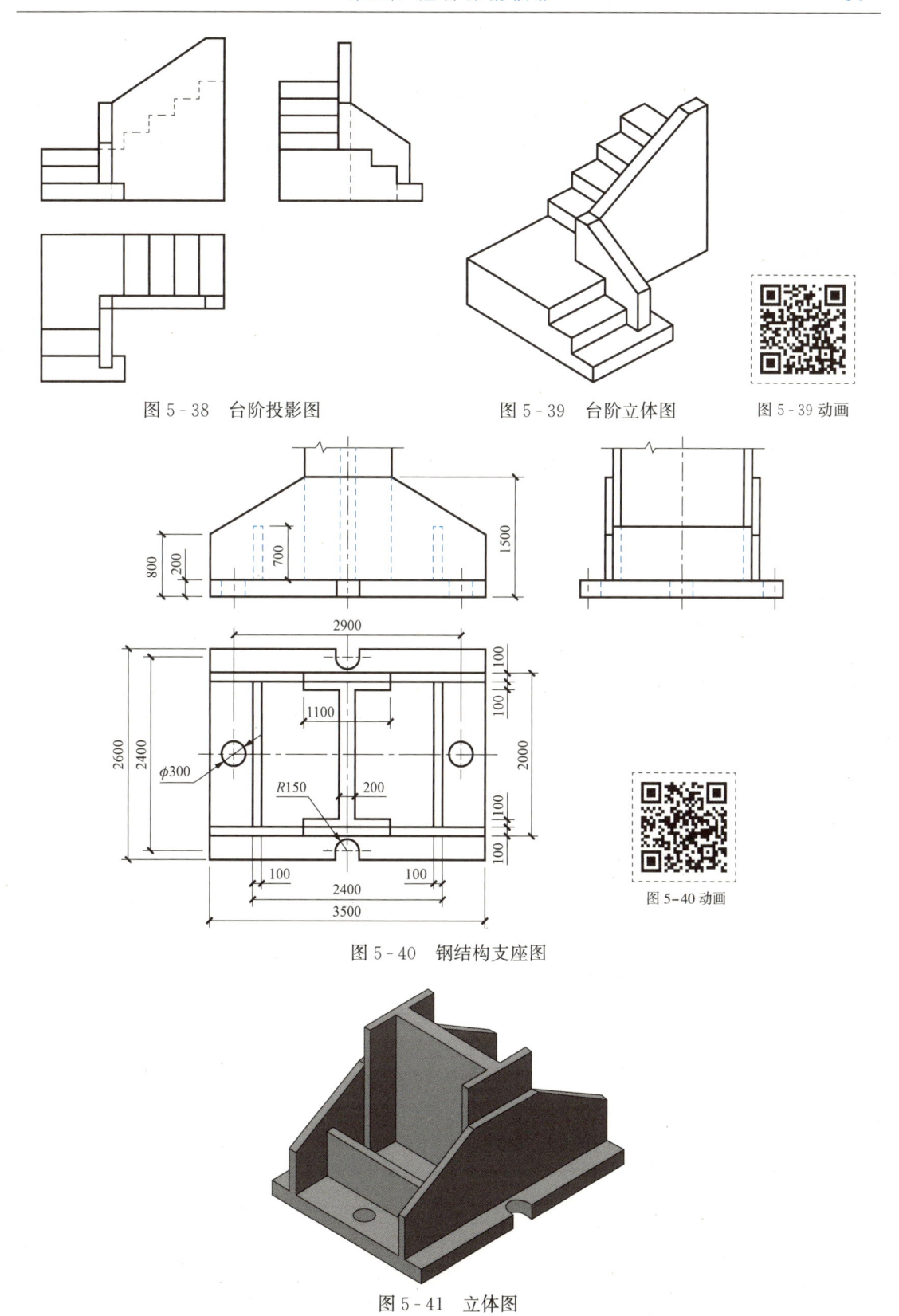

图 5-38　台阶投影图

图 5-39　台阶立体图

图 5-39 动画

图 5-40　钢结构支座图

图 5-40 动画

图 5-41　立体图

# 第六章 立体的截交与相贯

**本章主要内容**

（1）立体表面分析及定点〔平面立体表面取点（辅助线法、积聚法）、回转体表面取点〕。

（2）立体的截切（截交线）。

（3）立体的相交（相贯线）。

立体的截交与相贯是较复杂的一种组合形式，也是常见的构形方式之一，需要用一定的作图方法（比如面上引辅助线法、利用面的积聚性等）才能正确画出。

## 第一节 立体表面分析及定点

本节内容是在第四章立体上点、直线、平面的投影分析的应用和深化，为立体求交提供作图方法。

### 一、平面立体表面取点（辅助线法、积聚法）

六棱柱（棱面积聚性）如图6-1所示。坡面（积聚性、辅助线）如图6-2所示。三棱锥（两种辅助线）如图6-3所示。

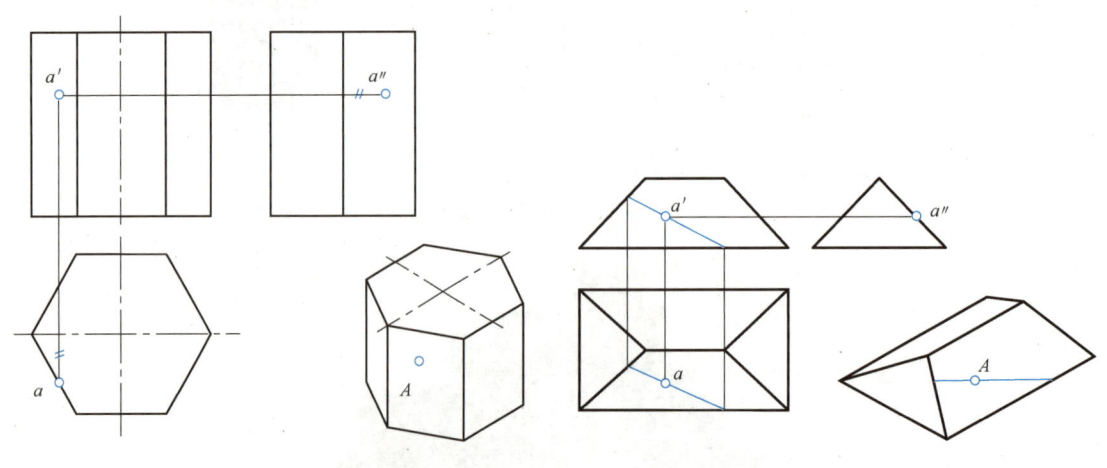

图6-1 六棱柱（棱面积聚性）　　图6-2 坡面（积聚性、辅助线）

### 二、回转体表面取点

（一）圆柱面

1. 圆柱面的形成

圆柱面可看作直线（母线）绕与之平行的轴线旋转而成。母线在旋转过程中的轨迹为一

第六章 立体的截交与相贯    63

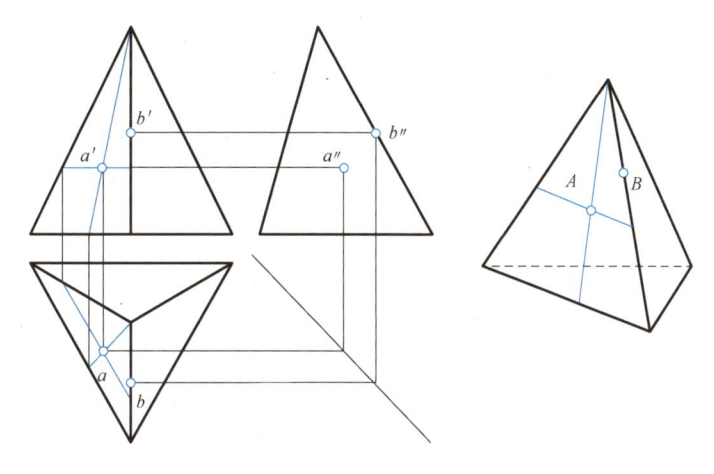

图 6-3　三棱锥（两种辅助线）

系列的直线（称作素线）和垂直于轴线的圆，构成表面的纹理。投影图中轴线用细点画线表示，圆投影中要画十字对称线（细点画线）。如图 6-4 所示。

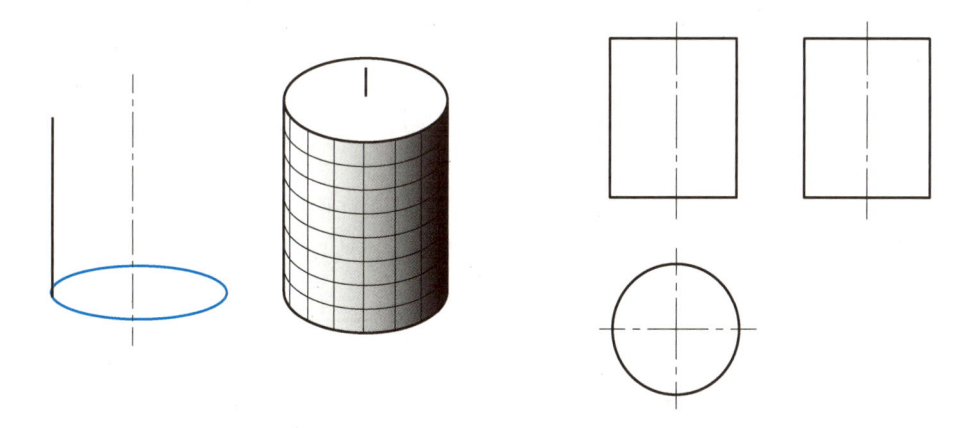

图 6-4　圆柱面的形成、表面纹理和画法规定

2. 圆柱面的轮廓线

轮廓线随投影方向不同而不同，如图 6-5 所示。正面投影中，圆柱的轮廓线是圆柱最左、最右两条素线，是前、后两半圆柱面虚实分界线，其侧面投影位于中间轴线处，图中以 A 点示出最左轮廓线的位置。侧面投影中，圆柱的轮廓是圆柱最前、最后两条素线，是左、右两半圆柱面虚实分界线，其正面投影位于中间轴线处，图中以 B 点示出最前轮廓线的位置。

3. 圆柱面上找点

后文叙述的有关圆柱面的许多作图，都可归结于圆柱面上找点问题，其中位于轮廓线上的点最重要（见图 6-5）。圆柱面上其他点利用圆投影的积聚性，如图 6-6 所示。图中点 N 位于圆柱右后面上，正面和侧面投影不可见，用括号表示。

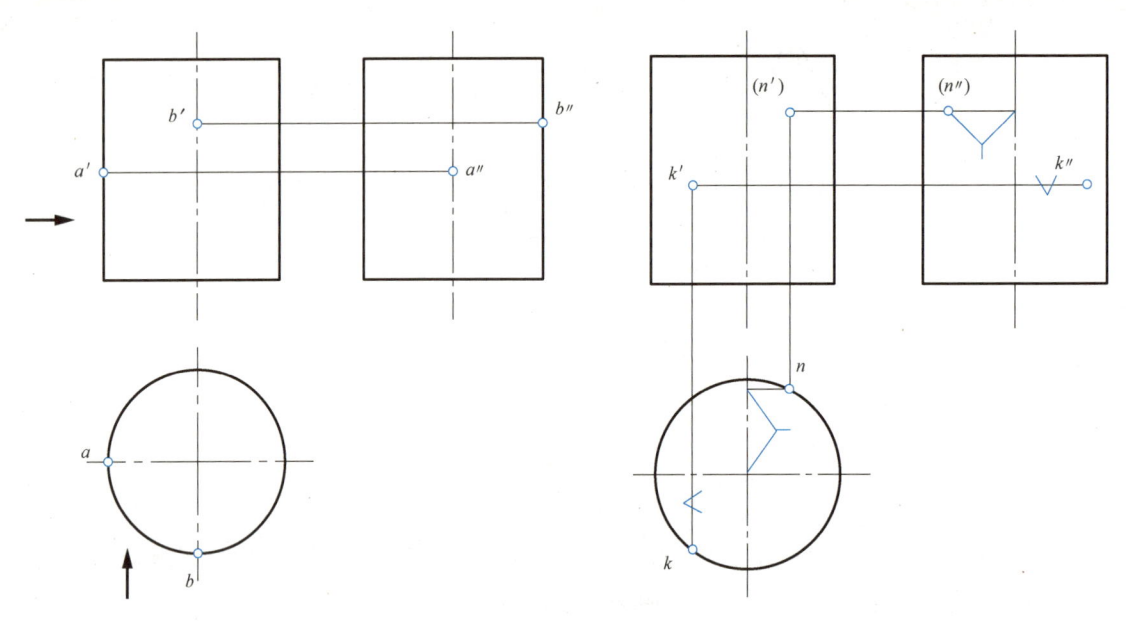

图 6-5　圆柱面的轮廓线

图 6-6　圆柱面上找点

### 4. 读图

圆柱面上的曲线及作图,通过读图 6-7,加深对圆柱面弯曲趋势的想象及找点。先找轮廓线上的点(特殊点)B、C,按投影关系直接求得,次之一般点(未标字符)。轮廓线上的点是圆柱面上曲线可见性的分界点(虚实分界点)。图 6-7 中的右图,圆柱为立式放置,读者自行分析比较。

图 6-7 动画

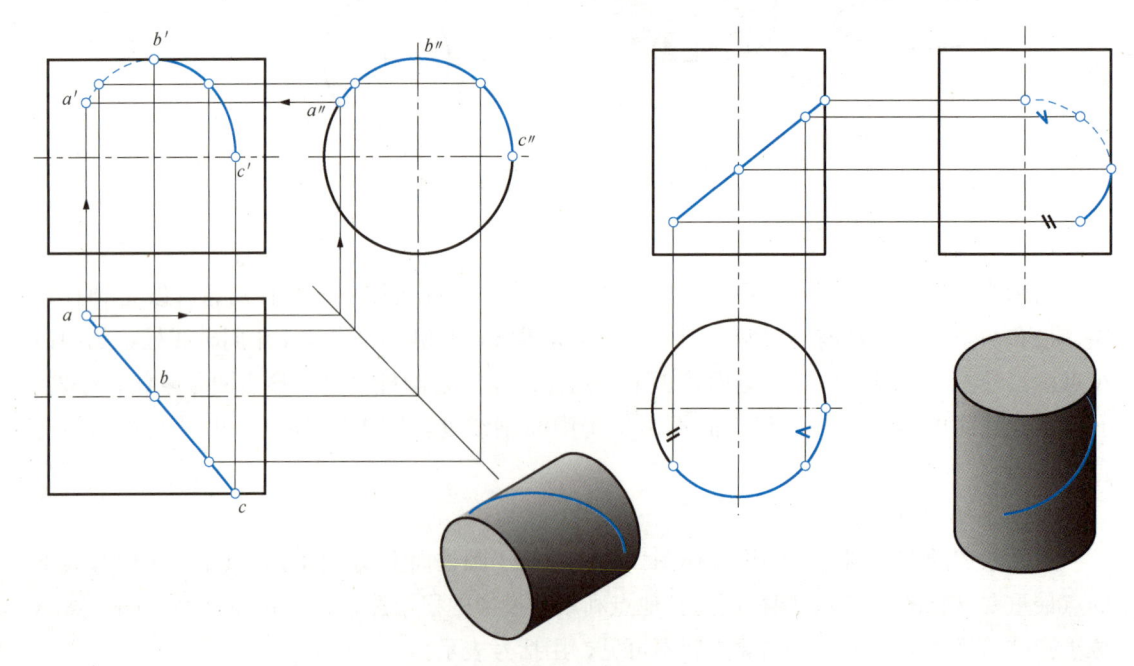

图 6-7　圆柱面上的曲线及作图

## （二）圆锥面

### 1. 形成

圆锥面可看作直线（母线）与轴线相交旋转而成。母线在旋转中的轨迹为一系列过锥顶的素线和垂直于轴线的大小不同的圆，构成圆锥表面的纹理，如图 6-8 所示。

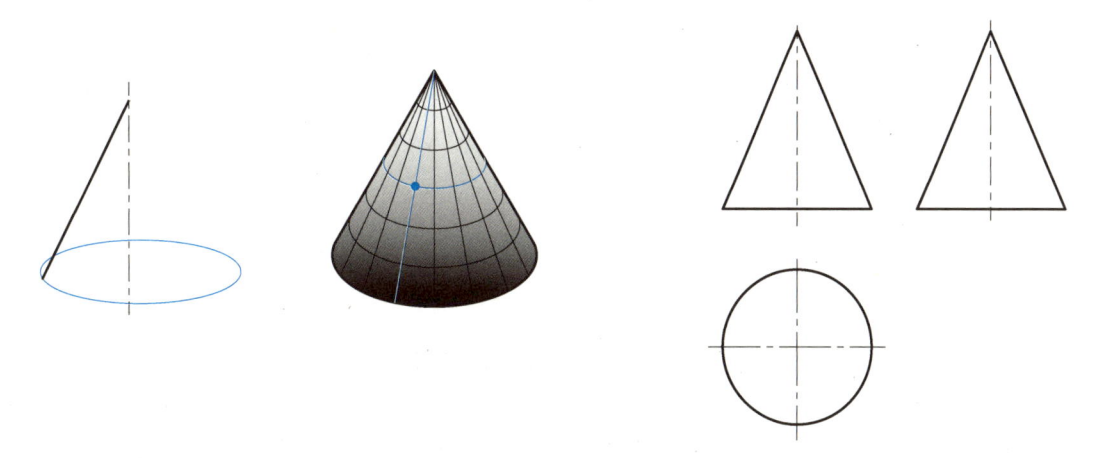

图 6-8　圆锥的形成、表面纹理和画法

### 2. 圆锥面的轮廓线

轮廓线随投影方向不同而不同，如图 6-9 所示。

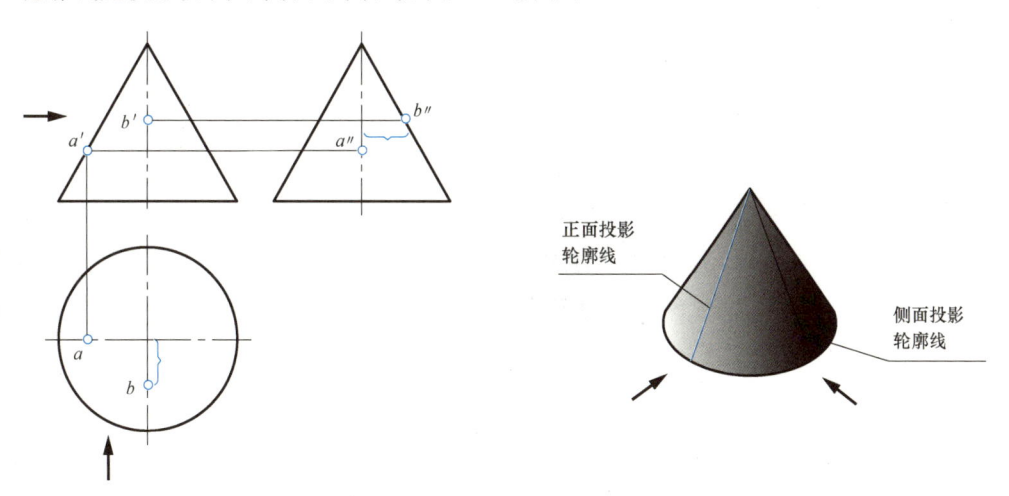

图 6-9　圆锥轮廓线（投影面平行线）

### 3. 圆锥面上找点

过锥顶引辅助线，或垂直于轴线画辅助圆法两种方法，如图 6-10 所示。

### 4. 读图

锥面上的曲线及作图，通过阅读图 6-11，加深对圆锥面弯曲趋势的想象及找点。图 6-11（a），轮廓线上的点 $A$、$B$、$C$ 按投影关系作出，一般点用辅助圆法作出，$B$ 点是曲

图 6-11（a）动画　图 6-11（b）动画

线侧面投影可见性的虚实分界点。图 6-11（b）留给读者自行分析。

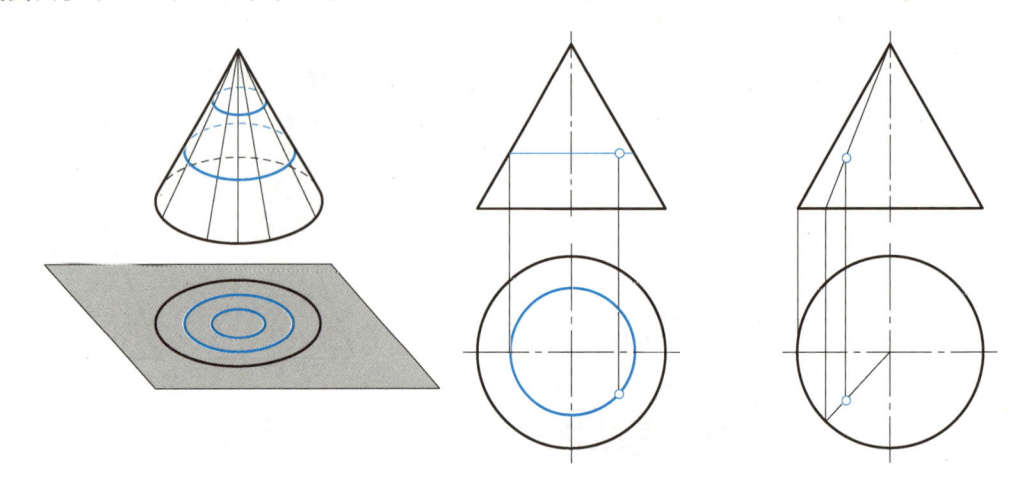

图 6-10　圆锥面上引辅助线

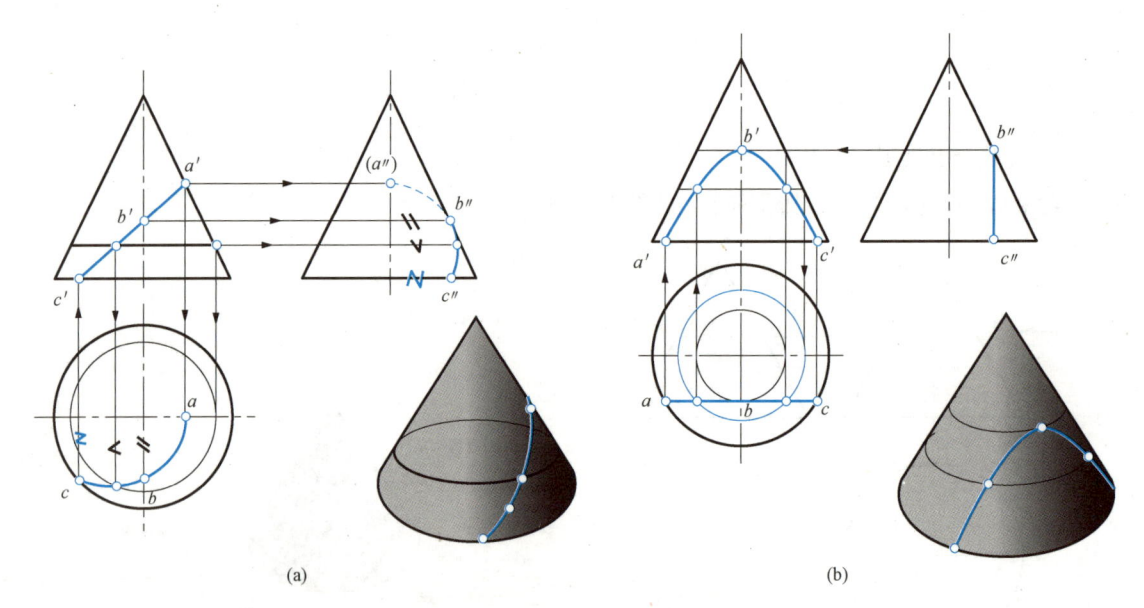

(a)　(b)

图 6-11　圆锥面上的曲线及作图
(a) 圆锥体表面上曲线 ABC 的投影（一）；(b) 圆锥体表面上曲线 ABC 的投影（二）

## （三）圆球

### 1. 形成

圆球可看作半圆绕自身直径旋转而成。过球心的任一直线均可当作旋转轴线，所以球的任一截面都是圆。如图 6-12 所示。

### 2. 圆球面的轮廓线

轮廓线随投影方向不同而不同，如图 6-13 所示。圆球三个投影的轮廓线，分别为过球心的水平大圆、正平大圆和侧平大圆。

第六章 立体的截交与相贯　　67

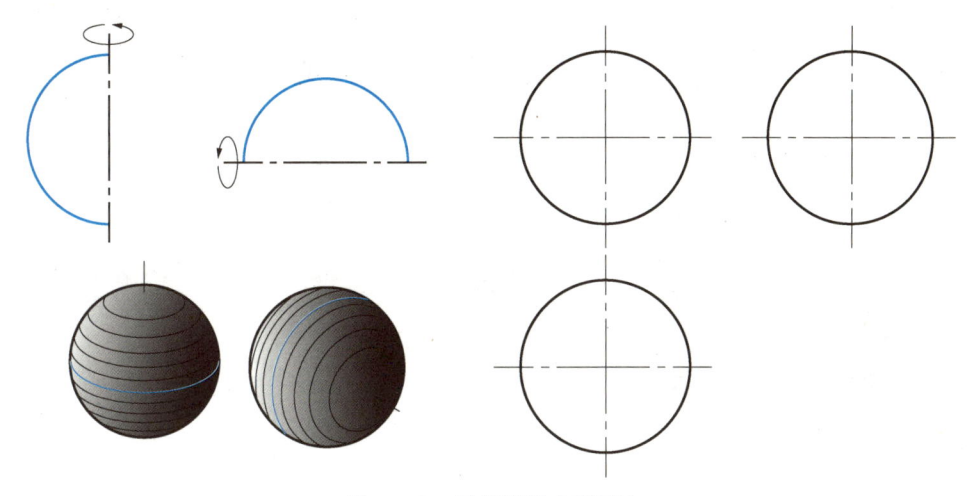

图 6-12　圆球的形成及画法

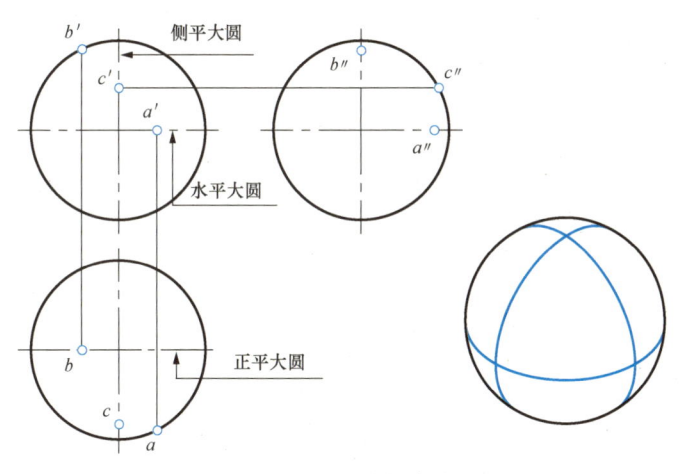

图 6-13　圆球轮廓线

### 3. 球面上找点

辅助圆法是水平、正平圆。已知点的正面投影，求水平投影；或已知点的水平投影，求正面投影。要会正逆作图，即先画线段、后画圆，或先画圆后画线段。如图 6-14 所示。

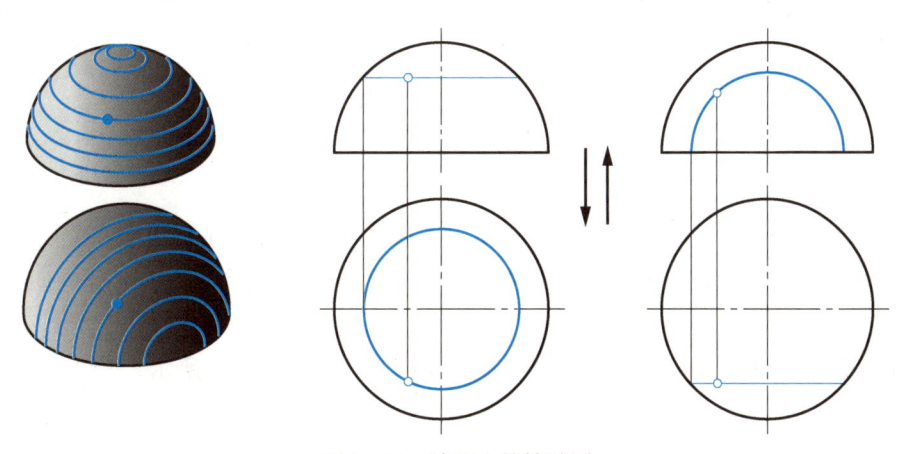

图 6-14　球面上的辅助圆

## 第二节 立体的截切（截交线）

截切和相贯，也是重要的构形方式之一，如图 6-15 所示。

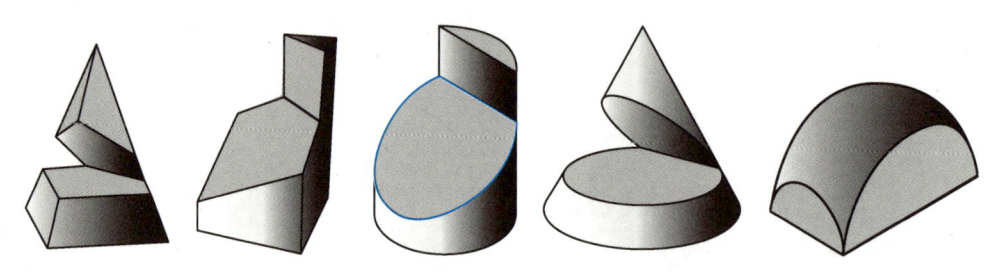

图 6-15 截切形体

### 一、平面立体的截切

（一）截交线的性质、求法

平面截切平面立体，截交线是封闭的平面多边形。多边形的顶点是各棱线与截平面的交点；多边形的边是各棱面与截平面的交线。

求截交线的方法：①交点法，依次求出各棱线与截平面的交点，依次连接；②交线法，依次求出各棱面与截平面的交线，连接起来。如图 6-16 所示。

（二）读截切体的投影图

【例 6-1】 本例为正垂面截切三棱锥，与三条棱线（三个棱面）相交，截面为三角形，正面投影积聚为线段，图中显示了求另两投影的作图，如图 6-17 所示。

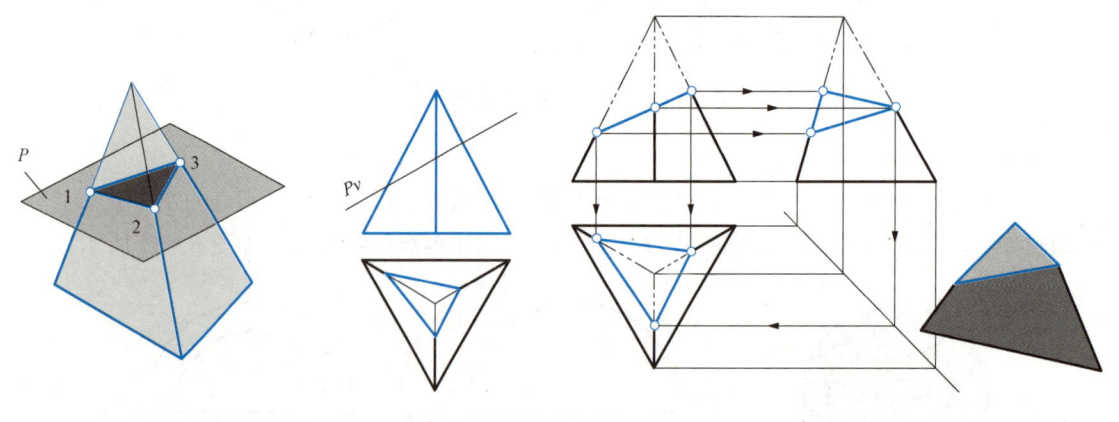

图 6-16 截平面 $P$、截断面△123　　图 6-17 三棱锥截切体

【例 6-2】 本例为正垂面截切四棱柱，与五条棱线（五个棱面）相交，截面为五边形，正面投影积聚为线段，水平投影积聚在棱面上，两投影已知，图中显示了求侧面投影的作图，如图 6-18 所示。

【例 6-3】 读图，补画四棱柱截切体的侧面投影，如图 6-19 所示。

第六章 立体的截交与相贯

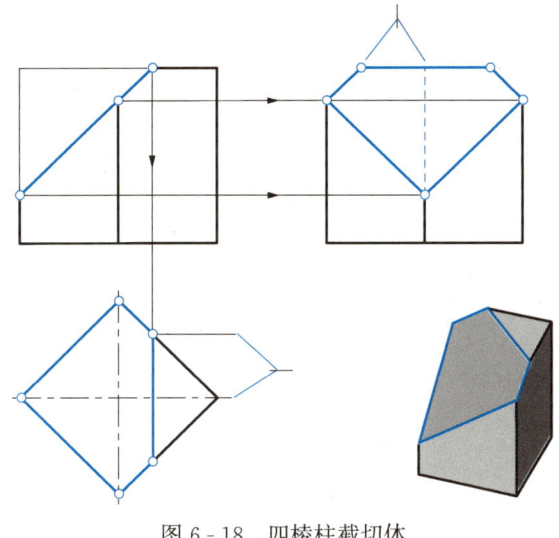

图 6-18 四棱柱截切体

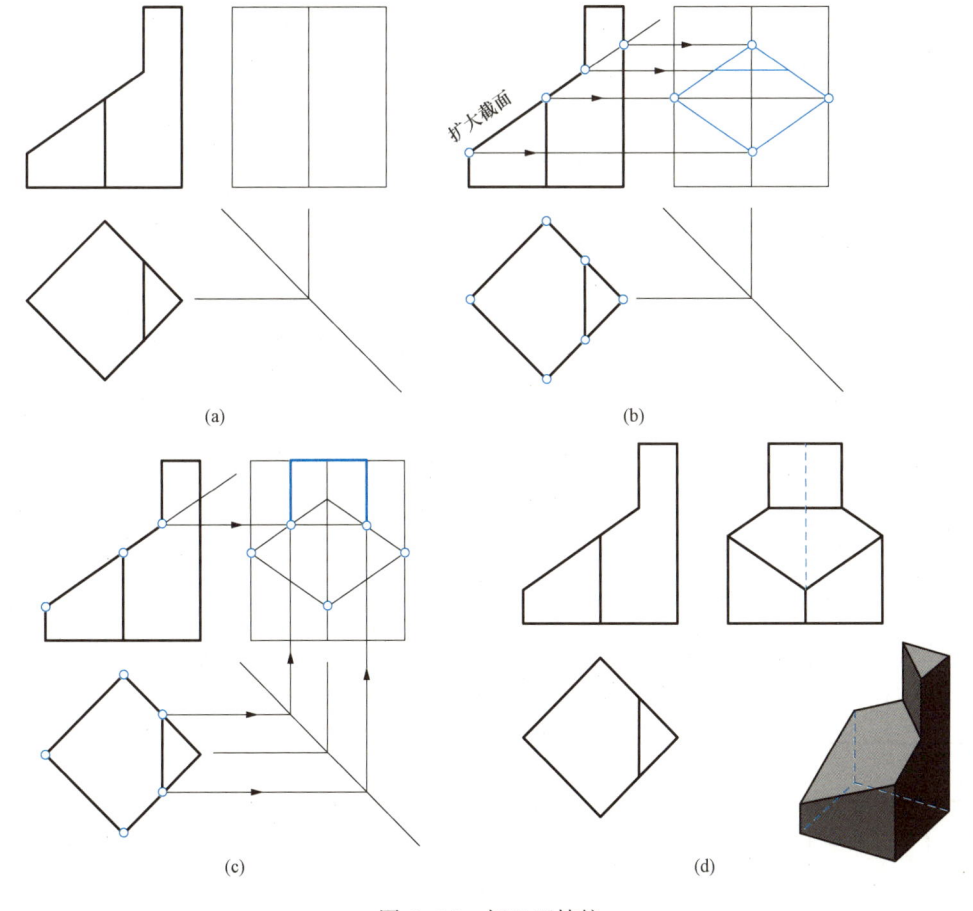

(a) (b)

(c) (d)

图 6-19 切口四棱柱

(a) 已知条件：截交线 V、H 投影（积聚性），W 投影待求；(b) 扩大斜截面，求出完整截交线四边形，取有效部分为下侧五边形；(c) 侧平面平行棱柱的棱线，截交线为四边形，H 投影反映宽度，与斜截面的交线是公共边；(d) 检查加深图线

图 6-19 动画

**【例 6-4】** 完成切口三棱锥的 $H$、$W$ 投影,如图 6-20 所示。

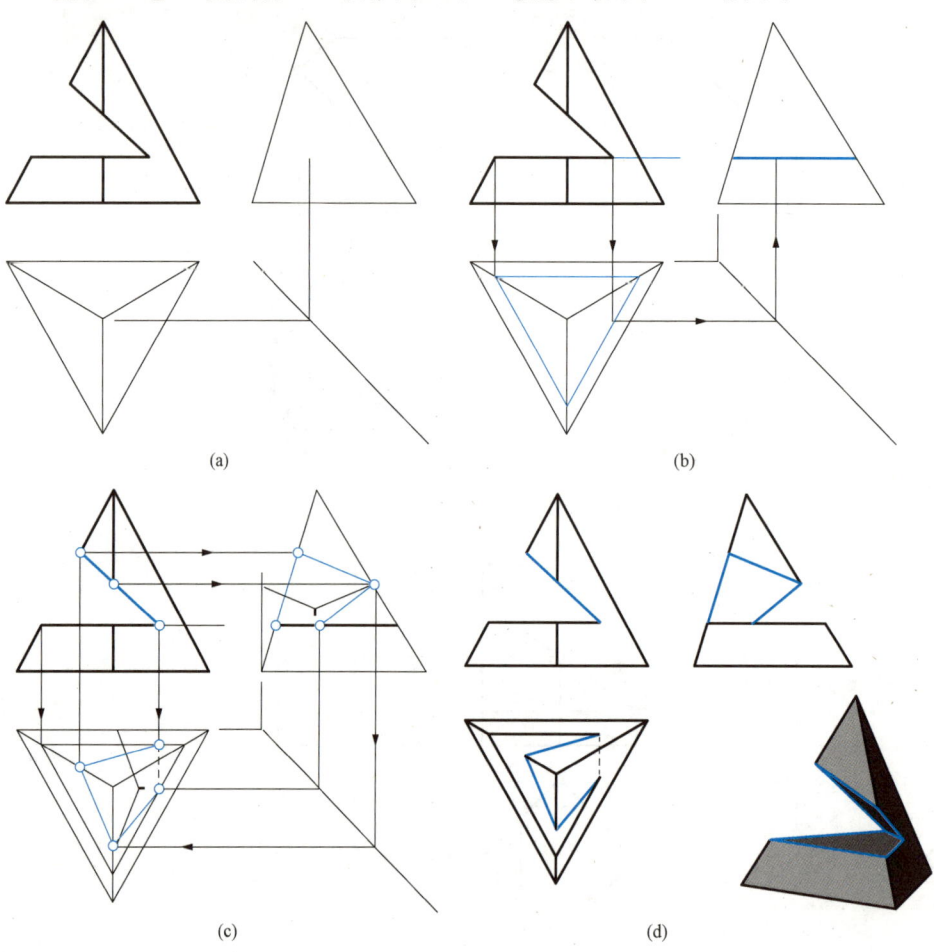

图 6-20 切口三棱锥

图 6-20 动画

(a) 已知条件:正面投影已知,$H$、$W$ 投影待求;(b) 水平截面平行于锥底,截交线是锥底的相似三角形,有效部分为左侧四边形;(c) 斜截面的截交线是四边形(与棱线有两个交点,下端两截面交线为正垂线公有边);(d) 检查加深图线

**【例 6-5】** 完成切割体的侧面投影,如图 6-21 所示。

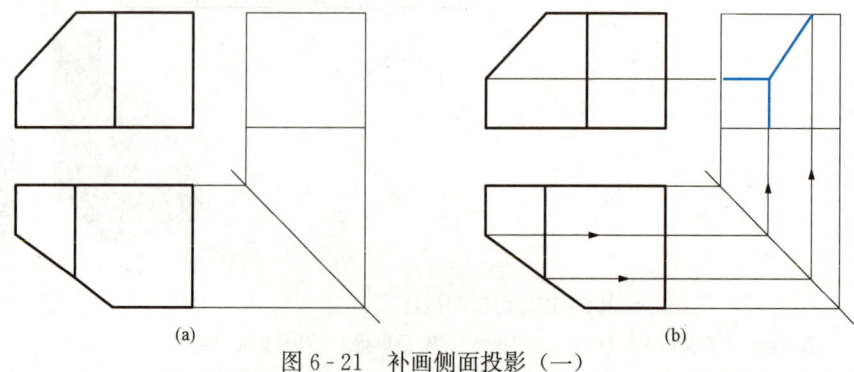

图 6-21 补画侧面投影(一)

(a) 已知条件:原形为长方体,正垂面切去左上角,铅垂面切去左前角;
(b) 先画铅垂面的侧面投影,只需再加一笔(两垂面的交线)

第六章 立体的截交与相贯

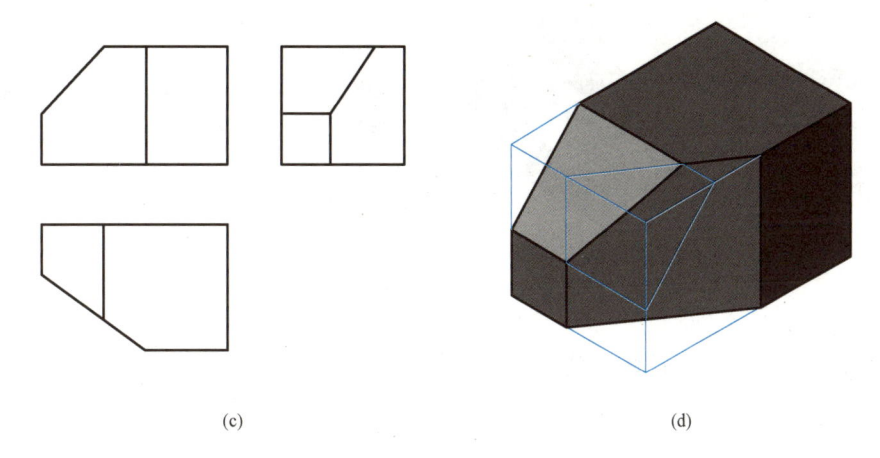

(c)　　　　　　　　　　　　　　(d)

图 6-21　补画侧面投影（二）

(c) 加深；(d) 立体图

## （三）读图

读如图 6-22 投影图，图 6-23 所示为其立体图。

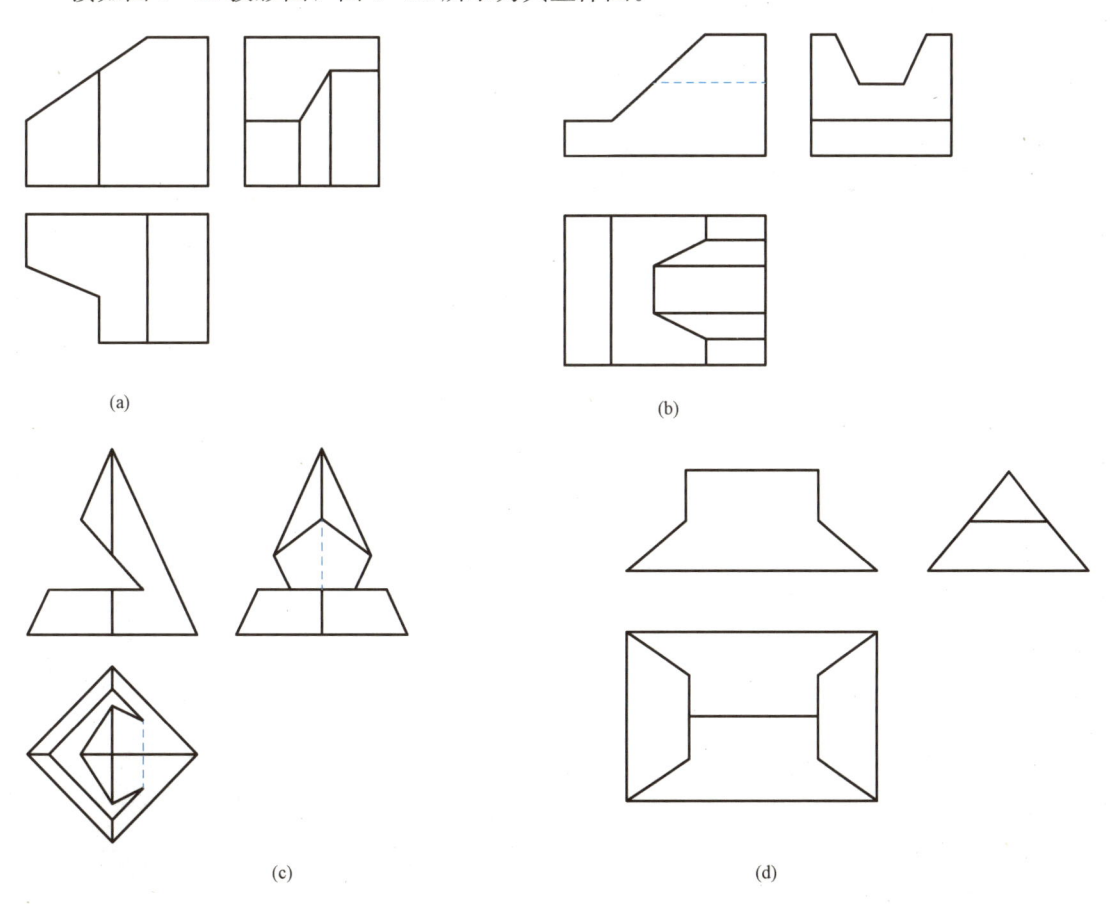

(a)　　　　　　　　　　　　　　(b)

(c)　　　　　　　　　　　　　　(d)

图 6-22　投影图

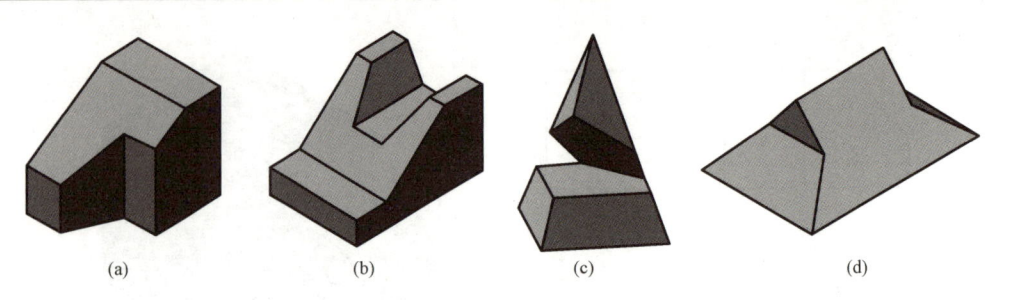

图 6-23 三维立体图

图 6-23 动画

## 二、回转体的截切

回转体的截交线是截平面与回转体表面的公有线（公有点的集合）。截交线的形状取决于截平面与回转体轴线的相对位置。求截交线的基本方法是利用辅助线作出截交线上若干点，光滑连接之。

（一）圆柱的截切

截交线的形状取决于截平面与圆柱轴线的相对位置，有三种，如图 6-24 所示。基本作图方法是利用圆投影的积聚性面上取点。

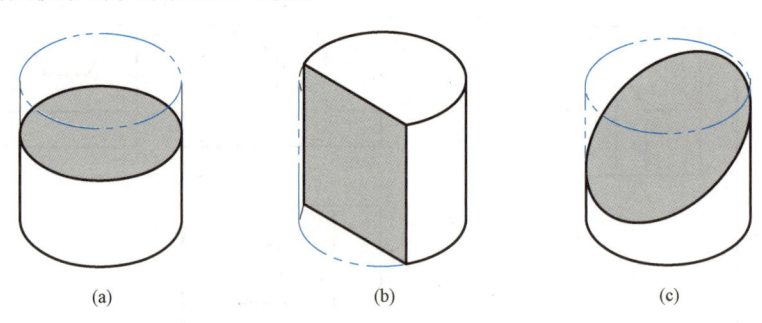

图 6-24 圆柱的截交线

（a）截平面⊥轴线（圆）；（b）截平面∥轴线（矩形）；（c）截平面∠轴线（椭圆）

1. 读图

圆柱的截交线如图 6-25 和图 6-26 所示。

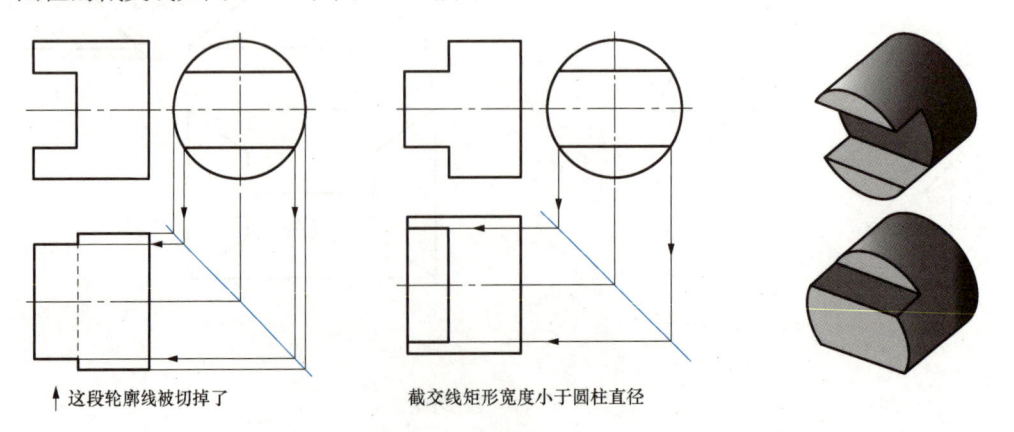

↑这段轮廓线被切掉了　　　　　截交线矩形宽度小于圆柱直径

图 6-25 圆柱的截交线

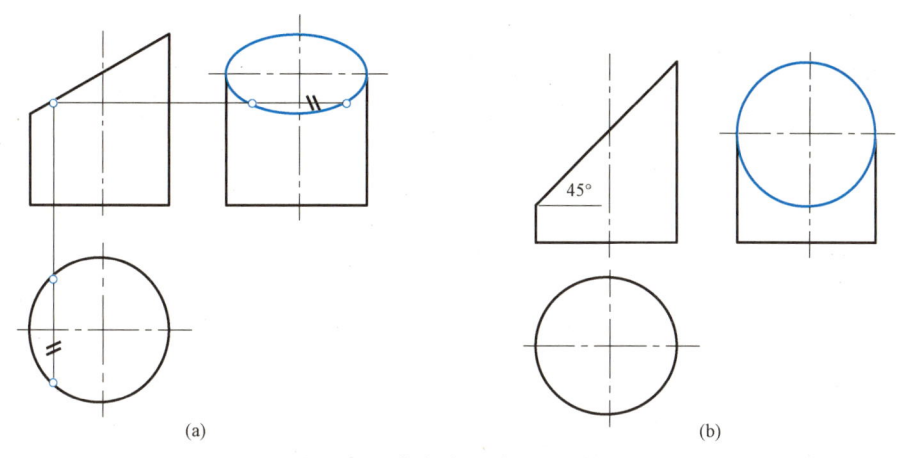

图 6-26 截交线（椭圆）的投影

(a) 非 45°截平面，椭圆投影为椭圆，其中一轴长等于圆柱直径；(b) 45°截平面，椭圆投影为圆

## 2. 作图

求作圆柱截切的侧面投影，如图 6-27 所示。

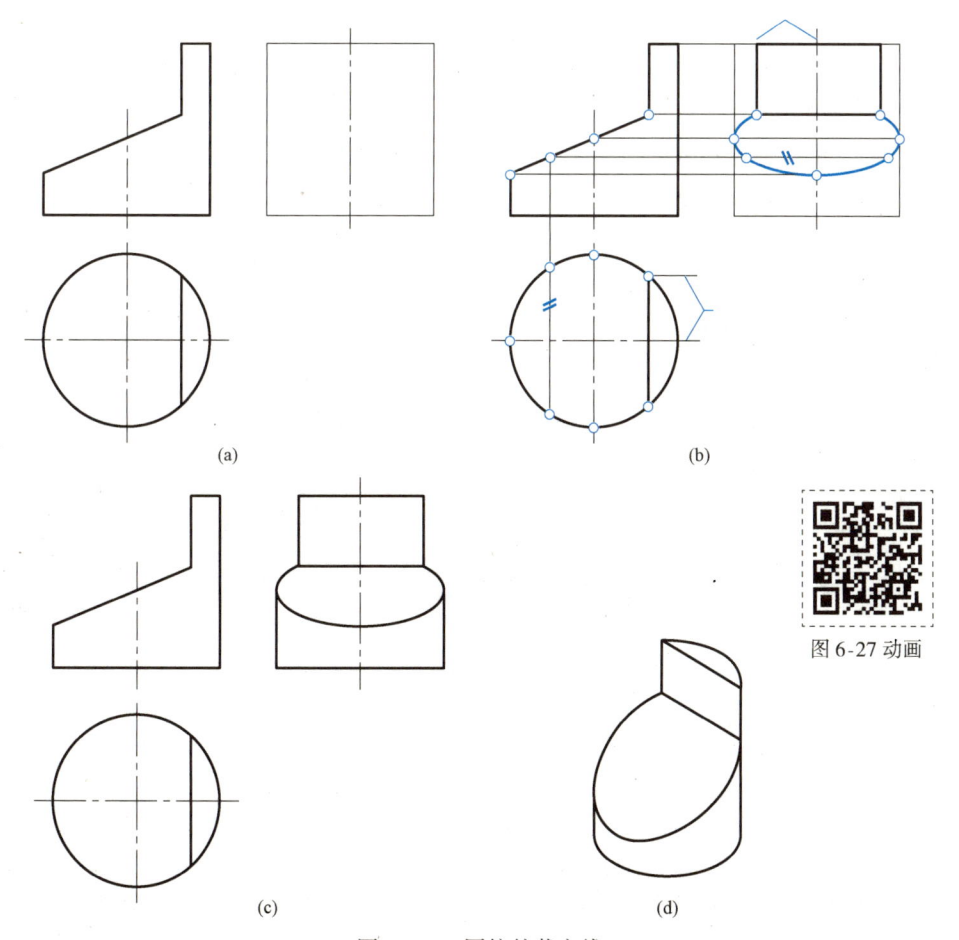

图 6-27 动画

图 6-27 圆柱的截交线

(a) 已知条件：截交线为矩形和椭圆，H、V 投影已知（积聚性）；(b) 先画矩形 W 投影，H 投影显示其宽度。画椭圆，先作轮廓线上的前、后作定点，中间点，图中显示了一对；(c) 检查加深；(d) 立体图

## 3. 读图

读图如图 6-28 所示。

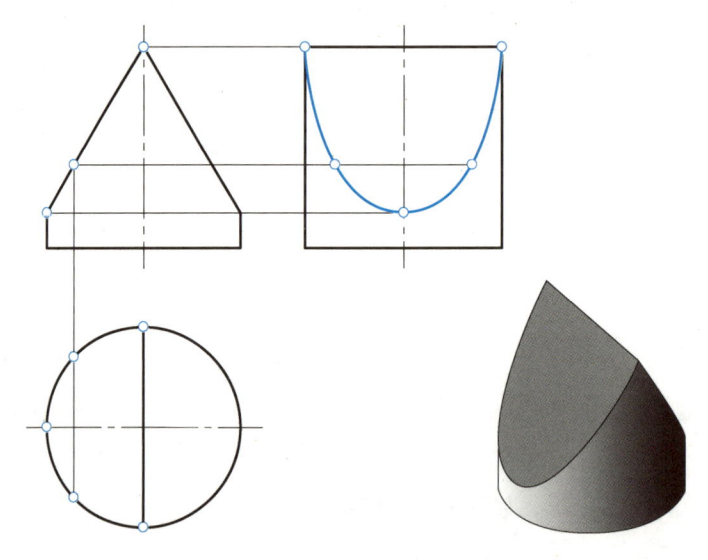

图 6-28 读图

### (二) 圆锥的截切

依据截平面相对圆锥轴线的位置不同，截交线的形状有以下五种：三角形、圆、椭圆、抛物线＋直线段、双曲线＋直线段，如图 6-29 所示。

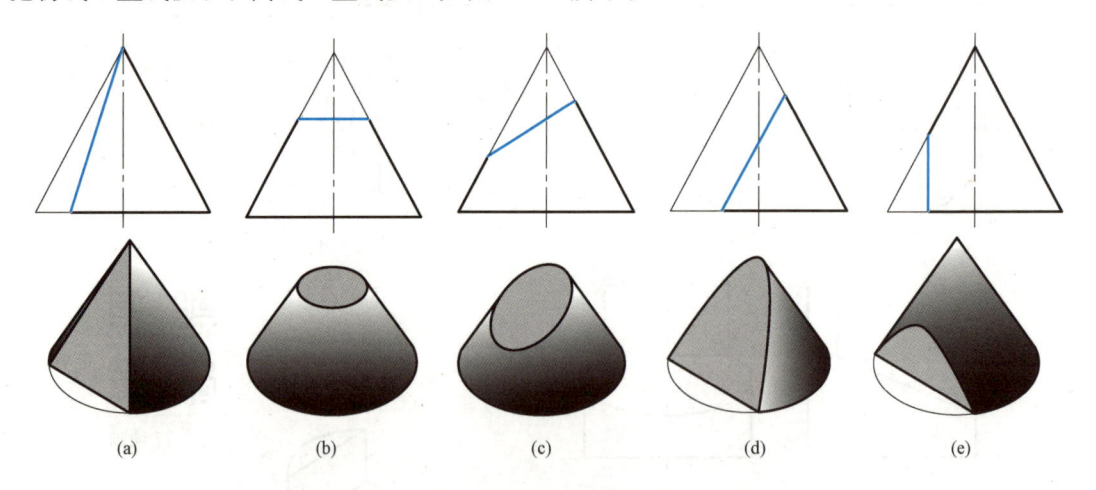

图 6-29 圆锥的截交线

(a) 截平面过锥顶（三角形）；(b) 垂直于轴线（圆）；(c) 倾斜于轴线（椭圆）；
(d) 平行于轮廓线（抛物线）；(e) 平行于轴线（双曲线）

## 1. 读图

如图 6-30 所示，截平面平行于圆锥轮廓，截交线为抛物线（只需知道曲线即可），图中示出了轮廓线上三个点以及底圆上两点，只需用一个辅助圆再找两点即可。

如图 6-31 所示，两个截面截切圆锥，截交线为圆、椭圆（部分），图中示出了轮廓线上三个点以及两截面的交线（公有边）。注意侧面投影圆锥的轮廓线，中间一段被切掉了。

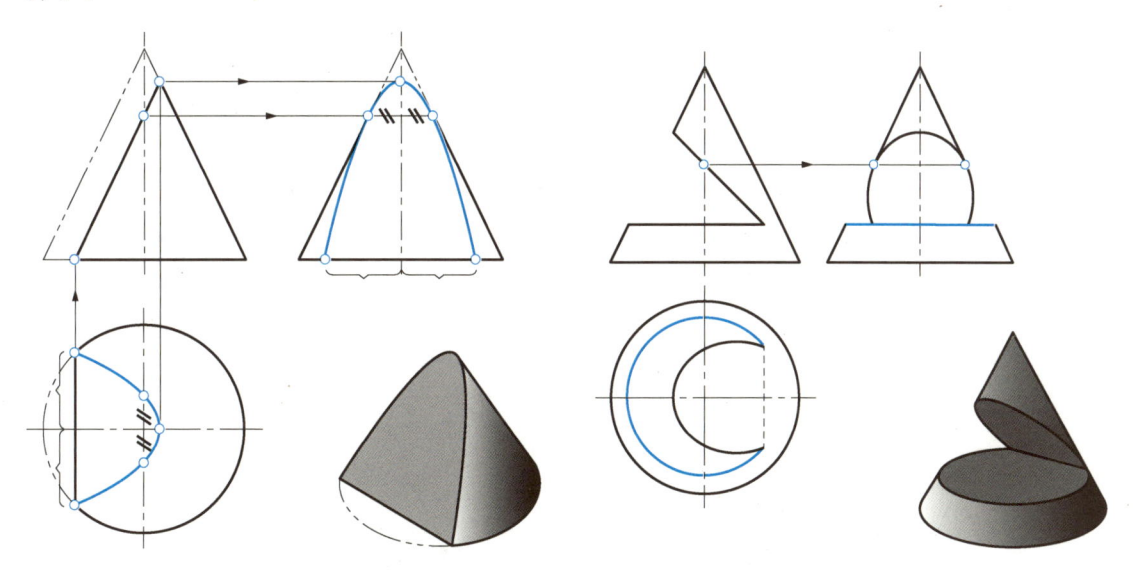

图 6-30 截平面平行于圆锥轮廓

图 6-31 两个截面截切圆锥

如图 6-32 所示，正平面截圆锥，截交线为双曲线（水平投影已知），中间那个点距锥顶最近，是最高点，用辅助圆法，余略。

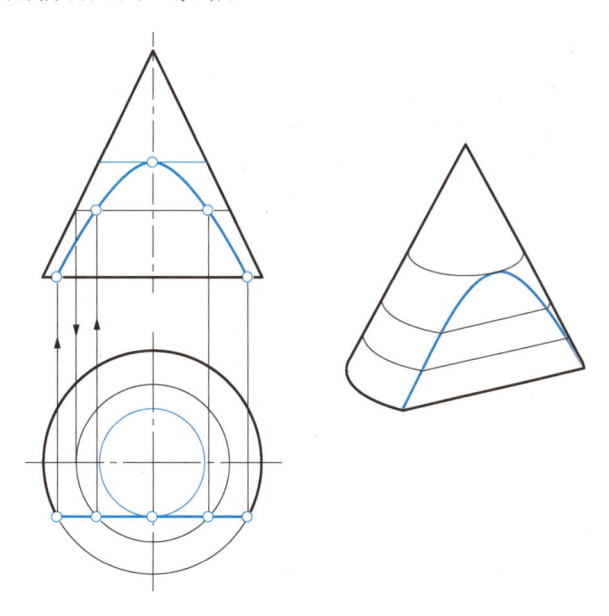

图 6-32 正平面截圆锥

2. 作图

完成圆锥截切的 $H$、$W$ 投影，如图 6-33 所示。

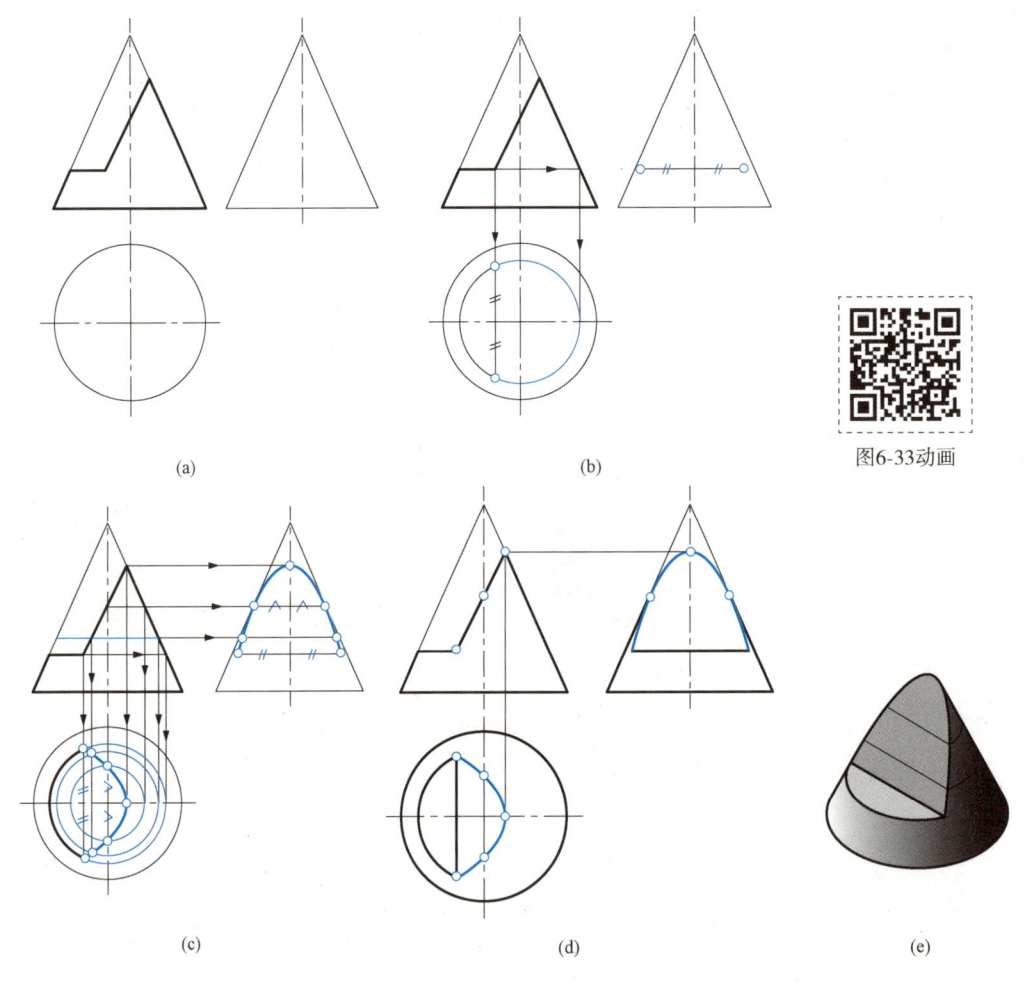

图 6-33 圆锥截切

(a) 已知条件，分析截交线；(b) 作水平截面（圆）；(c) 作斜截面（曲线），圆锥轮廓线上三个点（直接求得），中间点两个（辅助圆）；(d) 连线完成投影；(e) 立体图

## （三）球的截切

球的截切（截交线为圆）如图 6-34 所示。

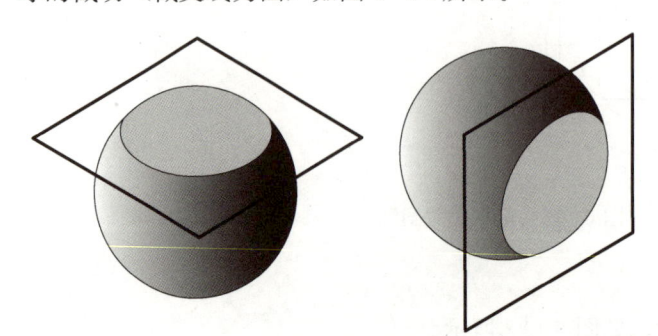

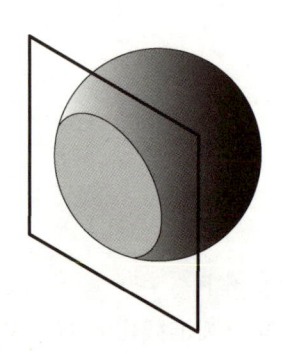

图 6-34 球的截交线（一）

第六章 立体的截交与相贯　　　77

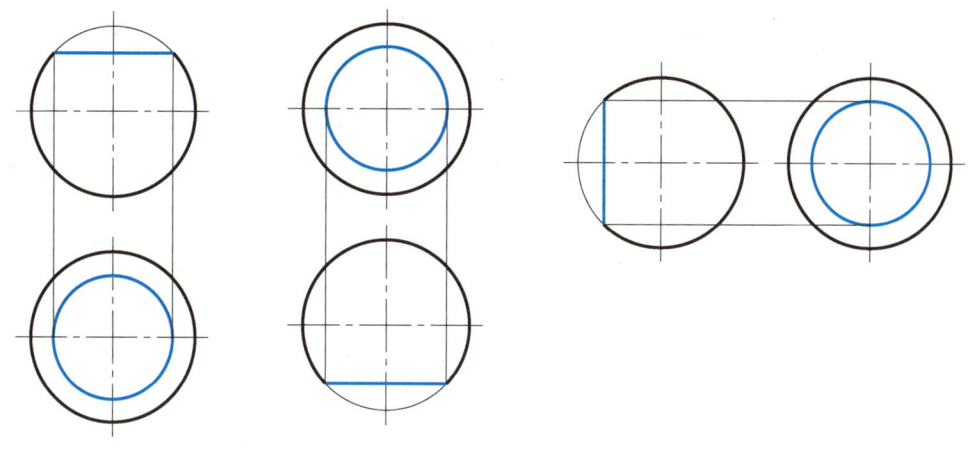

图 6-34　球的截交线（二）

1. 读图

读图如图 6-35 所示。

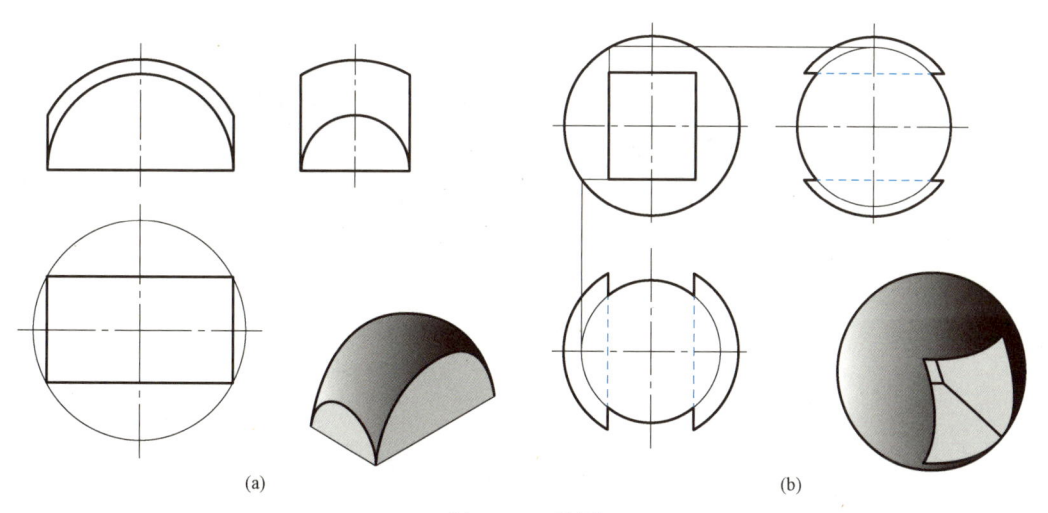

(a)　　　　　　　　　　　　　　　　(b)

图 6-35　读图

2. 作图

求开槽半球的水平投影和侧面投影，如图 6-36 所示。

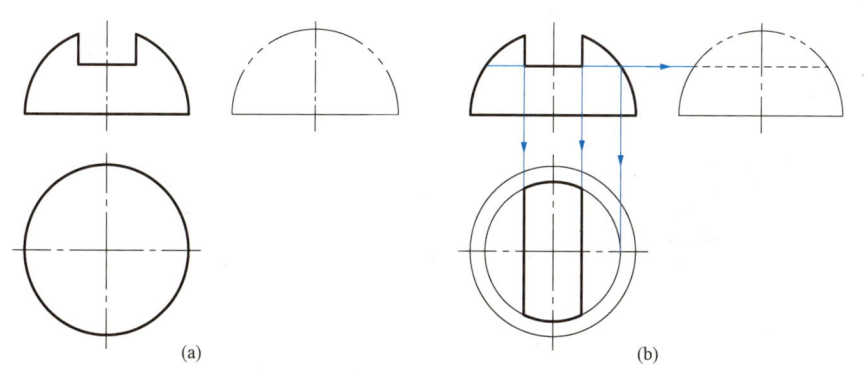

(a)　　　　　　　　　　　　　　　　(b)

图 6-36　球的截切（一）

（a）已知条件：截交线为三段圆弧；（b）作水平截面（取中间有效部分）；

(c)　　　　　　　　　　　　　　　　(d)

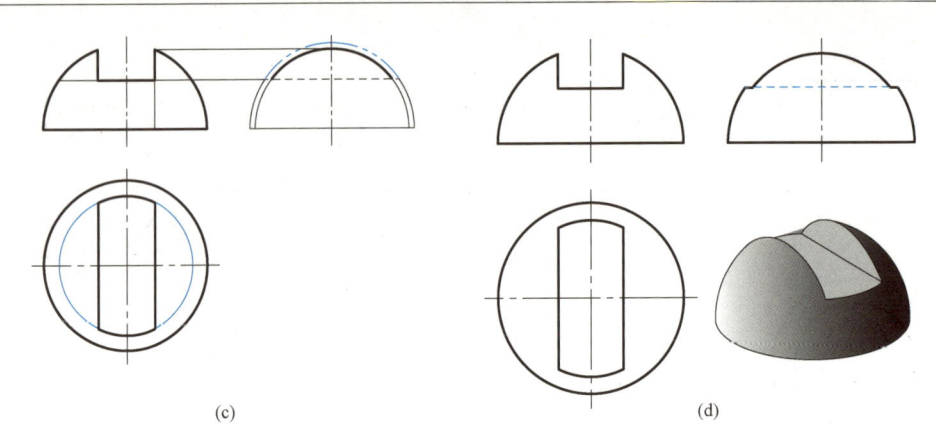

图 6-36　球的截切（二）
(c) 作侧平截面（取上部有效部分）；(d) 检查加深

3. 讨论

截平面的形式如图 6-37 所示。

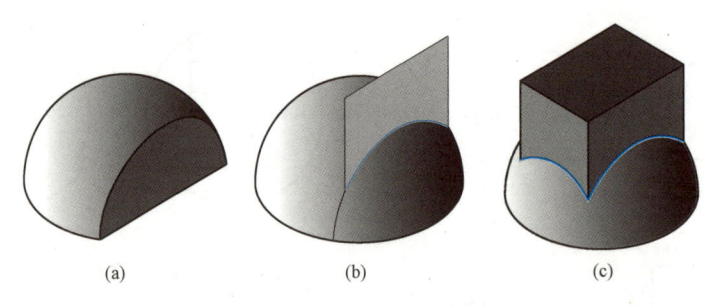

(a)　　　　　　　　(b)　　　　　　　　(c)

图 6-37　截平面的形式
(a) 断面形式；(b) 体外形式；(c) 多个截面（用于两立体相反）

## 第三节　两立体相交（相贯线）

两形体的表面交线为公有线，其特点是公有性、表面性、和闭合性。求交线的方法一般有截切法和表面取点法等。立体相交有两平体相交、平面体与回转体相交和两回转体相交三种，如图 6-38 所示。

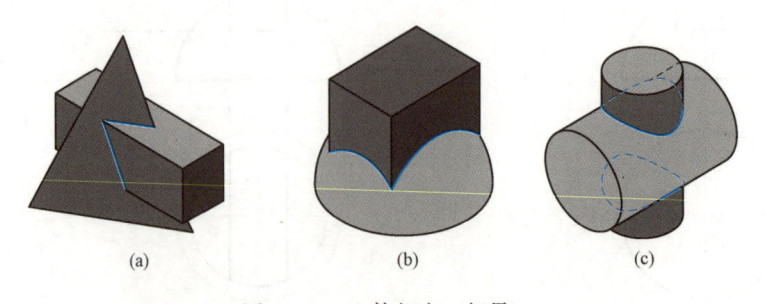

(a)　　　　　　　　(b)　　　　　　　　(c)

图 6-38　立体相交（相贯）
(a) 两平体相交；(b) 平面体与回转体相交；(c) 两回转体相交

## 一、两平面立体相贯

两平面立体表面的交线为空间折线,是两形体表面的公有线。

(一)求两平面立体相贯线的方法

(1)方法一:棱线交点法。

相贯线上每个转折点就是一个形体的棱线对另一形体棱面的交点。把甲立体棱线与乙立体棱面交点,加上乙立体棱线与甲立体棱面交点,依次连接起来。求线面交点,从棱面的积聚投影上直接求得。连点时,只有两点位于甲体同一棱面上,又位于乙体同一棱面上才可以相连。

图 6-39(a)四棱柱与三棱锥相交,四棱柱四条棱线贯穿三棱锥有八个交点,三棱锥只有前面一条棱线贯穿四棱柱上下两面,有两个交点,共两组交线,前面一组为六边形;后面一组为四边形。

(2)方法二:棱面截切法。

相贯线上每段折线,是甲乙两体上两棱面的交线。通常用棱柱的棱面(有积聚性)依次去截切另一立体,截交线的组合即所求。相贯线的可见性:两立体可见棱面的交线可见,只要有一个棱面不可见,交线就不可见。

(二)读图

如图 6-39 所示,下面的三个小题都是棱柱相交,$H$、$W$ 投影有积聚性(已知),其 $V$ 投影从 $W$ 投影很容易求得(注意:侧面投影那个交点是线面交点还是两面交线)。

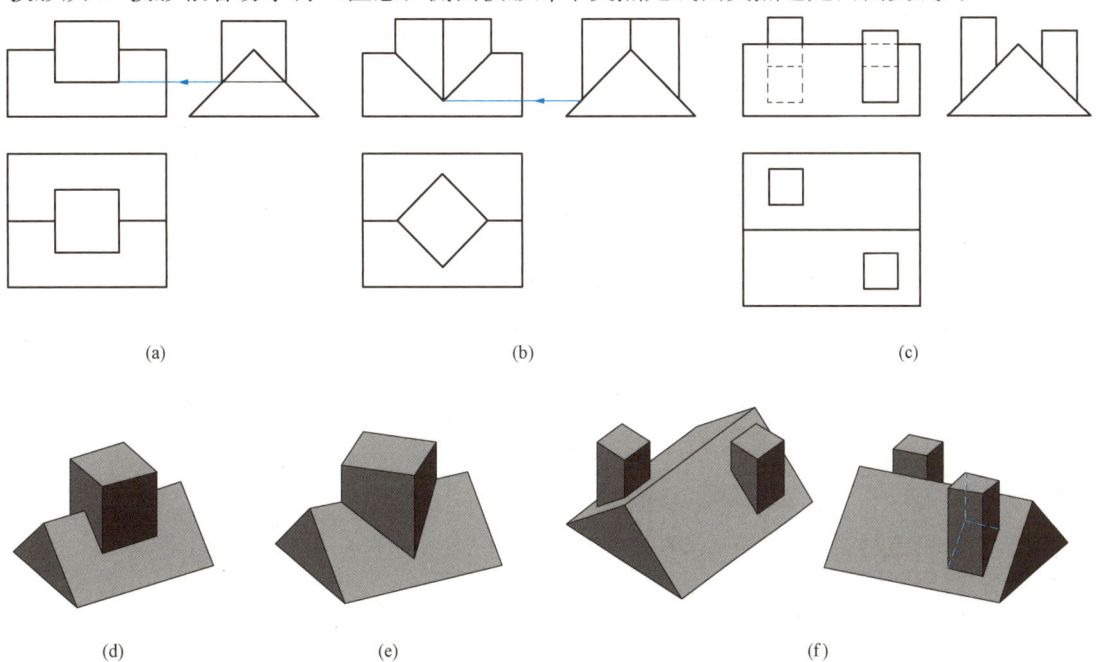

图 6-39 两棱柱相交
(a)三视图(一);(b)三视图(二);(c)三视图(三);
(d)立体图(一);(e)立体图(二);(f)立体图(三)

**【例 6-6】** 作图，求坡屋面交线，如图 6-40 所示。

分析：此题用棱线交点法较简单，前面小屋有三条棱线（正垂线）分别交于大屋坡面 $A$、墙面 $D$、$E$ 三点；大屋前面檐口线交小屋 $B$、$C$ 两点。

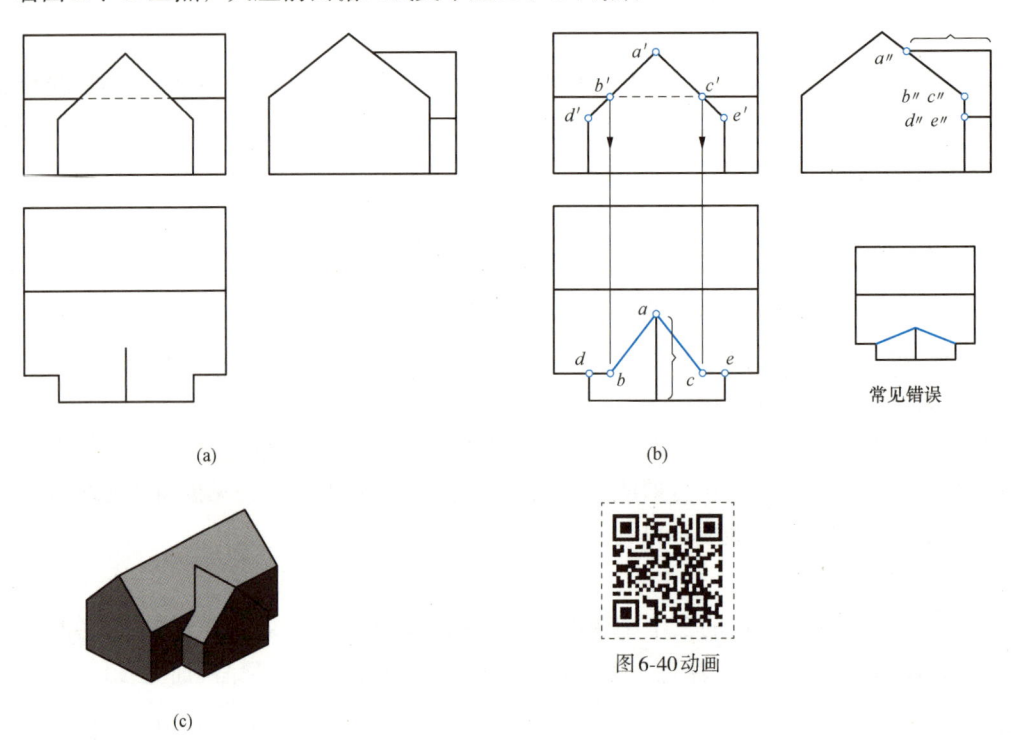

图 6-40 坡屋面交线
(a) 已知条件：$V$、$W$ 已知，$H$ 待求；(b) 作图；(c) 立体图

**【例 6-7】** 作图，求坡屋与气窗的交线，如图 6-41 所示。

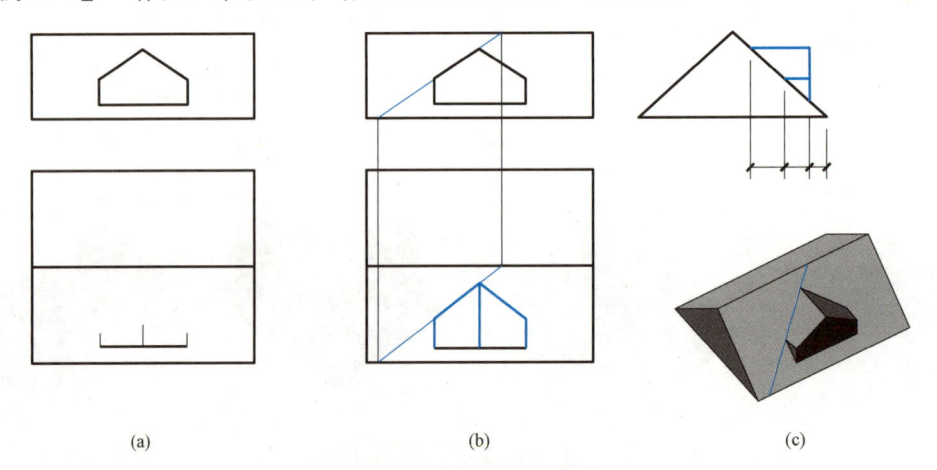

图 6-41 坡屋面与气窗的交线
(a) 已知条件：气窗正面已给定；(b) 作图；(c) 立体图

分析：气窗（五棱柱）的正面给定且与屋面相交，正面投影积聚（即已知），用面上引

辅助线法求得水平投影,若给出侧面投影,上面三条棱线交点可量到水平投影上。

【例 6-8】 作图,求作四棱柱与正三棱锥的相贯线,如图 6-42 所示。

(a)

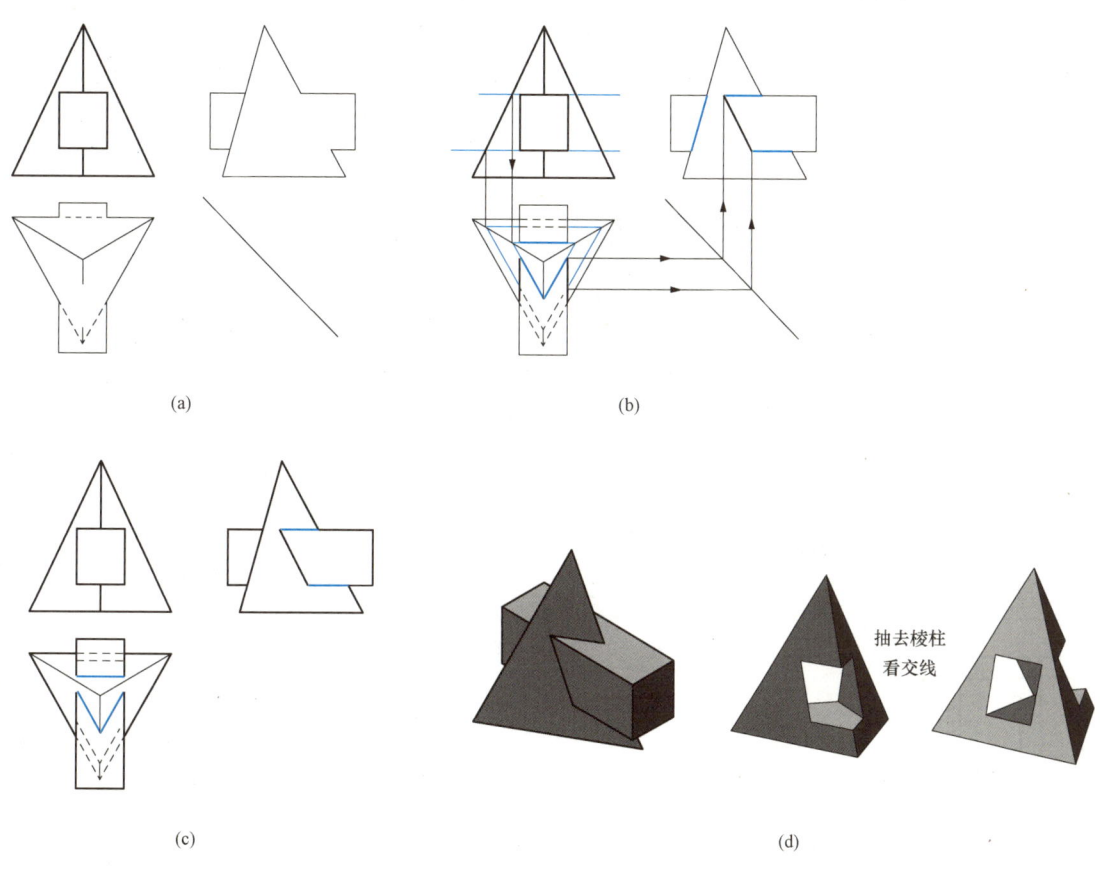

(b)

(c)

(d)

图 6-42 四棱柱与三棱锥相交
(a) 已知条件;(b) 作图;(c) 检查、加深;(d) 立体图

分析:此题是四棱柱贯穿三棱锥,产生前后两组相贯线,用棱面截交法较简单。选四棱柱四上、下棱面分别截三棱锥,两个截交线均为与底相似的三角形,取棱面范围内的有效部分,四棱柱两侧面的交线,只需上下交线相连即可。

### 二、平面体与回转体相贯

平面体与回转体相交时,相贯线由若干段平面曲线(含直线段)组成,每段截交线是棱面与回转体表面的截交线,各段截交线的结合点是平面体的棱线与回转体表面的交点,如图 6-43 所示。

【例 6-9】 读图,长方体与圆柱相交(贯),如图 6-44 和图 6-45 所示。

分析:长方体与圆柱的相贯线为两段直线和两段圆弧组成的空间封闭图形,两个投影积聚在体的表面上,第三投影也很容易求得。

图 6-43 平面体与回转体相贯

方位改变

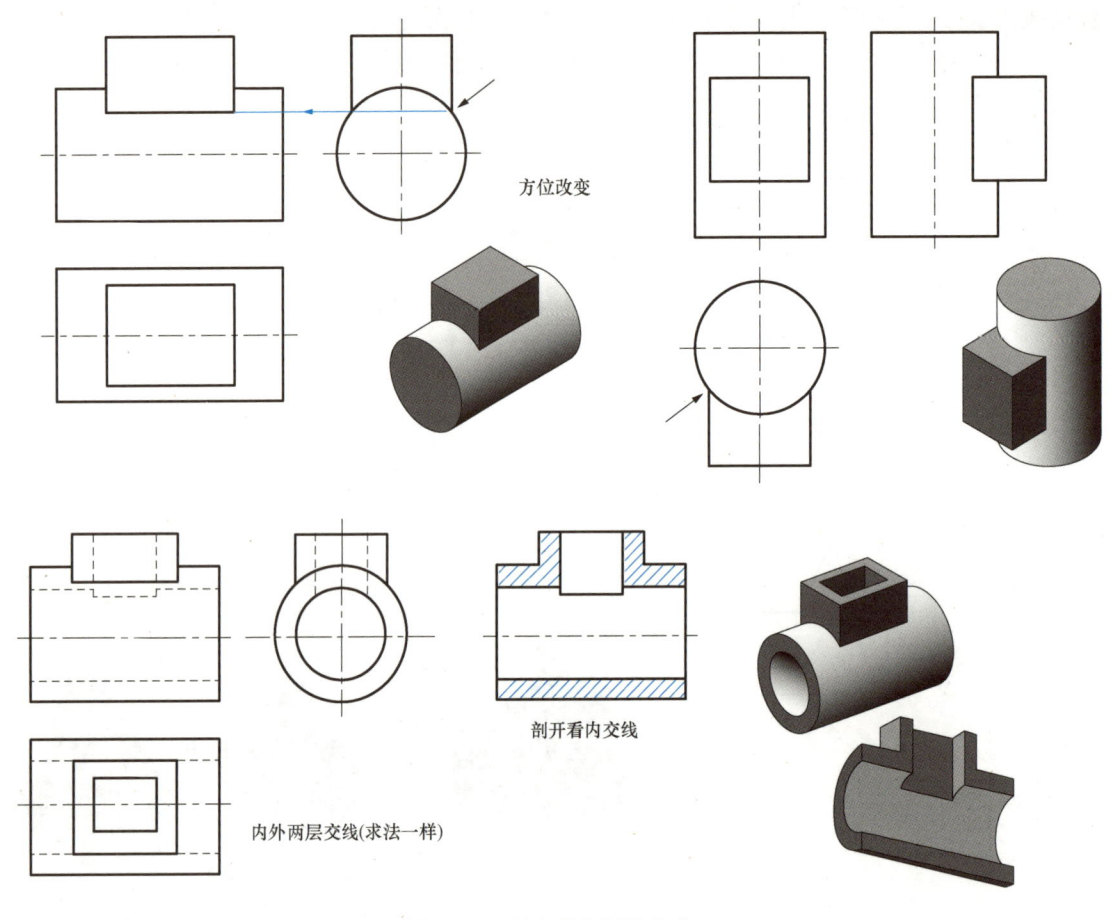

剖开看内交线

内外两层交线(求法一样)

图 6-44　长方体与圆柱相交 1

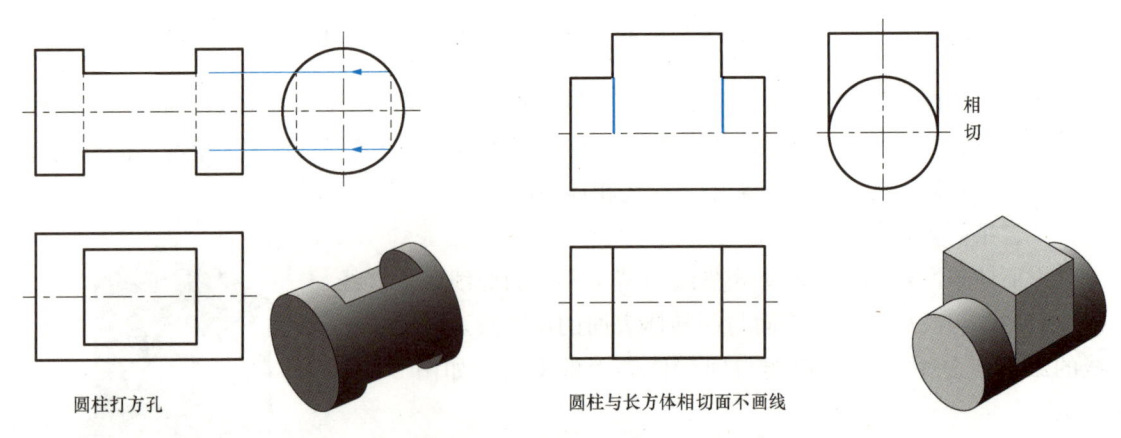

相切

圆柱打方孔　　　　　　　圆柱与长方体相切面不画线

图 6-45　长方体与圆柱相交 2

【例 6-10】　作图，完成圆拱屋面和斜屋面的水平投影，如图 6-46 所示。

**解：** 坡屋面与半圆柱面相交为半个椭圆，正面和侧面投影已知，按投影关系求作水平投影。

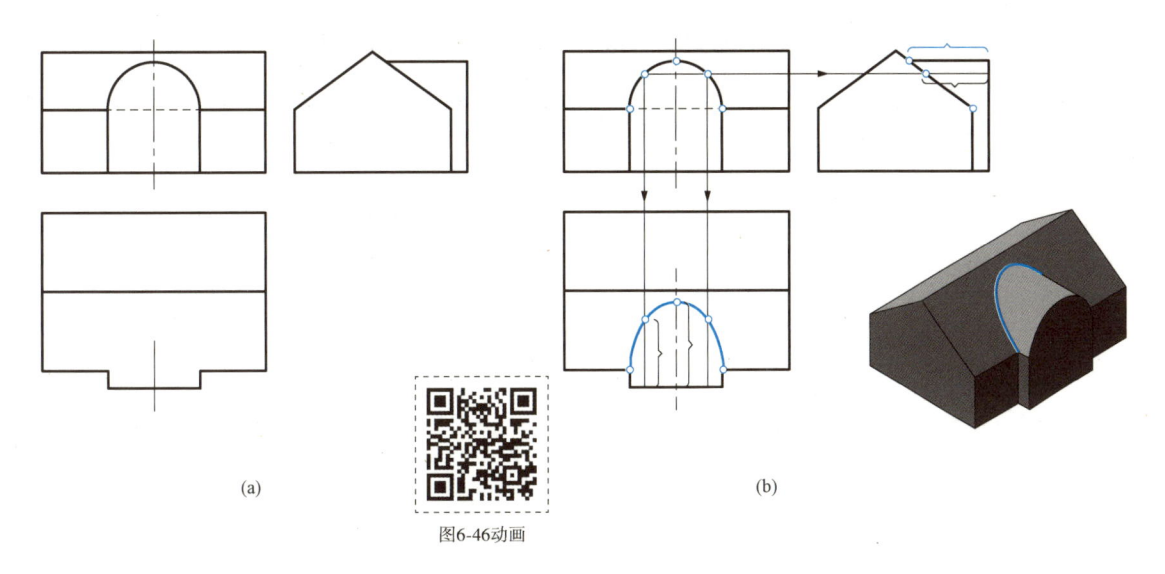

图 6 - 46　坡屋面交线实例

(a) 已知条件：$V$、$W$ 投影；(b) 二求三作图

**【例 6 - 11】** 作图，求四棱柱与半球的相贯线，如图 6 - 47 所示。

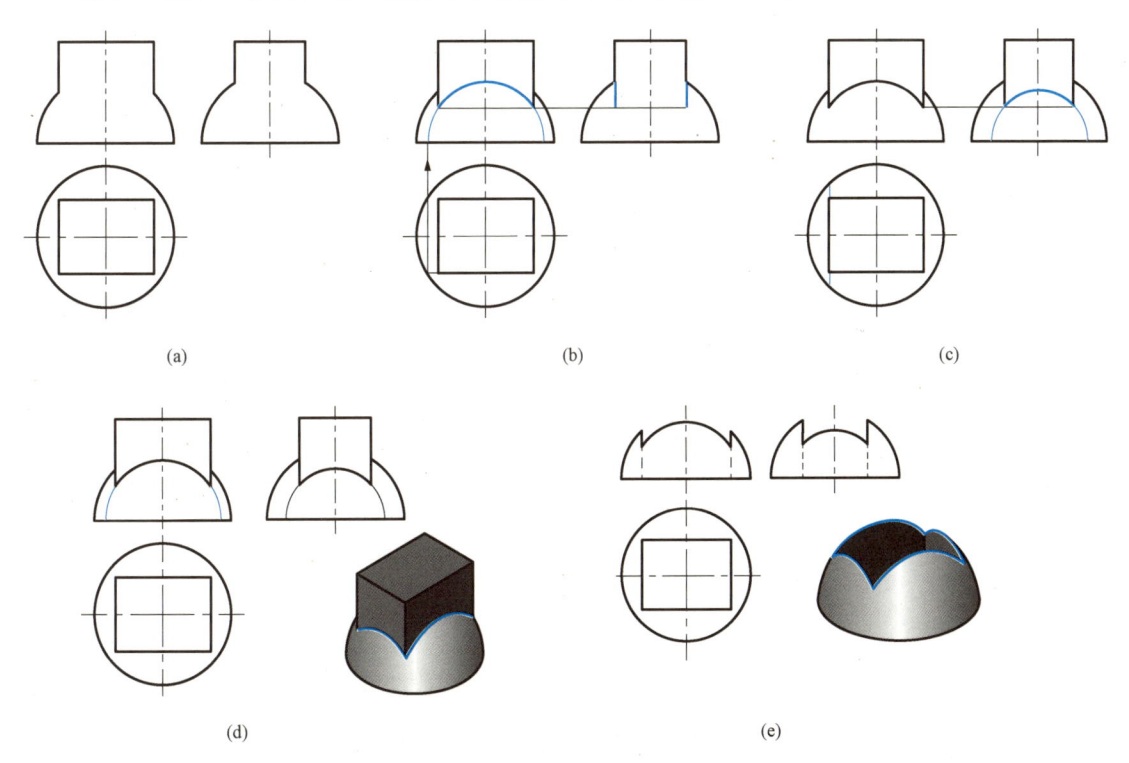

图 6 - 47　四棱柱与半球相交

(a) 已知条件；(b) 求棱柱正平面的截交线；(c) 求侧平面的截交线；
(d) 检查加深；(e) 抽出长方体（打方孔）

**解：** 长方体四个侧棱面与半球交出四段圆弧，图中分别扩大棱面求出半圆，再取棱面范围内的有效弧段。

**【例 6-12】** 作图，求四棱柱与圆锥的相贯线，如图 6-48 所示。

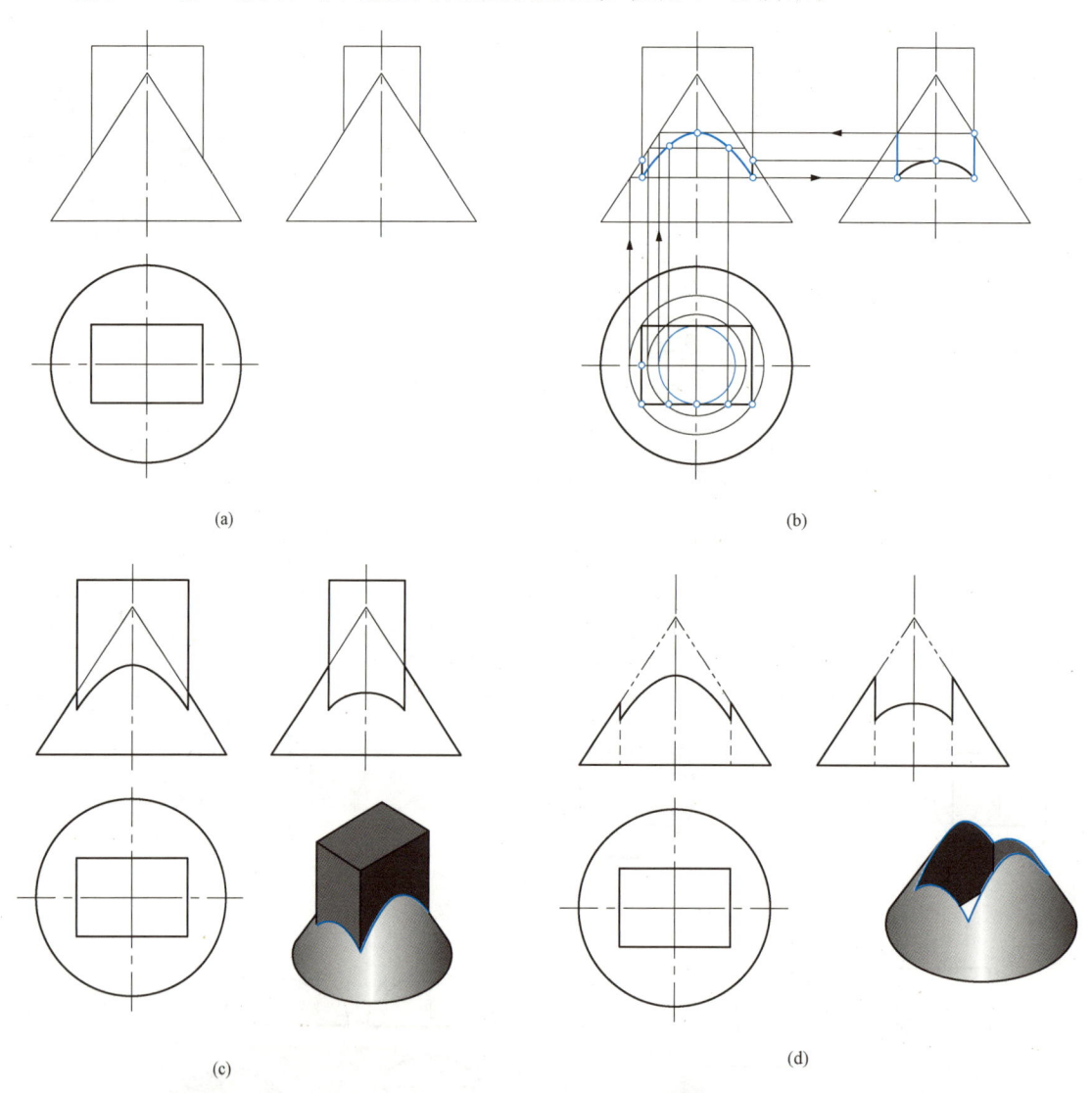

图 6-48 四棱柱与圆锥相交
(a) 已知条件；(b) 作图；(c) 结果；(d) 抽走棱柱（打方孔）

图 6-48 动画

**解：** 长方体四个侧棱面与圆锥交出四段曲线，从水平投影知，曲线上距锥顶最近的点是最高点，图中用水平辅助圆作图，正面投影那段曲线的最高点在圆锥侧面投影轮廓线上。侧面投影那段曲线的最高点在圆锥正面投影轮廓线上。

**【例 6-13】** 读图，分析截交线及作图法，如图 6-49 和图 6-50 所示。思考：实体相交与穿孔相交的关系。

第六章 立体的截交与相贯

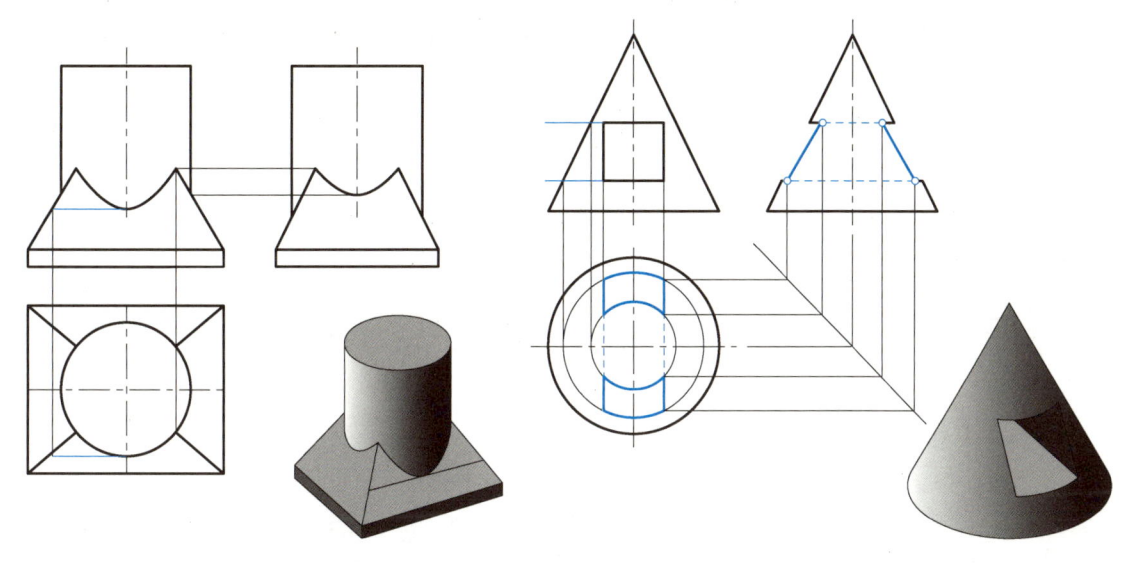

图 6-49 例 6-13 图 1　　　　　　　　　　图 6-50 例 6-13 图 2

### 三、两回转体相交

两回转体的相贯线一般为封闭的空间曲线。图 6-51 所示为两圆柱正交相贯，相贯线的水平投影积聚在小圆柱的圆上，侧面投影积聚在大圆柱的上、下两部分圆弧上。由于具有公共对称平面，相贯线的正面投影前后对称重合。相贯线的形状，从俯视看是圆；从左视看，上面一段前后弯下；从正面看，左右两边高，综合起来，即可想象出空间曲线的样子（下面一段相反）。

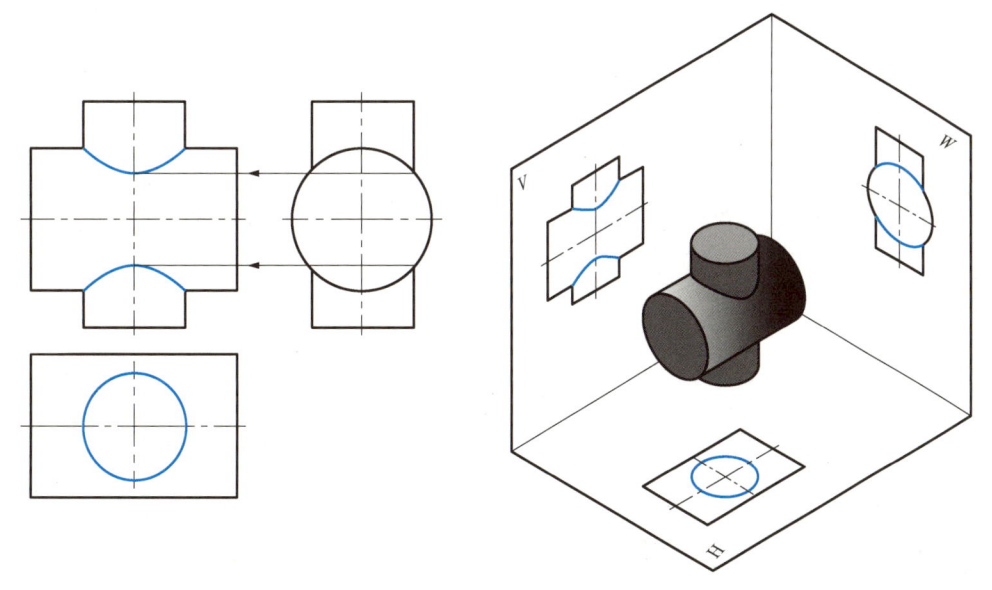

图 6-51　圆柱相贯

（一）作图

求两圆柱的相贯线，如图 6-52 所示。一般图示表达，求一个特殊点即可。通风管道等设备需准确求点。

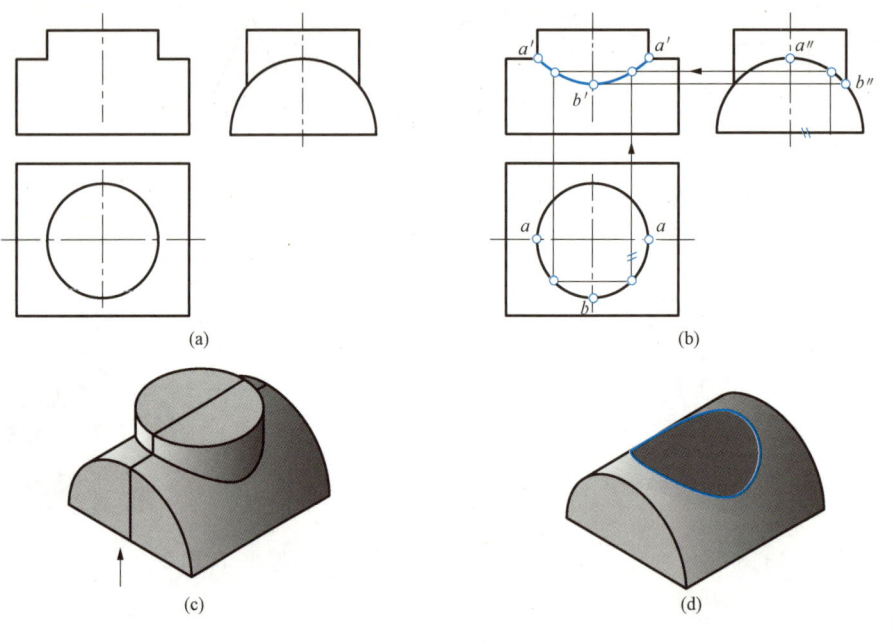

图 6-52 相贯线作图

(a) 已知条件：圆柱圆投影有积聚性，$H$、$W$ 投影已知，$V$ 待求；(b) 作图：先找轮廓线交点 $A$（位于公共对称面），$B$（位于最前、最下面），补充中间点、光滑连线；(c) 公共对称平面（两圆柱正面投影轮廓相交）；(d) 空间曲线（两边高、前后下弯，俯视为圆）

图 6-52 动画

## （二）读图（方位改变）

熟悉圆柱相交不同方位的情况，一般只作一个特殊点，如图 6-53 所示。

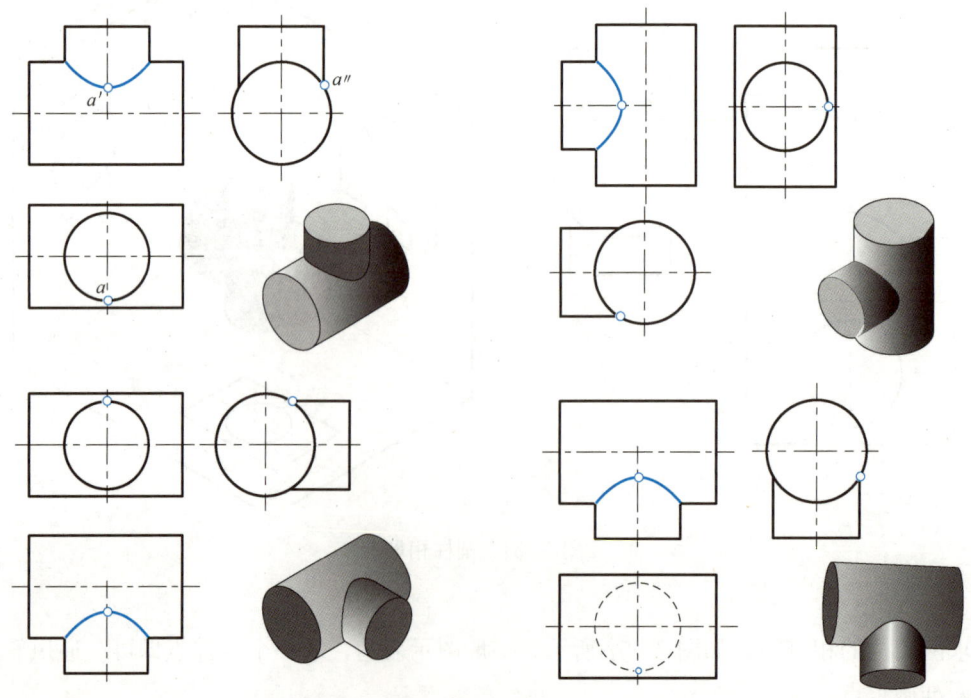

图 6-53 方位改变

## （三）读图（圆柱打孔及内孔相交）

熟悉圆柱打孔及内孔相交的情况，如图6-54所示。

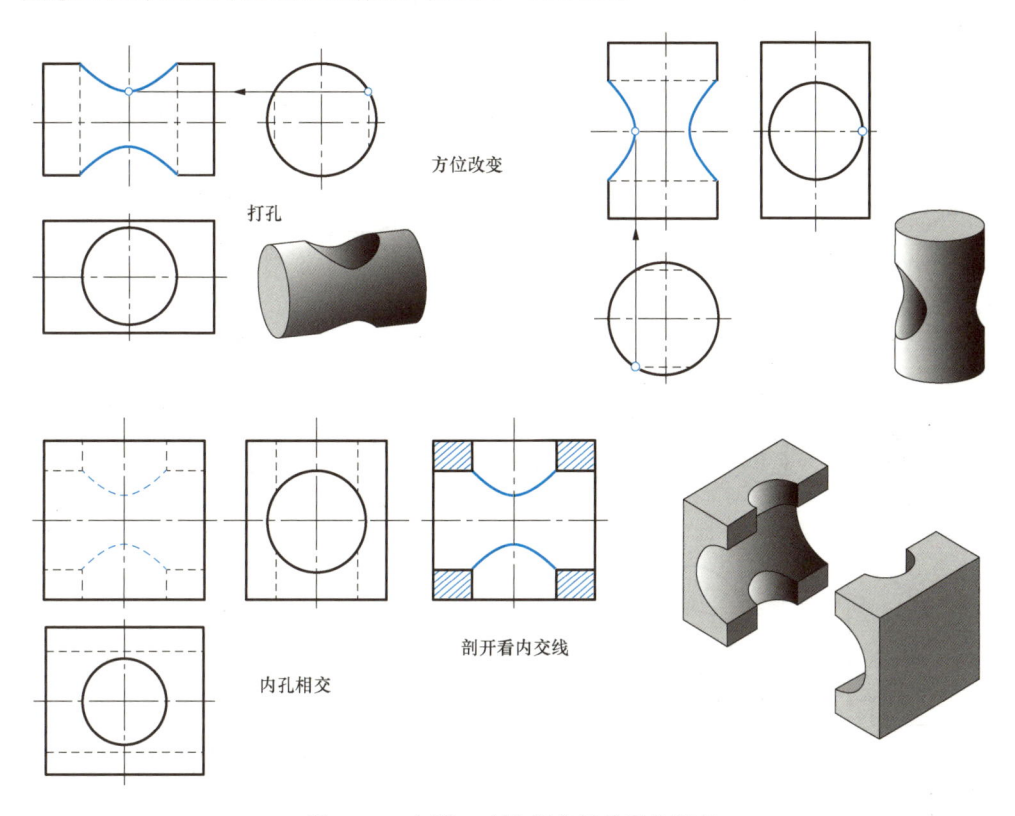

图 6-54　打孔、内孔相交都是圆柱相交

## （四）读图（两圆柱直径变化）

熟悉两圆柱直径变化时对相贯线的影响，如图6-55所示。两等径圆柱相交，具有公共对称平面，其交线为椭圆。在与轴平行面上的投影为两直线段，两轮廓线交点对角相连。

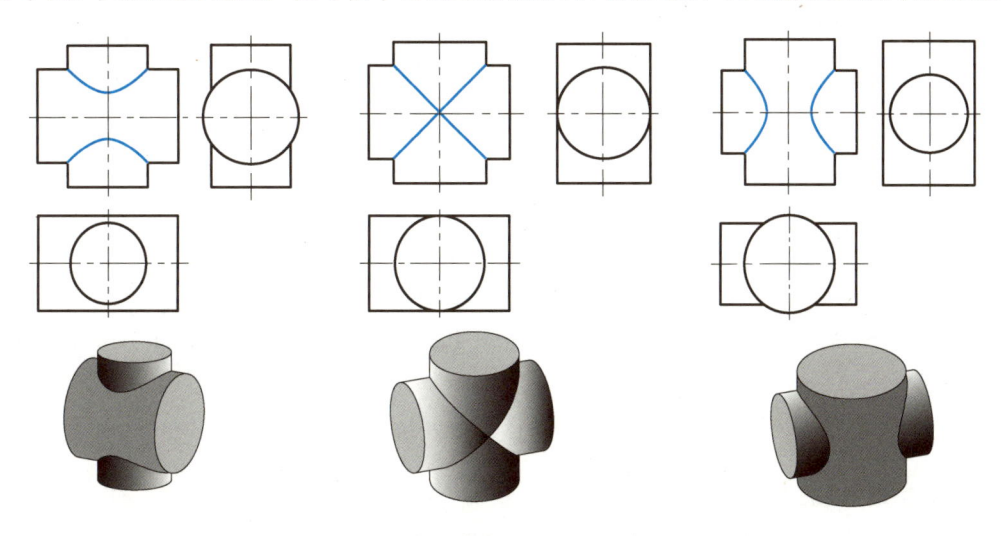

图 6-55　圆柱直径变化对相贯线的影响

## (五) 读图 (两等径圆柱相交)

两等径圆柱相交的形式，如图 6-56 所示。

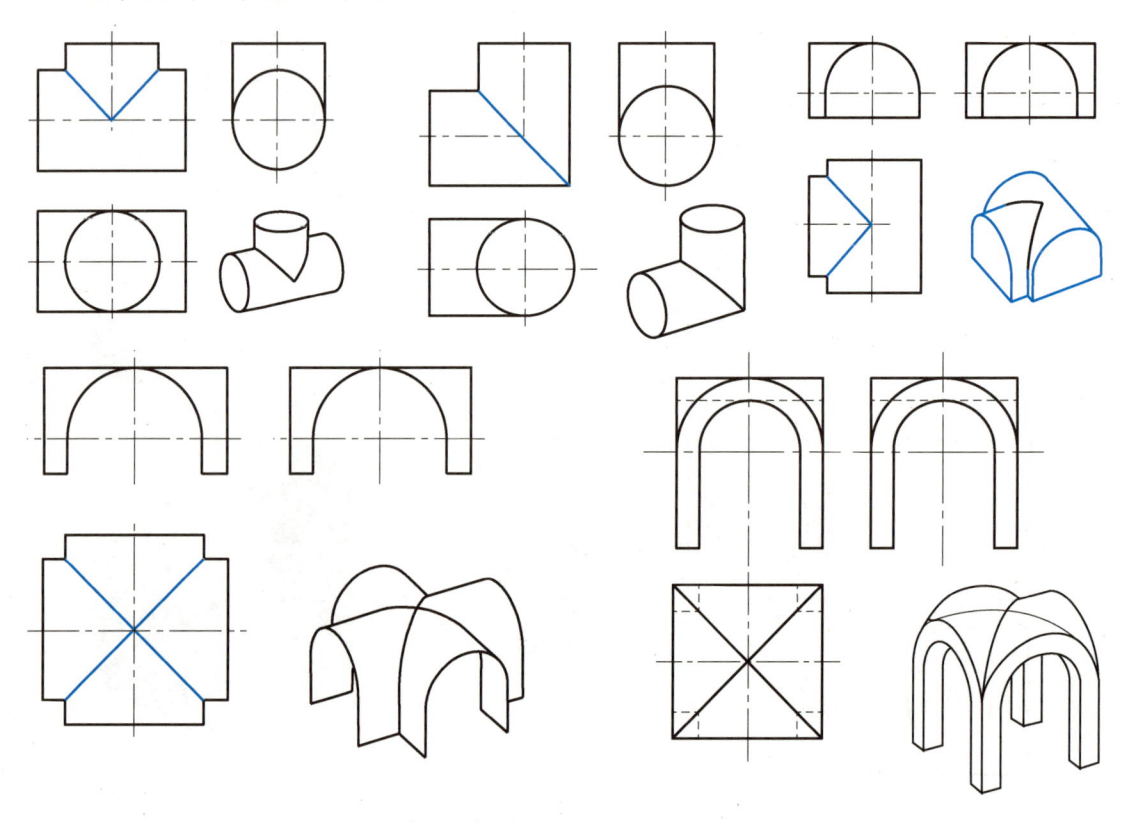

图 6-56 等径圆柱相交的常见形式

## (六) 读图 (两回转体共轴线)

两回转体共轴线时，其相贯线为垂直于轴线的圆。如图 6-57 所示。

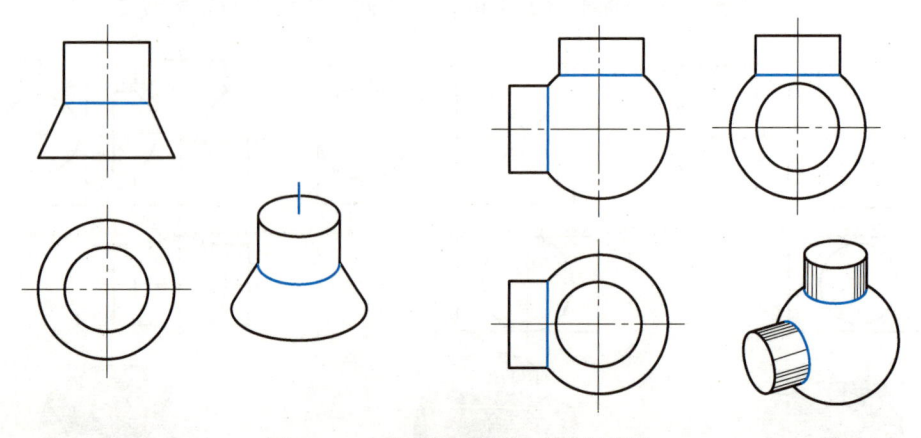

图 6-57 两回转体共轴线时的相贯线

## (七) 读图 (多体相交)

三个形体相贯，先按两两形体完整相交分析交线，再取实际部分的交线。如图 6-58 所示。

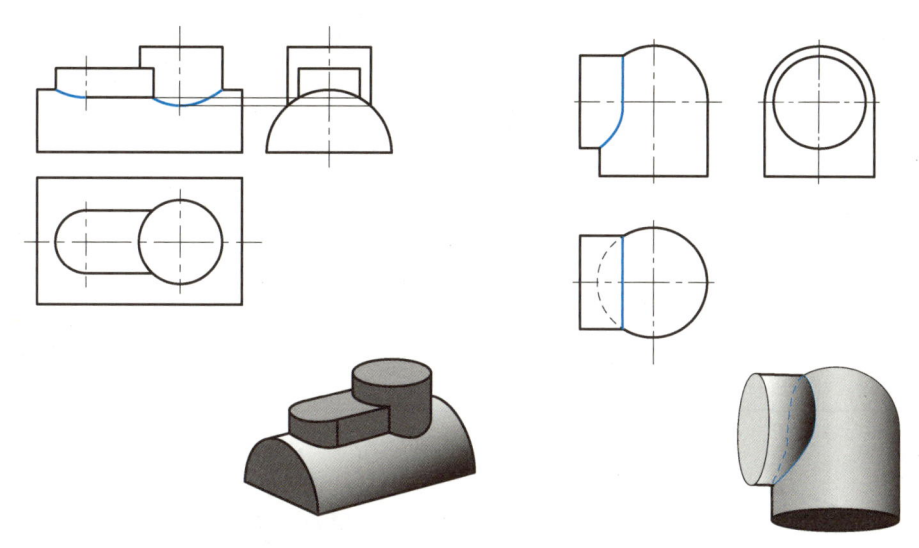

图 6-58 三个形体相贯

### 四、用辅助平面法求相贯线（熟悉了解）

1. 基于三面共点原理

用辅助平面截两立体，分别求出与两立体的截交线，两截交线的交点即相贯线上的点，用几个辅助面去截立体，得相贯线上的若干主要点，光滑连接求得相贯线。

2. 辅助面的选择

为便于作图，辅助面的截交线的投影应简单易画（直线或圆），一般多用投影面平行面作辅助面。

【例 6-14】 如图 6-59 所示，圆柱与半球相贯，辅助面可选三种：水平面、正平面和侧平面均可。

图 6-59 辅助面的选择

【例 6-15】 如图 6-60 所示，$W$ 投影已知，$V$、$H$ 投影需作图求出。本例只能用水平辅助面法。

首先求轮廓线交点：正面投影，圆柱与圆锥轮廓线相交（4 个交点已知），按投影关系求出其水平投影。

水平投影，圆柱轮廓线与圆锥的交点，在正面投影上、通过圆柱轴线的水平辅助面求得，左右共 4 个交点。

求一般点：在正面投影适当位置作一水平辅助面，可求得前后 4 个中间点。在圆柱轴线下方再作一个水平辅助面（此略）。

光滑连接各点,上半圆柱与圆锥交线的水平投影可见,圆柱轮廓线交点是交线的虚实分界点。

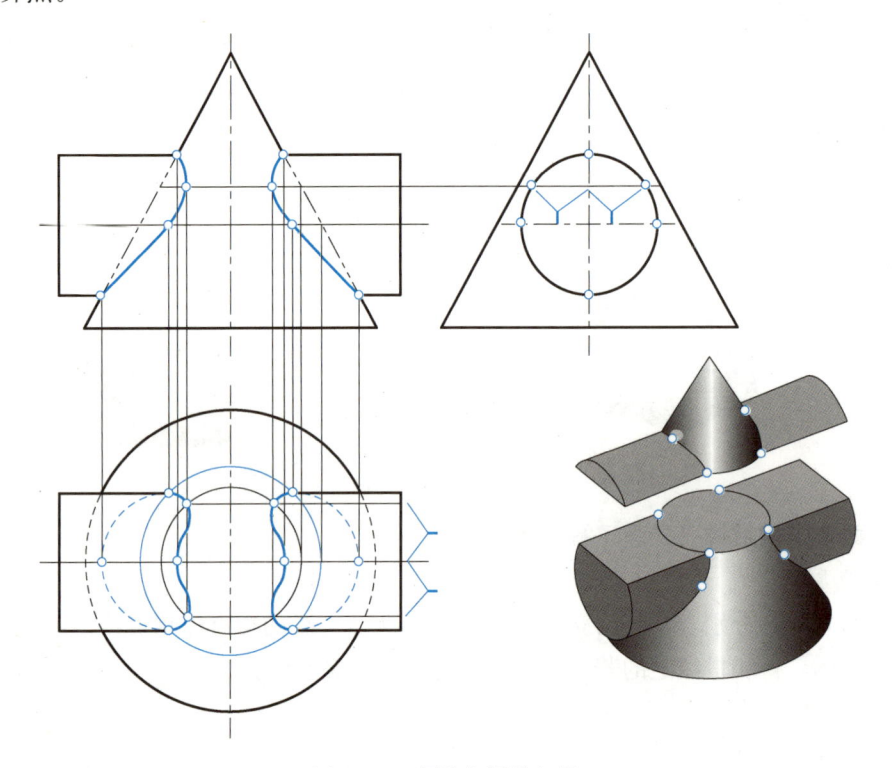

图 6-60 圆柱与圆锥相贯

【例 6-16】 如图 6-61 所示,分析方法同前。只是辅助面选择,还可以用正平面、侧平面。

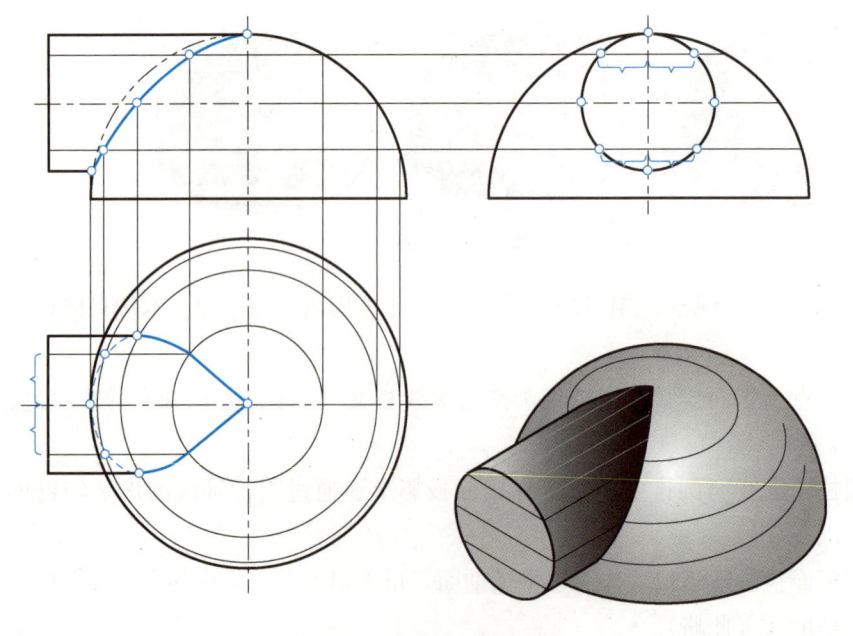

图 6-61 圆柱与圆球相贯

# 第七章 建筑形体的表达方法

**本章主要内容**

(1) 视图：基本视图、局部视图、斜视图、旋转视图、镜像投影。

(2) 剖面图：剖面图的形成、剖面图的种类（全剖、半剖、阶梯剖、局部剖、剖切轴测图的画法）。

(3) 断面图。

(4) 图样的其他画法。

(5) 第三角画法简介。

在三视图的基础上，本章将学习建筑形体的各种图示表达方法，包括基本视图、剖面（剖视）图、断面图等，进一步提高制图能力和空间想象能力。

## 第一节 视 图

随着形体的复杂多样化，仅用三视图就不够了，需要补充新的视图。

### 一、基本视图（六面视图）

基本视图主要用来表达形体各个方向的外部形状。

**(一) 六面视图的形成**

国标规定采用正六面体的六个面作为基本投影面，将形体放在其中，向各基本投影面投影，所得视图称为基本视图。在三视图的基础上增加了右侧立面图（右视图）、背立面图（后视图）、底面图（仰视图）。从右向左投影，在左侧面上得到的图形叫右侧立面图（右视图）；从下向上投影，在顶面上得到的图形叫底面图（仰视图）；从后向前投影，在前面上得到的图形叫背面图（后视图），如图 7-1 所示。

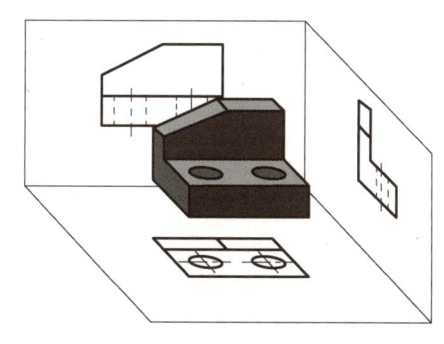

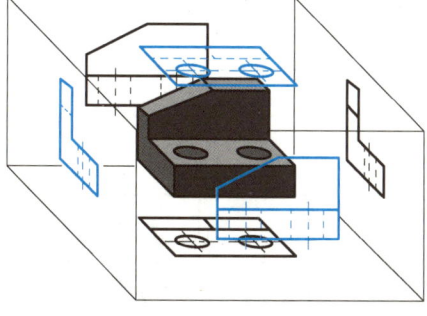

图 7-1 六面视图的形成　　图 7-1 动画

## (二) 基本投影面的展开

V 面不动，三视图的展开同前。底面图向后上方旋转 90°，右侧立面图向左后旋转 90°，背立面图跟随左侧立面向右后旋转 180°，展开后与 V 面共面，如图 7-2 所示。

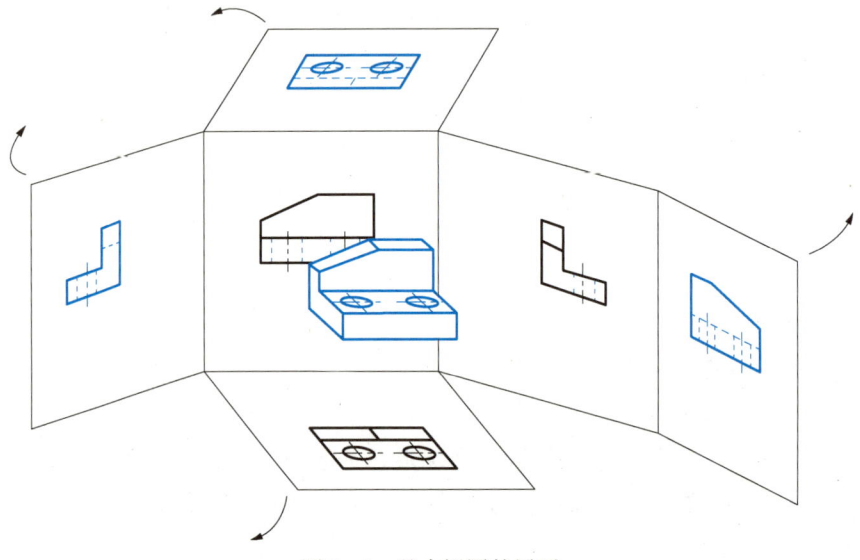

图 7-2 基本视图的展开

## (三) 基本视图的投影规律

如图 7-3 所示为基本视图的配置。左、右侧立面图前后相反、宽度相等，虚实线有变化；平面图、底面图前后相反、宽度相等，虚实线有变化；正立面、背立面图左右相反、长度相等，虚实线有变化。按基本视图的位置配置各视图，可不标注图名。不按位置配置时，要标注视图名称。如图 7-4 所示。建筑图中很少使用底面图，用平面图 (镜像) 代之后文将介绍。

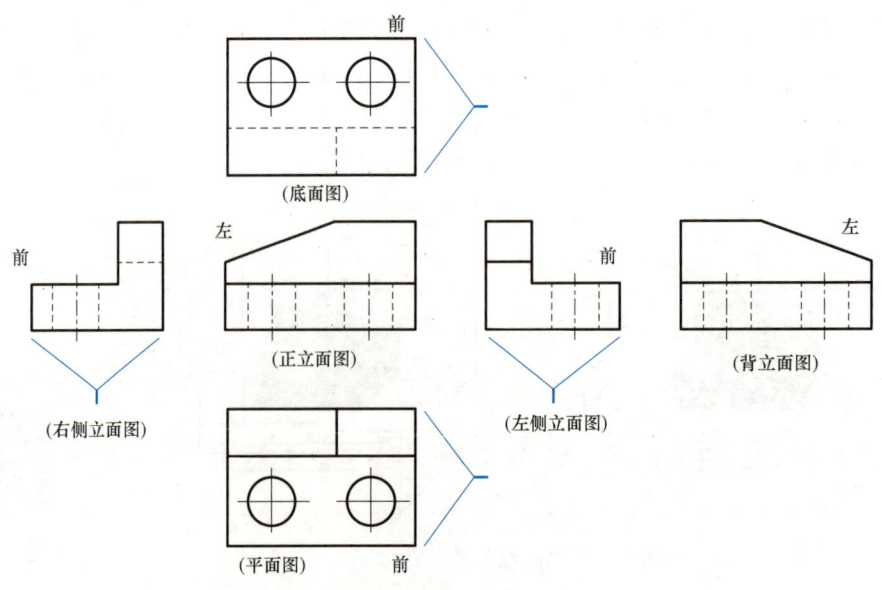

图 7-3 基本视图的配置

第七章　建筑形体的表达方法　　93

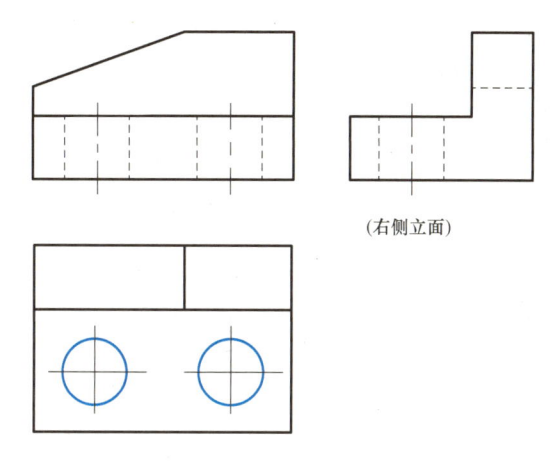

（右侧立面）

图 7-4　右视图不在规定位置

（四）读图

本例由三个长方体组合而成，注意它们的相对位置及先后遮挡关系。首先根据三视图看懂图，在看右侧立面图和背立面图时，要有个预判，还要用分规量取尺寸验证。如图 7-5 和图 7-6 所示。

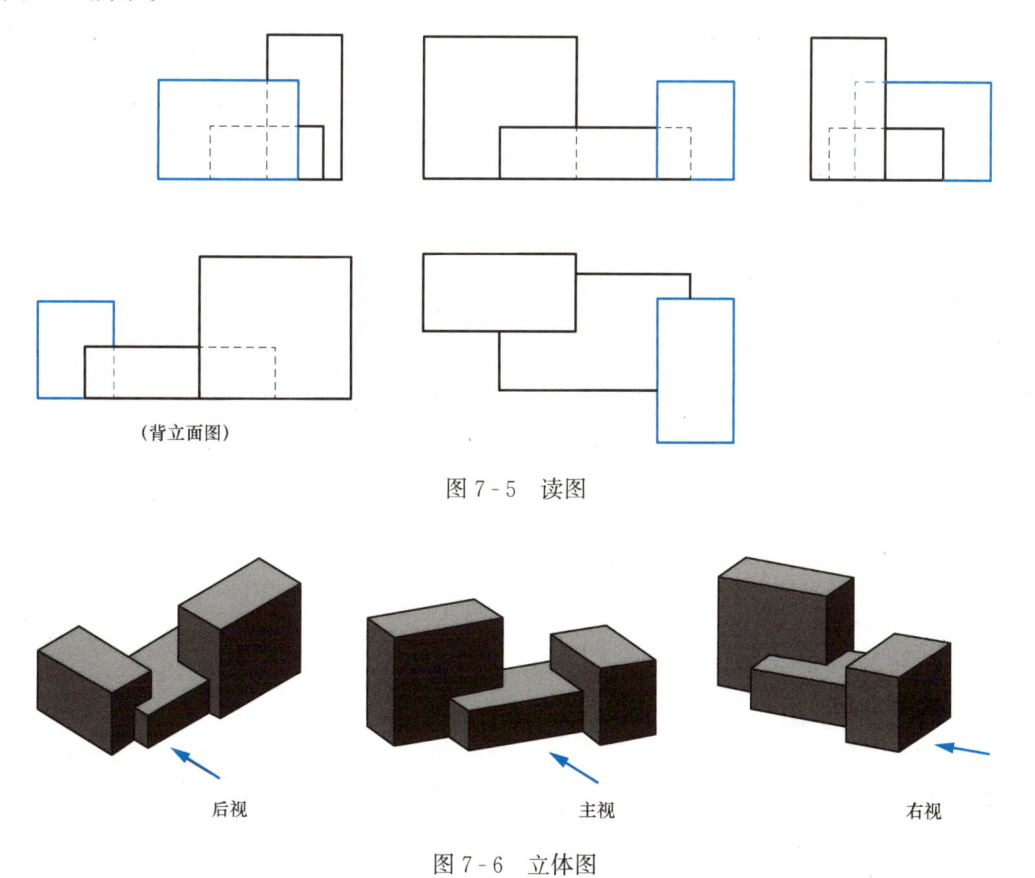

（背立面图）

图 7-5　读图

后视　　　　　　　　主视　　　　　　　　右视

图 7-6　立体图

## 二、局部视图

基本形体一般有两个视图可以表达清楚，如图 7-7 所示的弯头用了四个视图，部分形体表达有重复。在多视图中，局部视图选取了基本视图中必需的部分，略去重复的部分，这样图形简洁重点突出，如图 7-8 所示。将形体的某一部分向基本投影面投影所得的视图，称为局部视图。

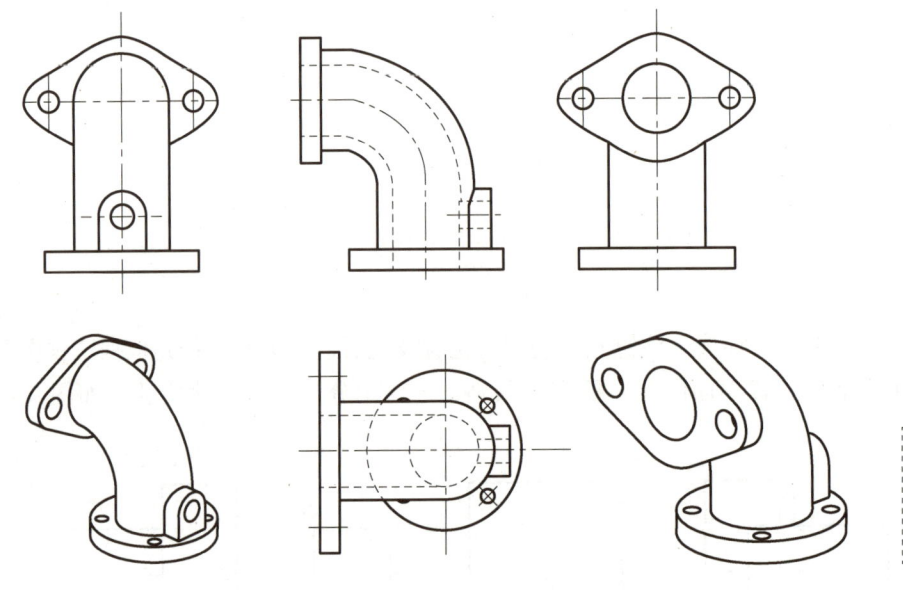

图 7-7 管接头的视图和立体图

图 7-7 动画

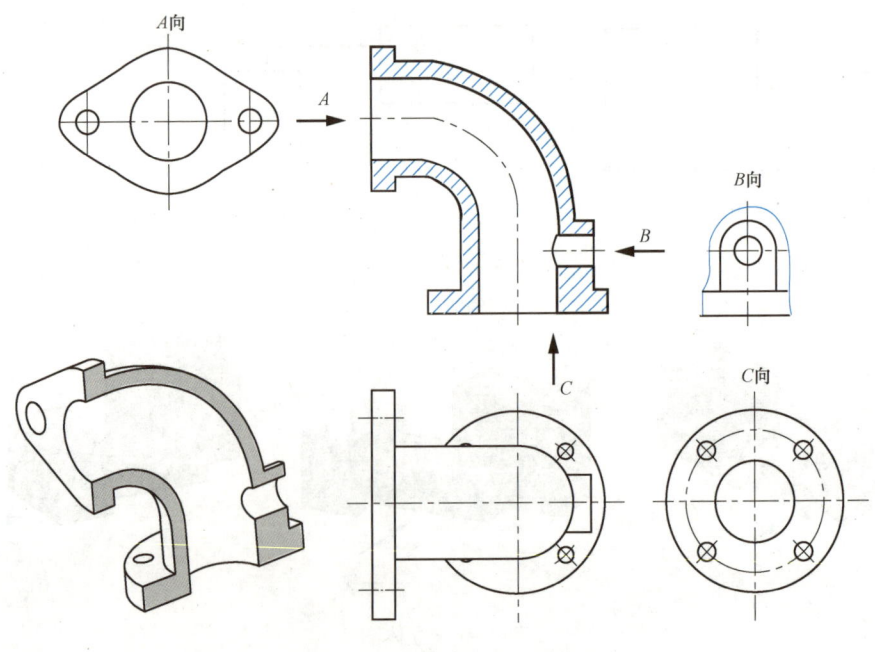

图 7-8 管接头的表达方案

图7-8使用了局部视图和剖视，图形表达方案简洁完整。弯头左端法兰用 A 向图省略了左视图，法兰右下凸台用 B 向图省掉了右视图，C 向表达了圆形法兰盘上孔的分布。

局部视图的标注如图所示，用箭头指示投影方向，用字符表示图名。局部视图可放在图纸适当位置，放在有投影关系的位置最佳。局部形体轮廓完整，可单独画出（A 向），其他省略不画。也可用波浪线（断裂边界）与整体分开（B 向）。

### 三、斜视图

物体上倾斜部分的投影产生了变形，既不反映真形又难画。表达其真实形状的方法是加一辅助投影面平行于物体的倾斜部分，向该面进行投影，获得真实形状，取其有效部分（独立图形或用波浪线与整体分开），这样的视图不平行于基本投影面，按箭头方向翻转 90°称为斜视图，如图7-9所示。斜视图的标注如图所示，也可放置在适当位置，放在有投影关系的位置最佳。

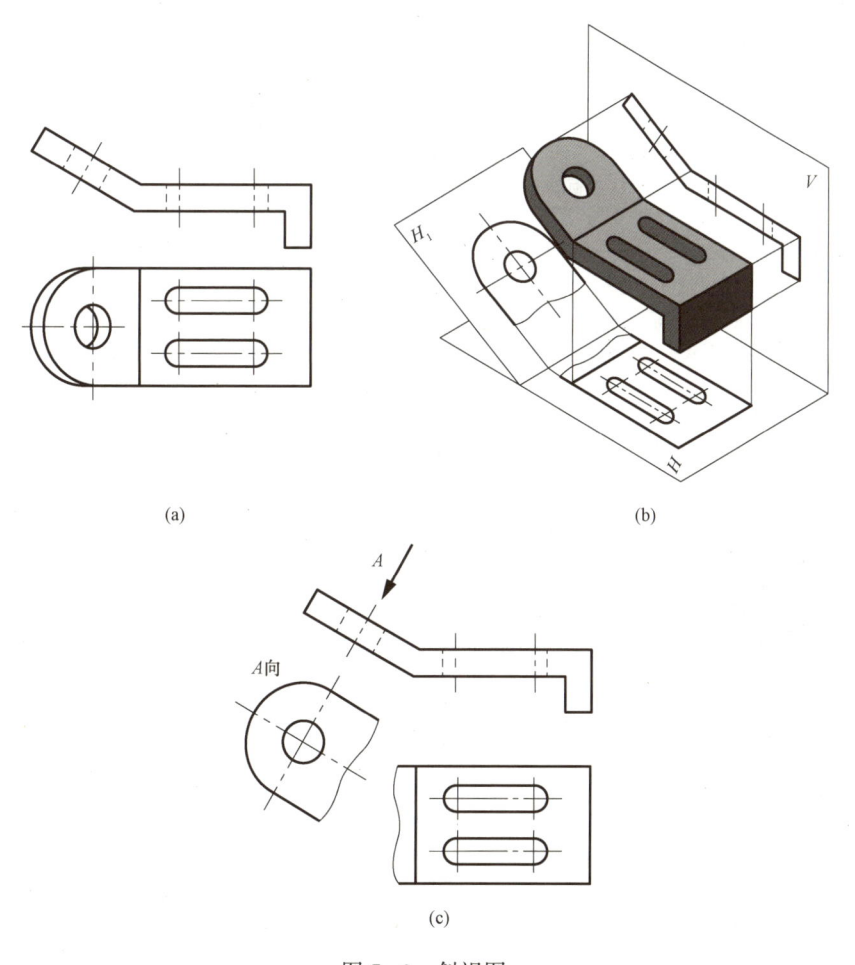

图7-9 斜视图
(a) 真实画法；(b) 立体图；(c) 斜视图

图7-9动画

### 四、旋转视图

假想把物体的倾斜部分旋转到与基本投影面平行，然后投影所得的图称为旋转视图，也称展开视图，如图 7-10 所示。

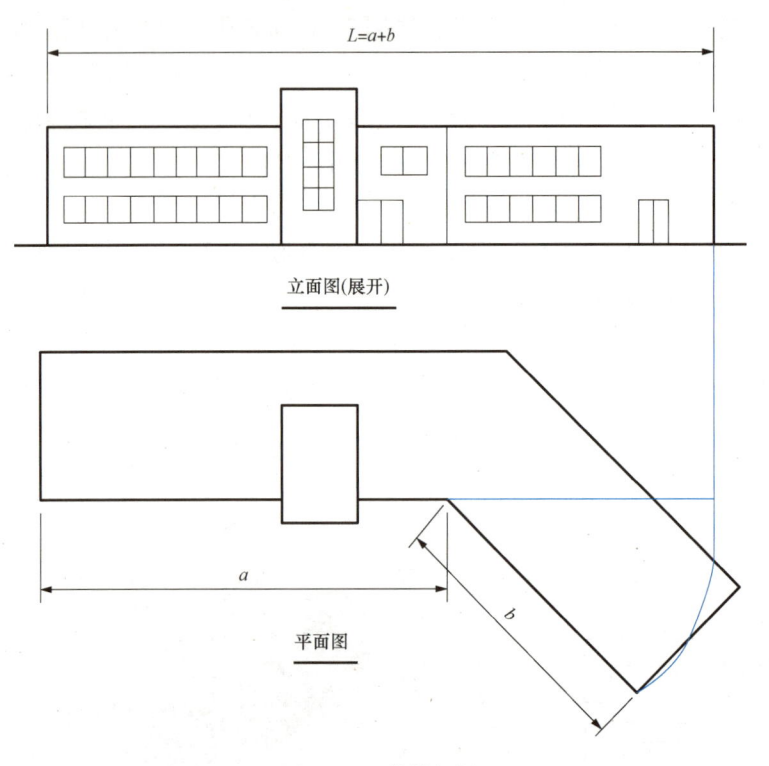

图 7-10　旋转视图

### 五、镜像投影

镜像投影是把物体在镜面内的映像作为平面图，原来平面图中的虚线就可见了，二者前后方向一致，标注时加（镜像）二字，如图 7-11 所示。

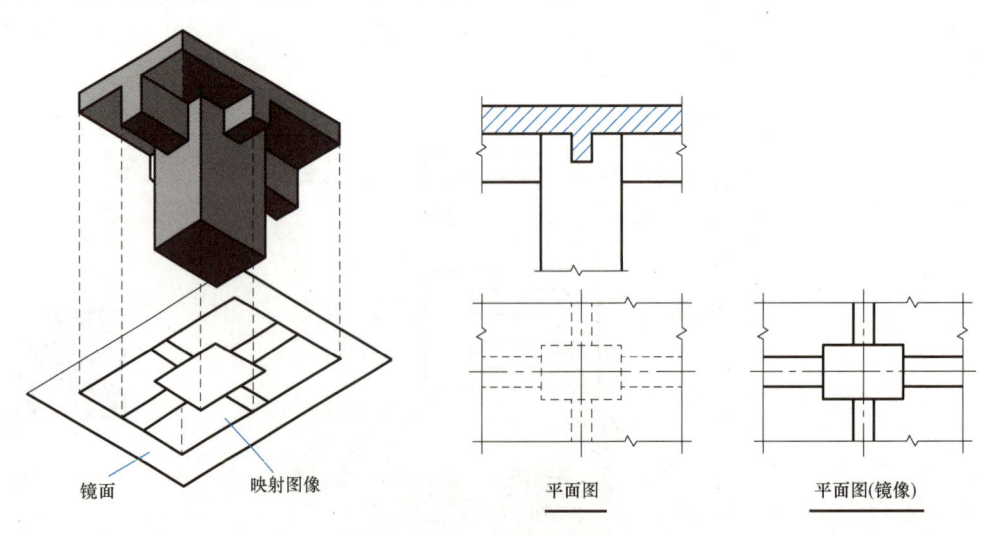

图 7-11　镜像投影

## 第二节 剖 面 图

### 一、剖面图的形成

剖面图的形成如图 7-12 所示。剖面图（剖视），是假想用一剖切平面将物体剖开，移去剖切面和观察者之间的部分，将剩余部分向投影面投影，并在断面上画上剖面符号，制图中用 45°等距细实线表示实心断面，而且同一物体各个断面上的剖面线的方向、间隔保持一致。专业图中则用不同的符号表示物体的材料，见表 7-1。

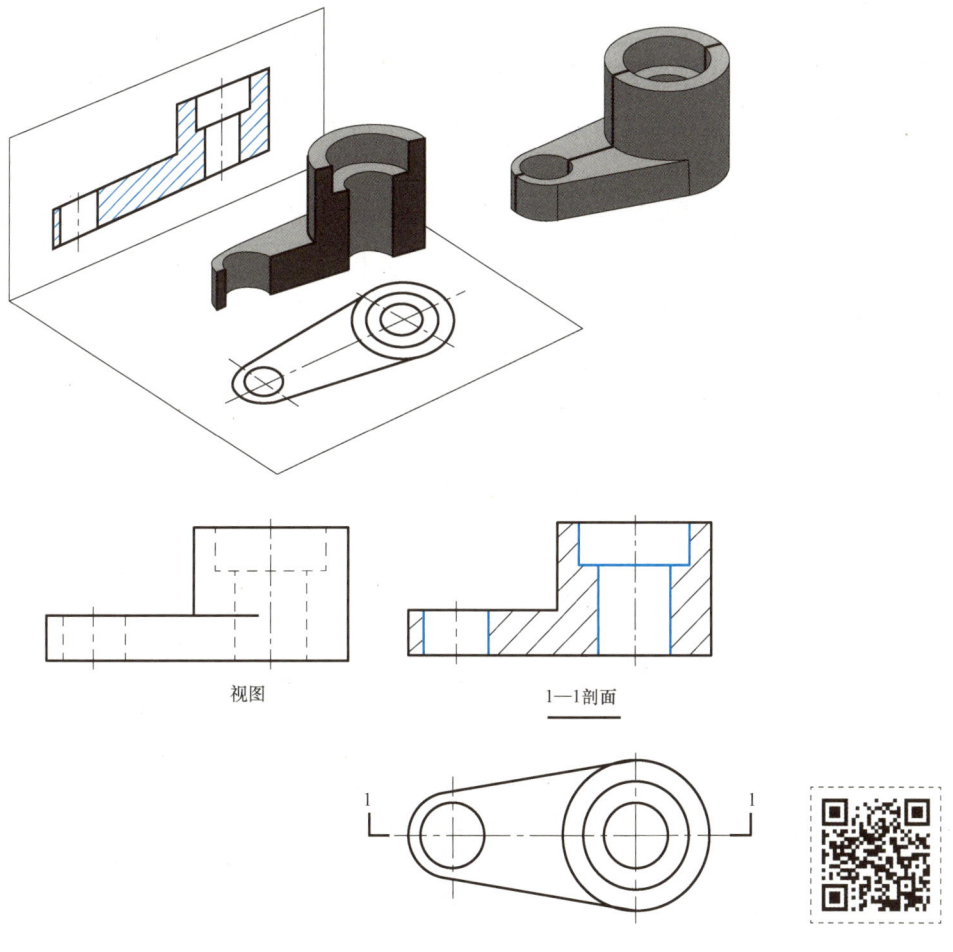

图 7-12 剖面图的形成

图 7-12 动画

表 7-1　　　　　　　　　　　常用建筑材料图例

| 名称 | 图例 | 名称 | 图例 |
| --- | --- | --- | --- |
| 自然土壤 |  | 钢筋混凝土 |  |
| 夯实土壤 |  | 砂、灰土 |  |

续表

| 名称 | 图例 | 名称 | 图例 |
| --- | --- | --- | --- |
| 普通砖 |  | 毛石 |  |
| 混凝土 |  | 金属 |  |

比较一下视图，剖面图的区别和特点。视图：物体的内外形状都需表达出来，不可见的内形轮廓用虚线表示，这在制图初学阶段是必要的。当内形复杂时，内外形混在一起，给画图和读图带来诸多困难和不便，而多数情况内形更重要。实际中用剖面图表达内形，重点突出，也不影响外形的表达。再看剖面图，不仅剖去了外形的可见图线，剖切平面之后出现的不可见虚线一般也不画出，图面十分清晰。如图 7-13 所示为初学者易犯的错误。

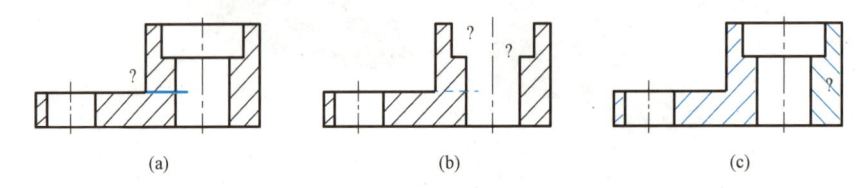

图 7-13 画剖面图时的几个错误
（a）剖去的线未去除；（b）两处漏线，后面的不可见虚线不画；（c）同一断面上剖面线方向不一致

## 二、常用的剖面图

### （一）全剖

用于形体外形较简单，重点表达内形，如图 7-14 所示。如果物体外部形状也需表达时，可另加单独视图。

图 7-14 全剖（一）
（a）视图；（b）全剖

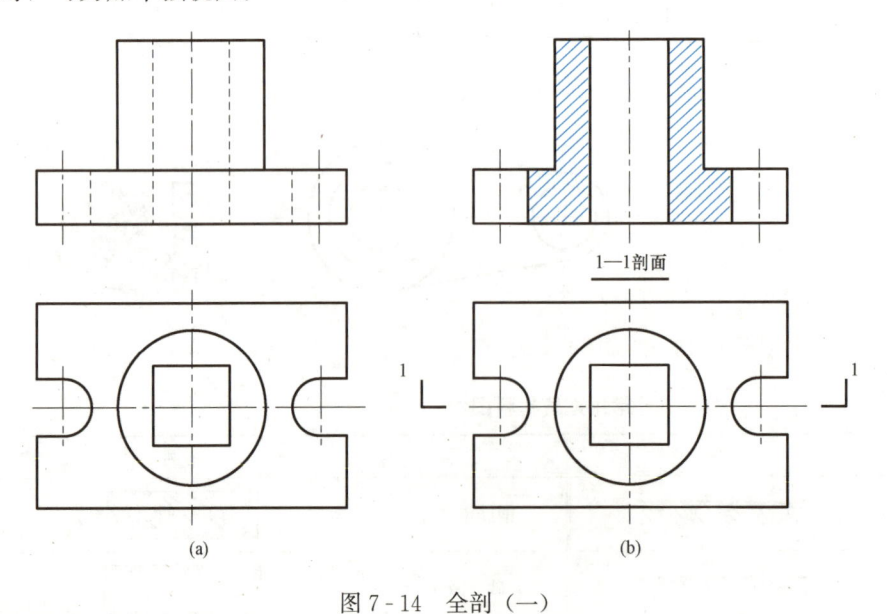

图 7-14 动画

(c)

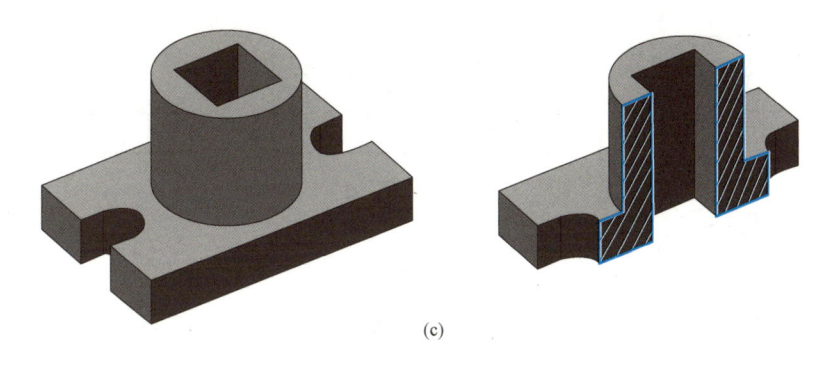

图 7-14 全剖（二）
(c) 立体图

剖面图的标注：

(1) 剖切位置线：在剖切平面位置线的两端，用粗短实线表示，长度 6～10mm。

(2) 剖切方向线：在剖切位置线的两端，垂直于剖切位置线，用稍短的粗实线表示，长度 4～6mm。

(3) 剖面图的名称：用阿拉伯数字表示，注写在剖视方向线端部，在剖面图下方标注 ×—×剖面图。如图 7-15 所示。

(二) 半剖

半剖用于形体对称，内外形状均需表达时。半剖是由外形视图的一半与全剖的一半合成，细点画线分界。半剖的标注与全剖相同，并非剖掉四分之一，如图 7-16 所示。

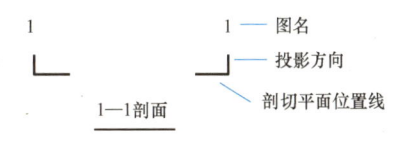

图 7-15 剖面图的标注

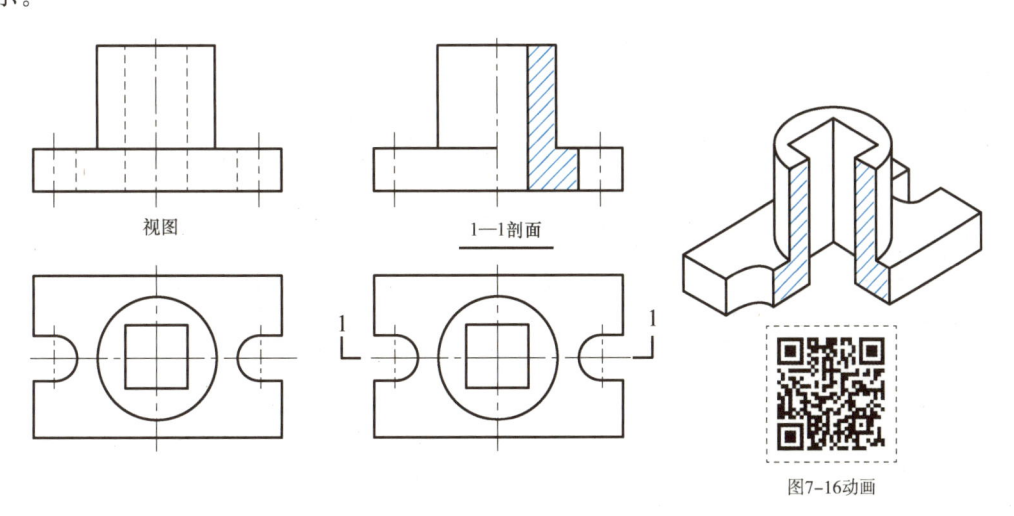

图7-16动画

图 7-16 半剖

剖面图画法举例。

【例 7-1】 已知两视图，在图旁画出立面图的全剖，如图 7-17 所示。

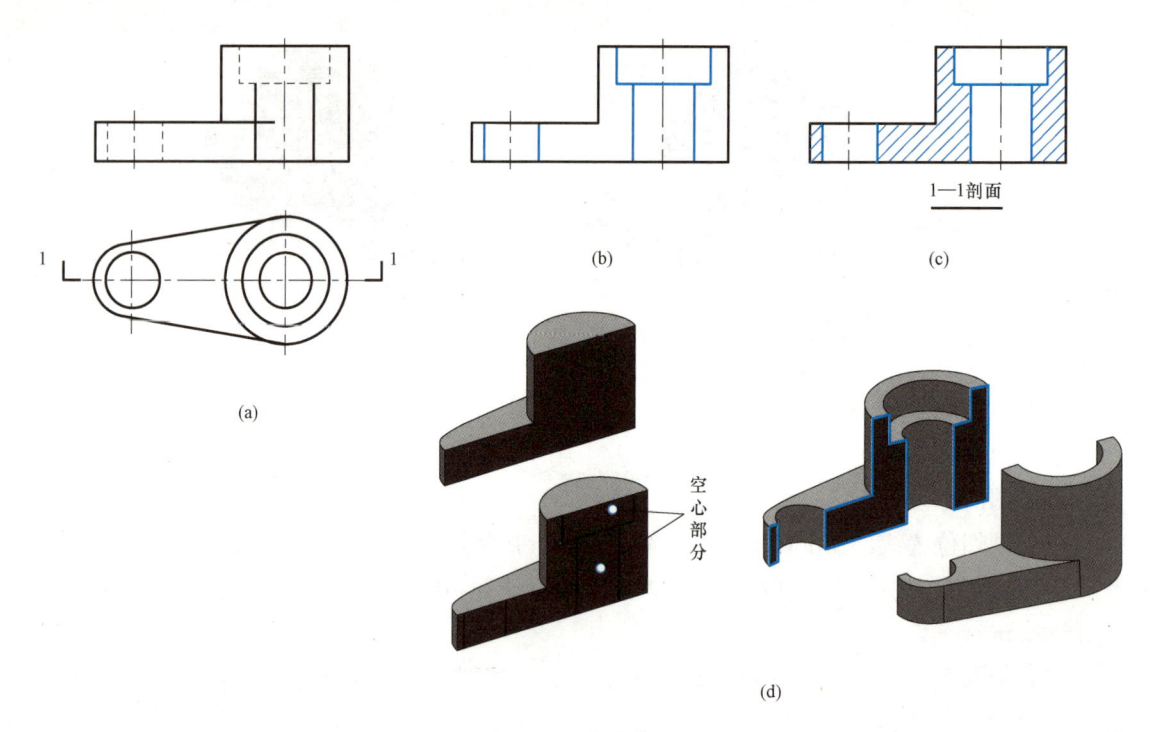

图 7-17　分步作图

(a) 已知条件；(b) 先画剖切位置的外轮廓线；轮廓线前的粗实线（通孔中除外）；
将内孔虚线画成实线；(c) 分清实心断面和空心部分，在实心断面上画 45°剖面线，
在剖面图下方加注图名；(d) 立体图

**【例 7-2】** 补画 1—1、2—2 剖面，如图 7-18 所示。

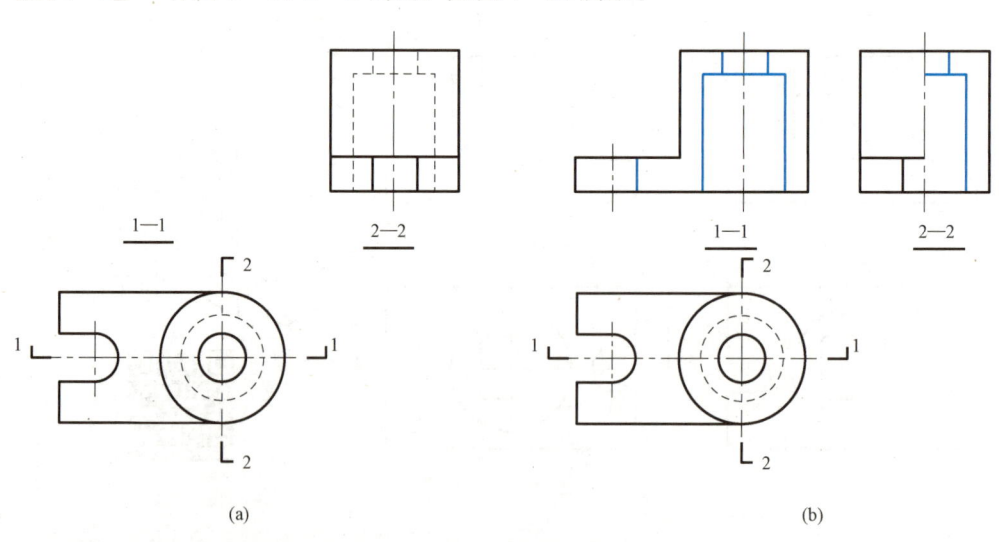

图 7-18　分步作图（一）

(a) 已知条件；(b) 正面全剖：画内外轮廓，侧面：半剖

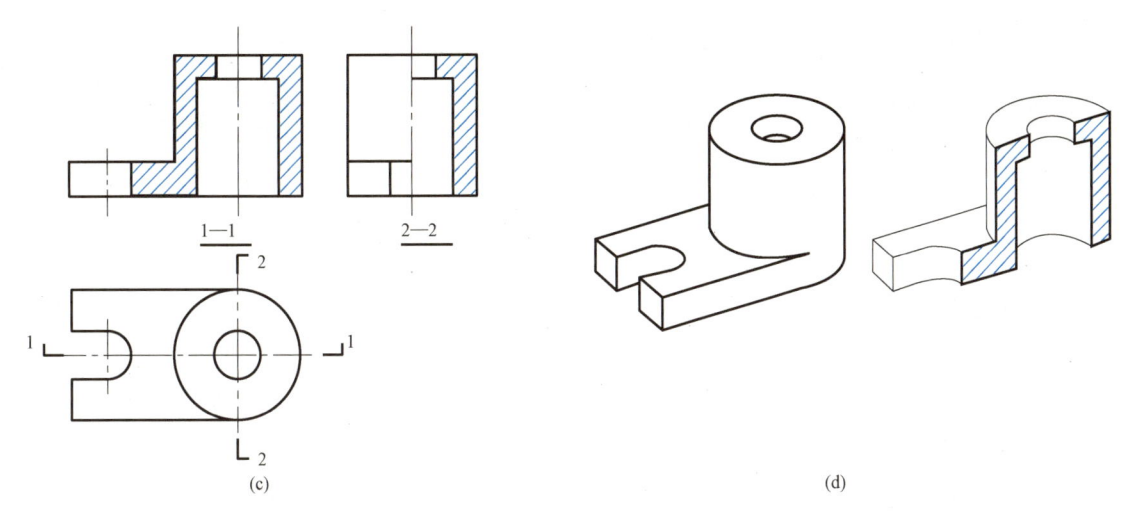

第七章 建筑形体的表达方法　　101

图 7-18　分步作图（二）
(c) 在实心断面上画剖面线，检查加深；(d) 立体图

【例 7-3】　剖视图中的漏线、多线问题，如图 7-19 所示，其立体图如图 7-20 所示。

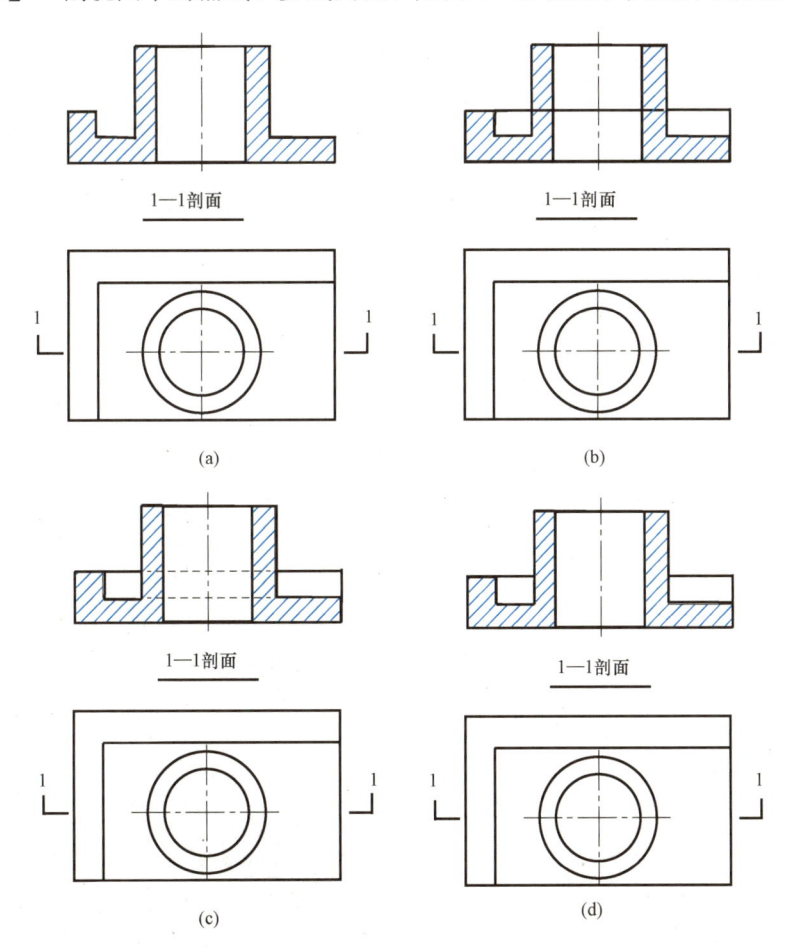

图 7-19　讨论
(a) 已知条件：漏线；(b) 多画了被圆柱挡住的一部分围板；(c) 被挡住部分一般省略不画（虚线）；(d) 正确

【例7-4】 读图，如图7-21所示。

分析：由 V、H 两投影粗略看出，大圆柱和带槽的矩形底板为叠加组合，圆柱前方有一凸台（上为半圆柱下为方体），其前面与底板平齐共面，故 V 投影二者没有分界线。

从 V、H 两投影还看出内部为上大下小的阶梯孔。从 W 投影则更清楚地表达出内部孔的关系。

（三）阶梯剖

阶梯剖是由几个平行剖切的剖面图，合画在一张图上，而且规定不画它们的范围分界线，其远近位置层次由相邻投影确定。用于形体上的孔、槽等结构不在同一平面的表达，如图7-22所示。

图7-20 立体图

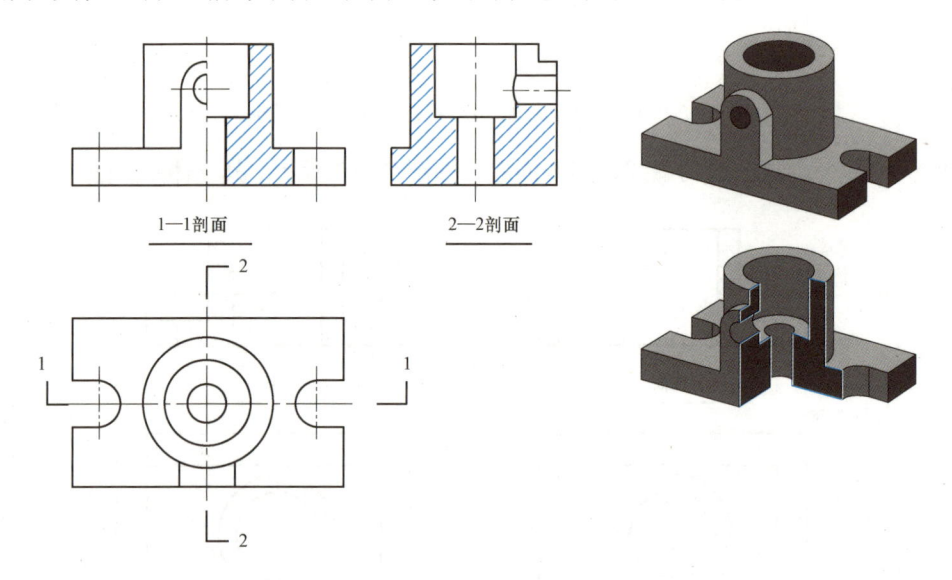

1—1剖面

2—2剖面

图7-21 读图

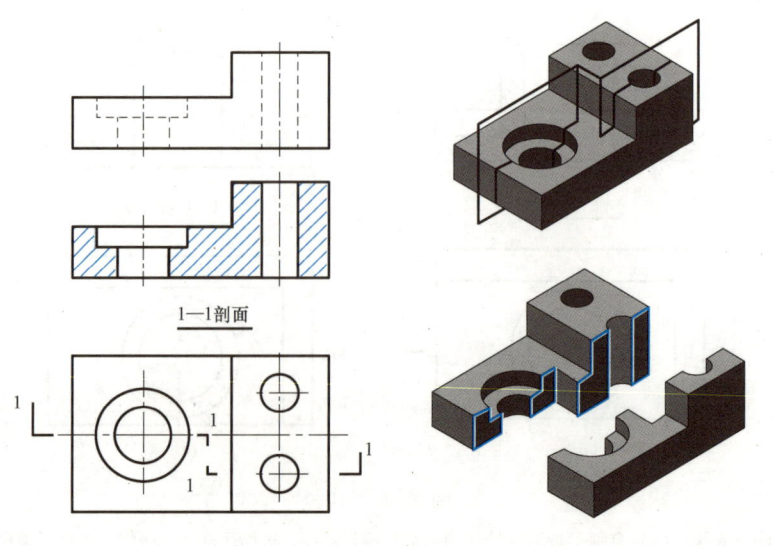

1—1剖面

图7-22 阶梯剖

第七章　建筑形体的表达方法　　103

注意事项：
（1）阶梯剖不能省略标注。
（2）转折不应与轮廓线重合，转折处不得画线。
（3）剖切不得出现不完整要素。

（四）局部剖

局部剖用于形体不对称、内外形状可在一个图上表达的情况，如图 7-23 所示。

相当于用一个剖切面去切，用锤子敲掉一块不需要的部分，然后将剩余部分投影。剖切范围用波浪线（实际为断裂线）表示，波浪线的位置根据内、外形表达的需要确定。

从图 7-23 中看出，立体图上右侧表示了凸台的特征，左侧表示了内部通孔情况。而在平面图中，既保留了顶部小孔的形状，又表示了凸台上小孔与大孔的关系，全图没有虚线。波浪线代表实际断裂线，不能穿空而过，也不能超出图形。

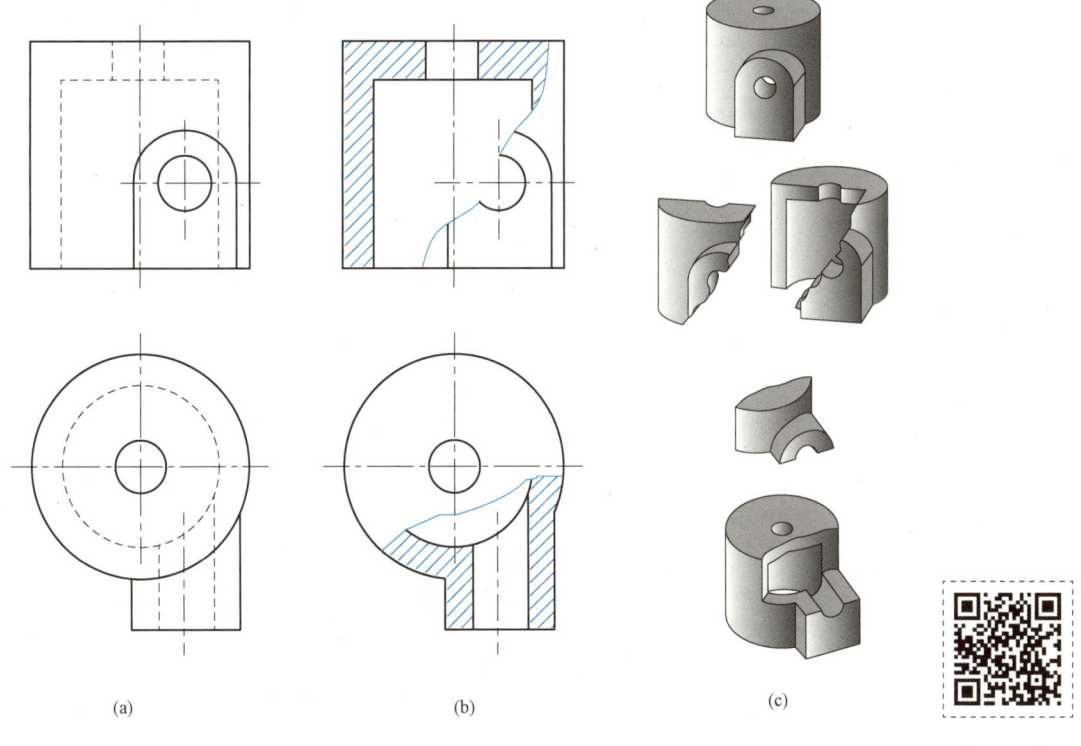

图 7-23　局部剖
(a) 视图；(b) 局部剖；(c) 立体图

图 7-23 动画

1. 读图（小平房）

如图 7-24 所示，为一小平房模型的表达方案图。从立面和平面图可知，房屋由底板（基础）、屋盖及墙体（虚线）三部分组成。1—1 剖面表达了房间水平分隔情况及门窗洞位置。2—2 剖面是右侧剖面图（注意前后方位），断面之后的可见图线采用专业图中规定的中粗实线表示。专用图中习惯放在正立面图的右侧。小平房立体图如图 7-25 所示。

2—2剖面

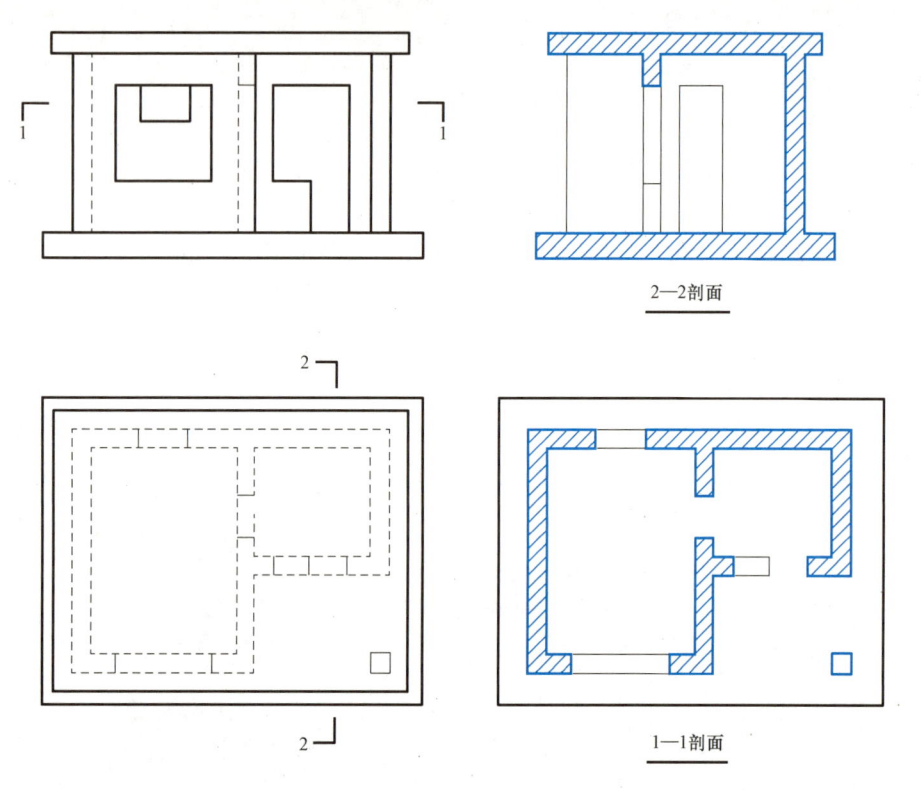

1—1剖面

图 7 - 24　小平房

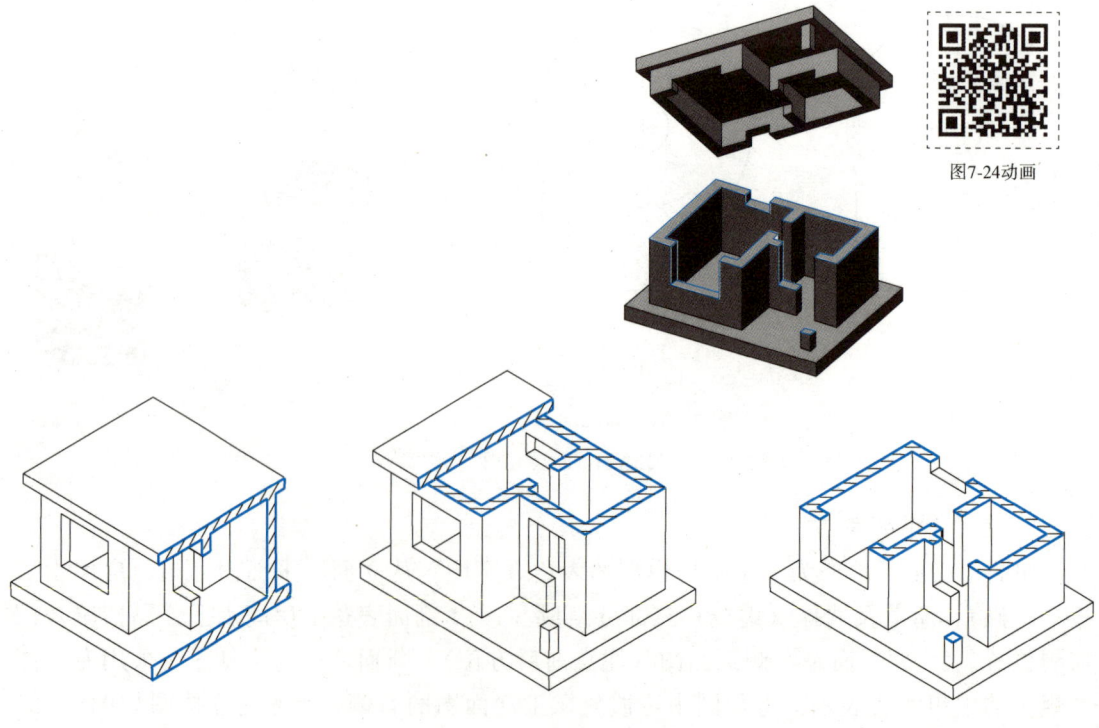

图7-24动画

图 7 - 25　小平房立体图

2. 读图（排污沟）

排污沟，如图 7-26 所示，表达方案用了 4 个基本视图和 1 个局部视图（A 向）。立面采用阶梯剖面，表达了从右前上方进水，经过中间沉降池，从左后下方排出。进水口为槽形（A 向），出水口为圆管形（左立面）。配合 2—2 剖面，中间沉降池上面为矩形，下面收缩为倒锥形。立体图如图 7-27 所示。

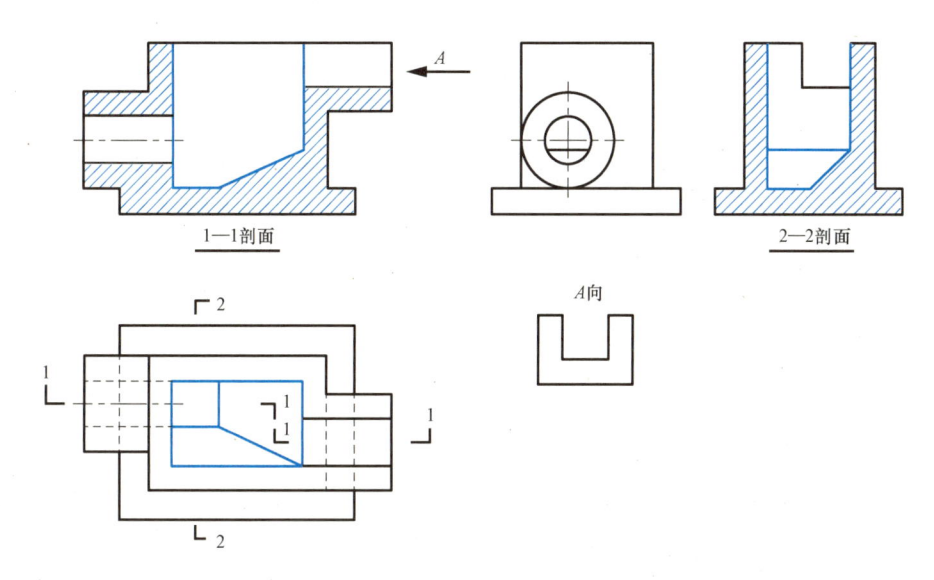

图 7-26 排污沟视图

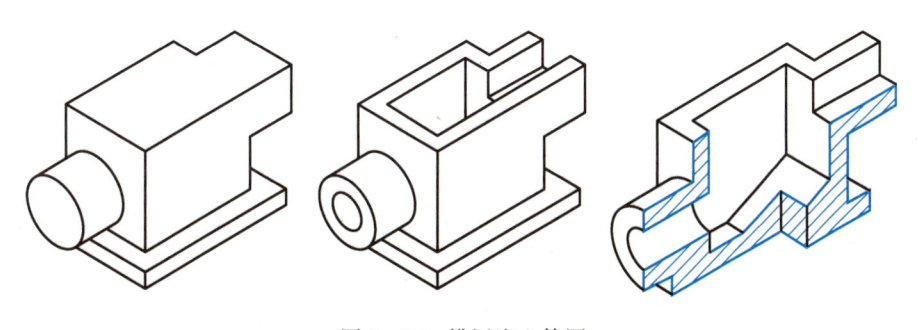

图 7-27 排污沟立体图

（五）剖切轴测图

剖切轴测图的画法，如图 7-28 所示。

剖切轴测图的作图步骤，如图 7-29 所示。

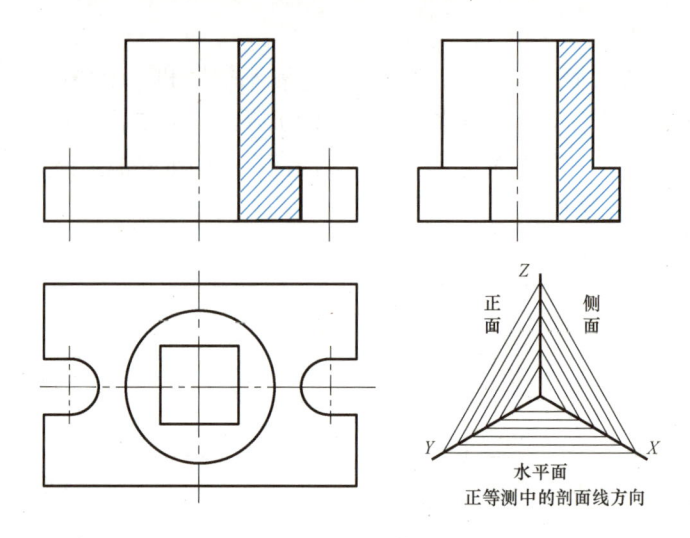

图 7-28 剖切轴测图

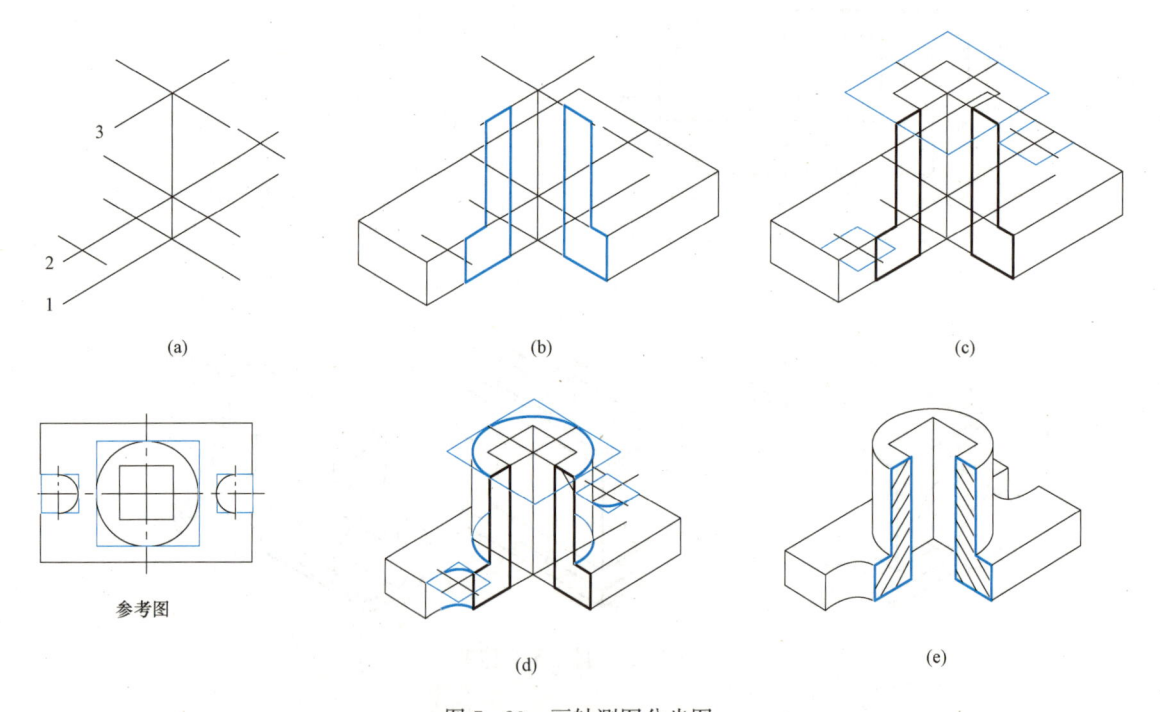

图 7-29 画轴测图分步图
(a) 绘制定位轴线（三层）：底板底面及顶面，圆柱顶面；
(b) 绘制两断面及底板轮廓；(c) 绘制圆柱、半圆孔的外切正方形；
(d) 在菱形内，画有效部分的弧段，根据圆柱、半圆孔的高度，画出底部对应的弧段；
(e) 绘制大方孔及槽子，大圆柱轮廓切线，在断面上画剖面线，并加深

## 第三节 断 面 图

梁、板、柱等建筑构件用断面表示更清晰，如图 7-30 所示。

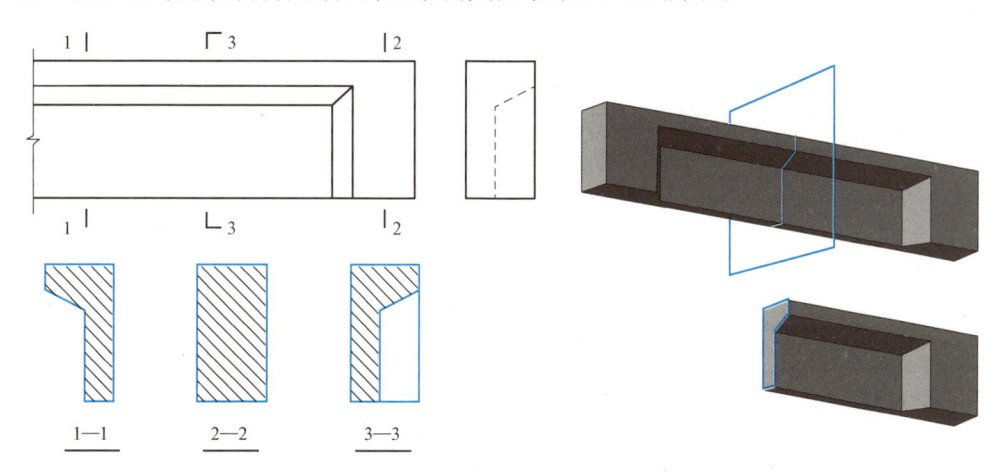

图 7-30 梁、板、柱等建筑构件的断面

断面图的标注：剖切位置线用粗短线表示，图名编号用数字，注写在剖切位置线一侧，编号所在的一侧表示该断面的剖视方向。

图 7-30 中，给出了两个断面、一个剖面，试比较其同异。

断面图的种类包括移出断面、中断断面和重合断面。

（1）移出断面，将断面放在主图之外，断面轮廓用粗实线，如图 7-30 所示。

图 7-30 动画

（2）中断断面，将断面放在构件断开处，如图 7-31 所示。

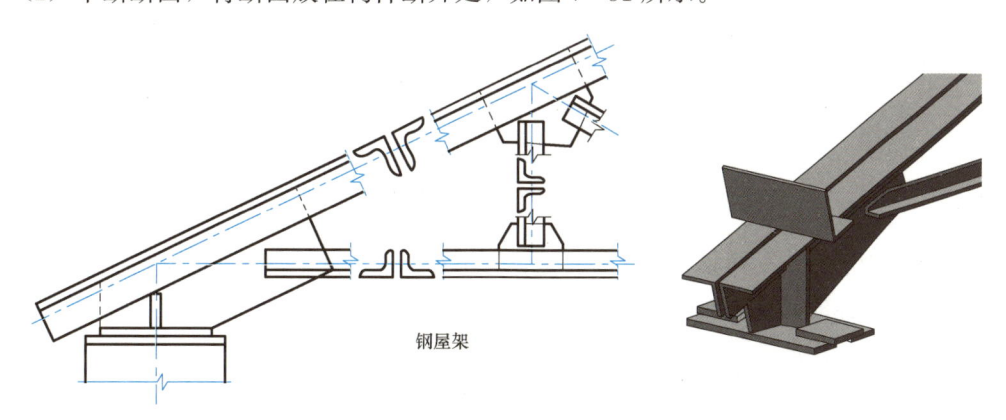

钢屋架

图 7-31 中断断面

（3）重合断面，将断面原地旋转放在图内，如图 7-32 所示。

重合断面图的轮廓线一般比视图的图线略粗一些，并在断面轮廓内表明材料图例（涂黑表示钢筋混凝土）。

屋面平面图

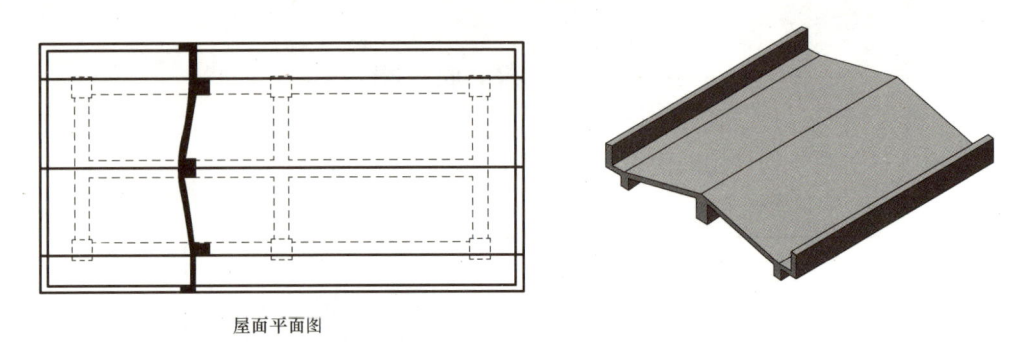

图 7-32 重合断面

## 第四节 图样的其他画法

### 一、对称图形

对称图形画法如图 7-33 所示。

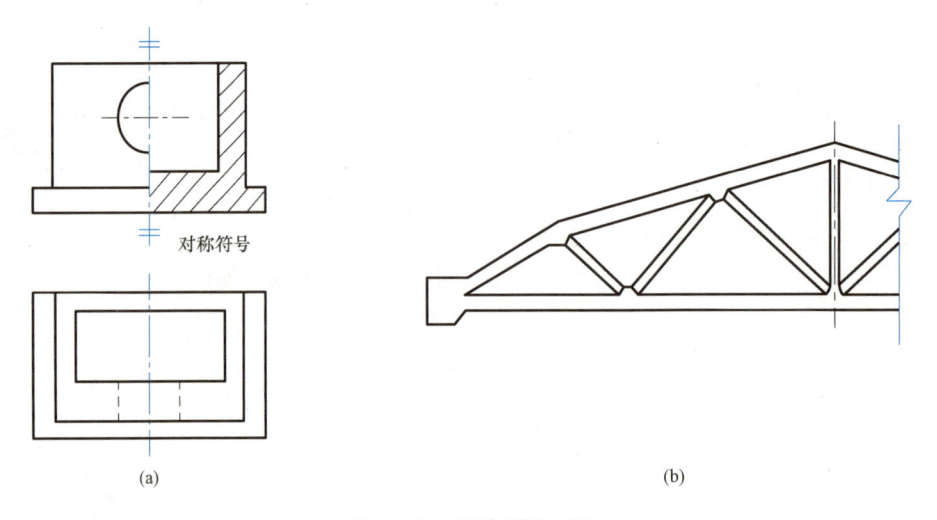

对称符号

(a)                                                    (b)

图 7-33 对称图形画法
(a) 内外形各半，点画线分界，加对称符号；(b) 画一半多些，用折断线断开

对称图形画法简单、抽象，既容易读懂，又不是一览无余，给人以含蓄的美感。

### 二、较长形体的简化画法

断裂边界线可用波浪线、双点画线、双折线，但必须按实际长度标注尺寸。如图 7-34 所示。

### 三、相同结构的简化画法

物体上有相同孔、槽等结构，并规律分布时，只画出几个完整结构，其余用细实线连接；或用中心线表示孔的位置，如图 7-35 所示。

相同结构的简化画法简洁、概括，统一中有变化，变化中有统一，留下思索的余地。若全部画出，势必给人以烦琐庸汇、枯燥无味的感觉。

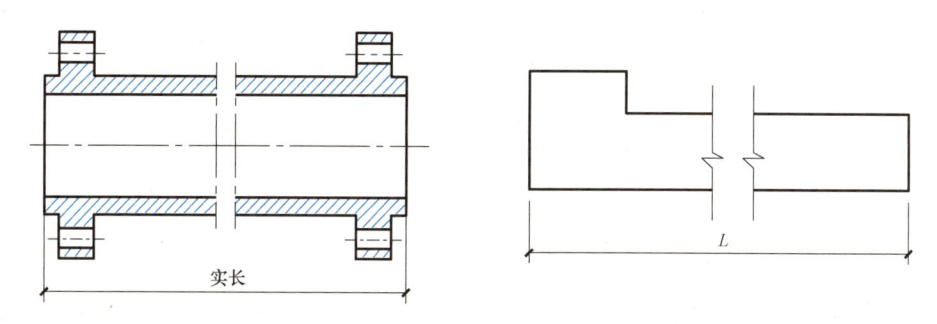

图 7-34　较长形体画法

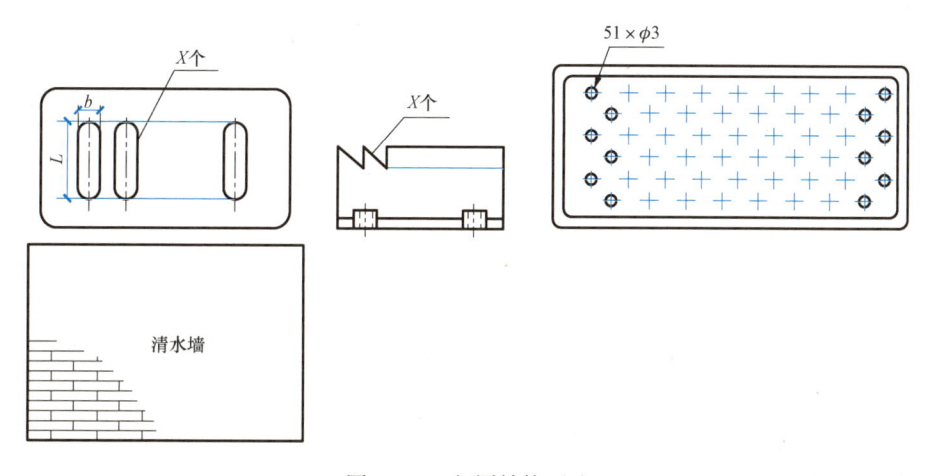

图 7-35　相同结构画法

## 第五节　第三角画法简介

为了更好地进行国际间的技术交流，本节介绍第三角画法。

### 一、第三角画法的含义

三个彼此相互垂直的投影面，将空间分成八个分角Ⅰ、Ⅱ、Ⅲ、…、Ⅷ。

第一角投影法：是将物体置于观察者和投影面之间进行投影，保持"人→物→面"的相对位置关系。中国、俄罗斯等国家采用第一角画法。

第三角投影法：是将投影面（透明）置于观察者与物体之间进行投影，保持"人→面→物"的相对位置关系。美国、日本等国家采用第三角画法。第三角画法原理如图 7-36 所示。

### 二、第三角投影的三视图

第三角投影的形成、展开及视图名称，如图 7-37 所示。

### 三、比较两种画法

第一角画法如图 7-38 所示。第三角画法如图 7-39 所示。

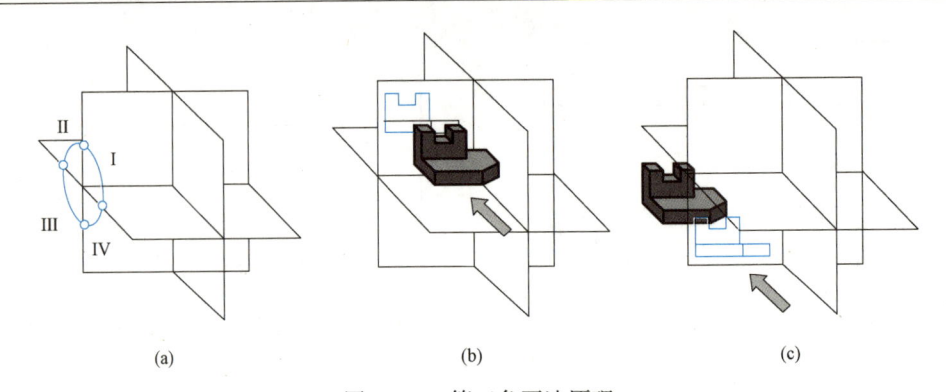

图 7-36 第三角画法原理
（a）空间划分为八个分角；（b）第一角投影法；（c）第三角投影法

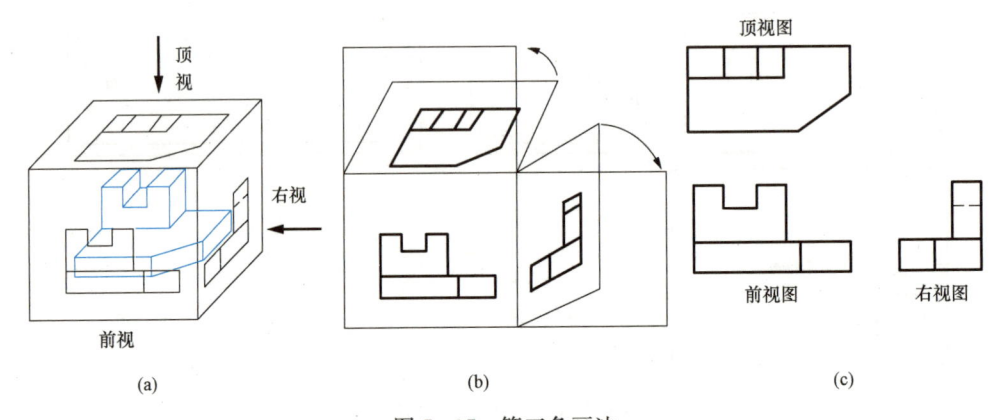

图 7-37 第三角画法
（a）空间模型；（b）展开过程；（c）三视图

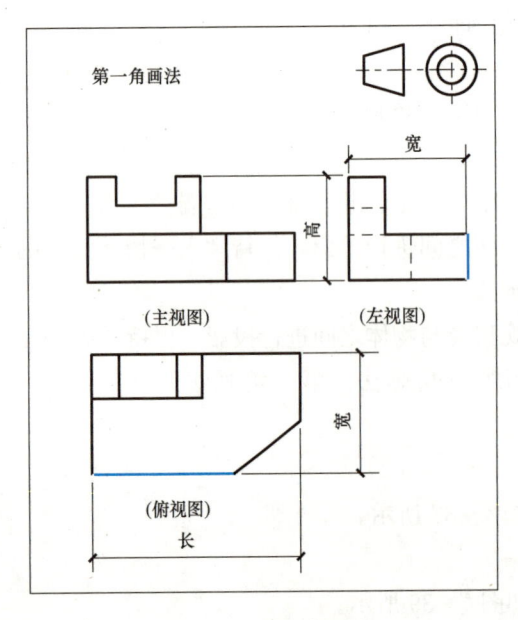

图 7-38 第一角画法

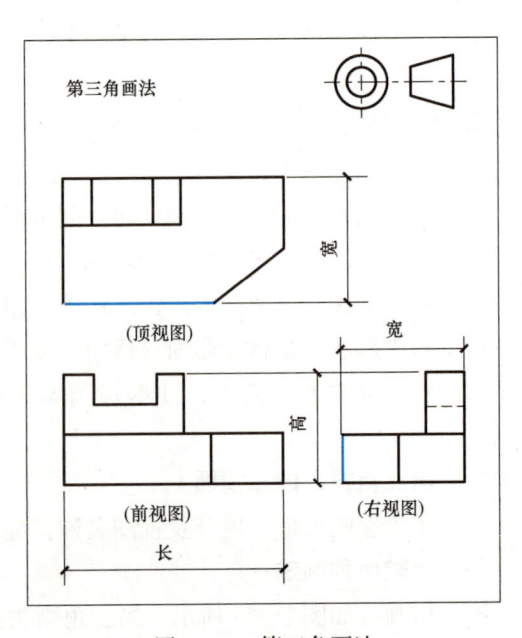

图 7-39 第三角画法

# 第二篇  透视、阴影、标高投影

## 第八章  透视图的基本画法

**本章主要内容**

（1）透视投影的基本知识。
（2）直线的透视规律。
（3）基面上平面图形的透视。
（4）建筑形体透视的基本画法。
（5）圆（柱）及圆拱的透视作图。
（6）透视辅助作图（定分比法）。
（7）透视图的选择。

### 第一节  透视投影的基本知识

#### 一、透视图的形成

透视投影是用中心投影法绘制的立体图，符合人的视觉特点，比如近大远小，有消失现象（灭点）等，因而立体感较强，广泛用于建筑设计等领域中。透视图是按照"视点—（透明）画面—景物"的相对位置，将通过景物上主要点的视线与画面交点连接而成，如图 8-1 和图 8-2 所示。

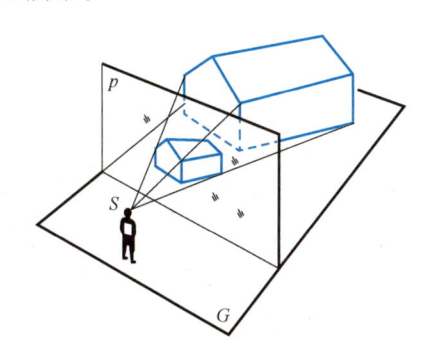

图 8-1  透视投影的形成

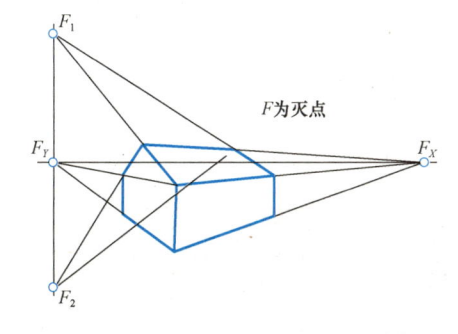

图 8-2  实例：两坡小屋的透视

#### 二、透视图的分类

根据景物与画面的相对位置分为一点透视、两点透视等。

## （一）一点透视

景物主立面平行于画面，画面垂线方向有一个灭点，常用于街景、广场及室内设计。如图8-3和图8-4所示。

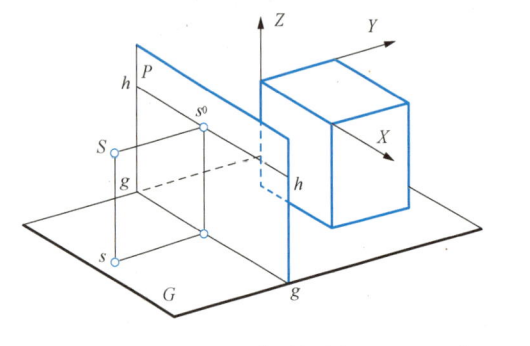

图8-3 一点透视原理

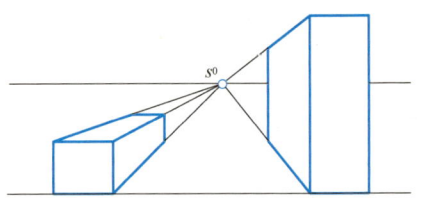

图8-4 实例：长方体的一点透视

## （二）两点透视

景物主、侧两立面倾斜于画面，水平方向有两个灭点，应用较广。如图8-5和图8-6所示。

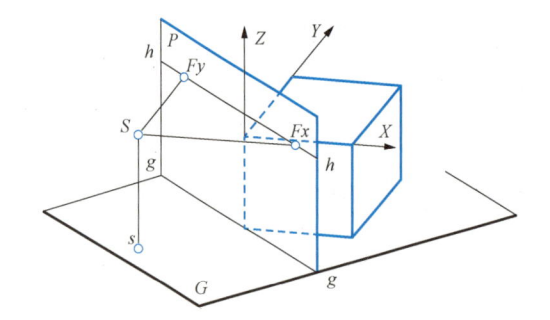

图8-5 两点透视原理

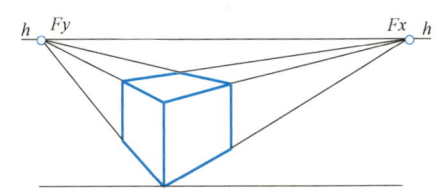

图8-6 实例：长方体的两点透视

## （三）三点透视

画面与基面倾斜，景物三大面都倾斜于画面，产生三个主向灭点。由于作图较繁，不作教学要求，以后由绘图软件来完成。

下面请欣赏几幅美丽校园透视图，如图8-7所示。

(a)

图8-7 校园透视图示例（一）

(a) 一点透视

图 8-7 校园透视图示例（二）
(b) 两点透视；(c) 三点透视

### 三、名词术语（图 8-8）

基面 $G$：水平投影面 $H$；

画面 $P$：绘制透视图的平面（垂直于基面）；

视点 $S$：投射中心（相当于人眼）；

站点 $s$：视点 $S$ 在基面上的正投影（人站立的位置）；

主点 $S^0$：视点 $S$ 在画面上的正投影；

视高：$S \to s$；视距：$S \to S^0$；

视平线：$h—h$，过视点的水平面与画面的交线；

基线：画面与基面的交线，在画面上用 $g—g$ 表示；在基面上用 $p—p$ 表示画面位置（画面 $P$ 的积聚投影）；

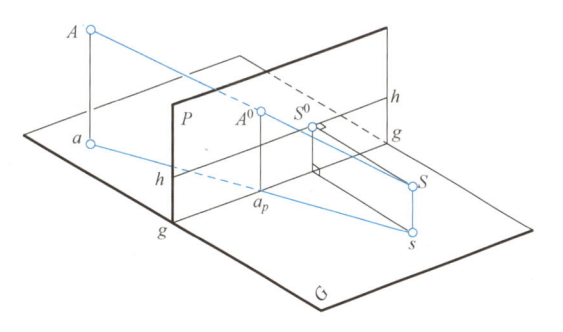

图 8-8 名词术语

$A^0$：视线 $SA$ 与画面 $P$ 的交点，叫作 $A$ 点的透视。由视线的基面投影（水平投影）$sa$ 与画面位置线 $p—p$ 的交点 $a_p$ 确定其透视点的横向位置。

### 四、分面作图（图 8-9）

将基面旋转 90°放平，与画面共面。画面放在基面的上方或下方，站点 $s$ 是分面作图的定位点，二者保持长对正关系，在保持定位点 $s$ 对正的条件下，画面可放在任意位置进行作图。由于基面上视距较大有个空挡，通常将画面置于此处，即与基面重叠。还可放大比例在任意位置作图，只需将基面上的透视宽度和画面上的视平线高度放大相同比例。基面作图用来确定透视点的横向位置，长对正到画面上作透视图，透视点的高度则由全长透视、透视高度传递等方法来确定。

(a)

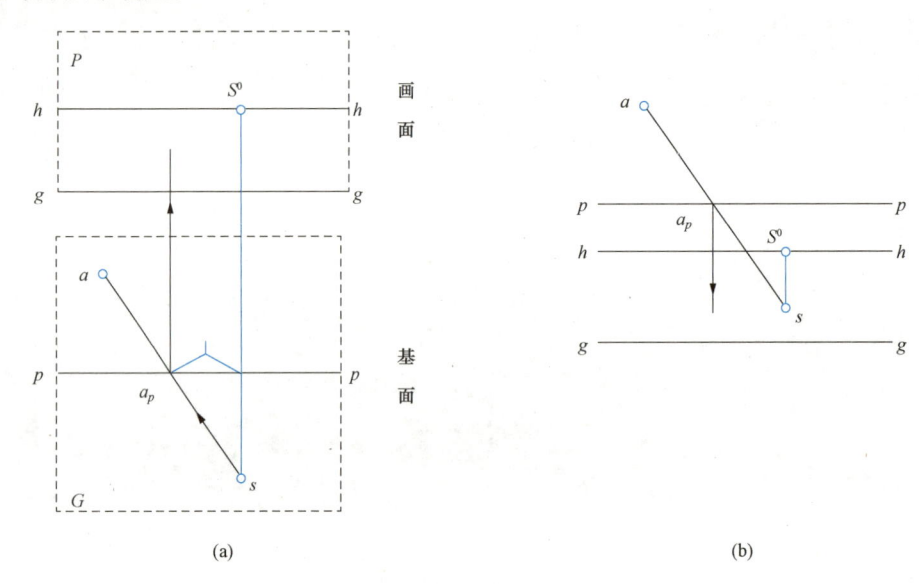

(b)

图 8-9　分面作图

(a) 画面在基面上方（或下方、旁边）；(b) 画面（h—h、g—g）与基面（p—p、站点 s）重叠

## 第二节　直线的透视规律

直线的透视规律是透视作图的基础，本节集中介绍，在作图中需进一步领会和运用。

### 一、直线的迹点 N、灭点 F、全长透视 NF

直线的透视一般仍是直线。直线上的点，其透视在直线的透视上（C 点），如图 8-10 所示。

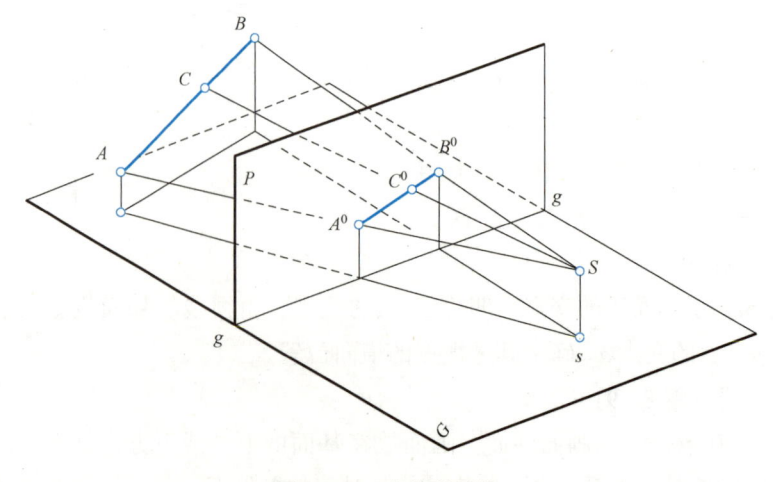

图 8-10　直线的透视

直线（AB）延长与画面的交点 N 叫作直线的迹点，迹点的透视即其自身，这是直线透视的一个固定点。

直线上离画面无穷远点的透视 F 叫作直线的灭点，即直线的灭点是平行于直线的视线与画面的交点。

从迹点到灭点的连线 NF 叫作直线的全长透视（透视方向）。作图时，通常先作出直线的全长透视，再从全长透视上截取有效线段的透视，如图 8-11 和图 8-12 所示。

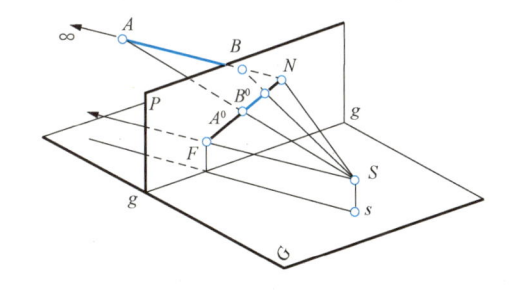

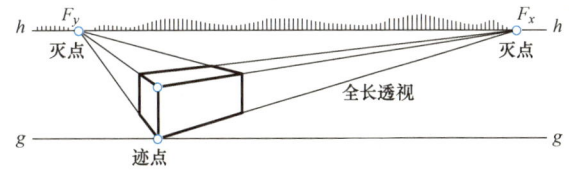

图 8-11　直线的迹点、灭点及全长透视

图 8-12　实例：长方体的两点透视

## 二、平行的画面相交线有一个共同的灭点

画面相交线有灭点，称为有灭直线。已知直线 $AB/\!/CD$，$N_1$、$N_2$ 为其迹点，引视线平行于直线 AB 和 CD，为同一条视线，灭点为同一灭点 F。由此得出，一组相互平行的画面相交线，有一个共同的灭点。如图 8-13 所示。

## 三、画面平行线没有灭点（无灭直线）

设 △ABC//画面 P，其中 AC 是铅垂线，AB 是侧垂线，BC 是正平线，根据几何原理，其透视 $\triangle A^0B^0C^0$ 与 △ABC 相似。由此结论是画面平行线的透视方向不变，画面平行面的透视为相似形，如图 8-14 所示。

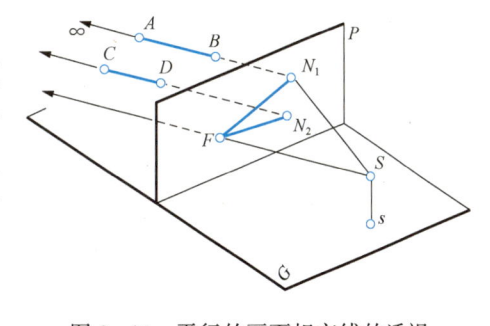

图 8-13　平行的画面相交线的透视

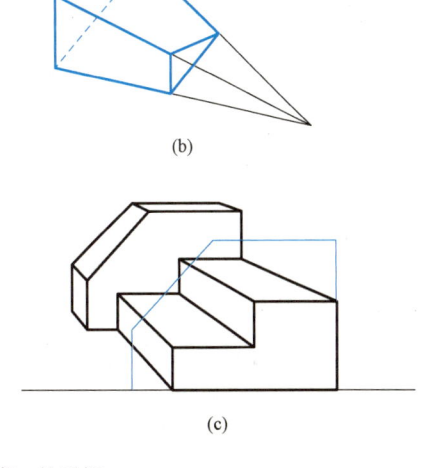

图 8-14　画面平行面（线）的透视
(a) 空间；(b) 画法几何依据：当截面与锥底平行时，截面与锥底相似；(c) 实例：台阶、端墙面与画面平行

## 四、水平线、画面垂线和铅垂线的透视

### （一）水平线的灭点在视平线上

水平线的灭点在视平线上（不论水平线的高低），如图 8-15 所示。

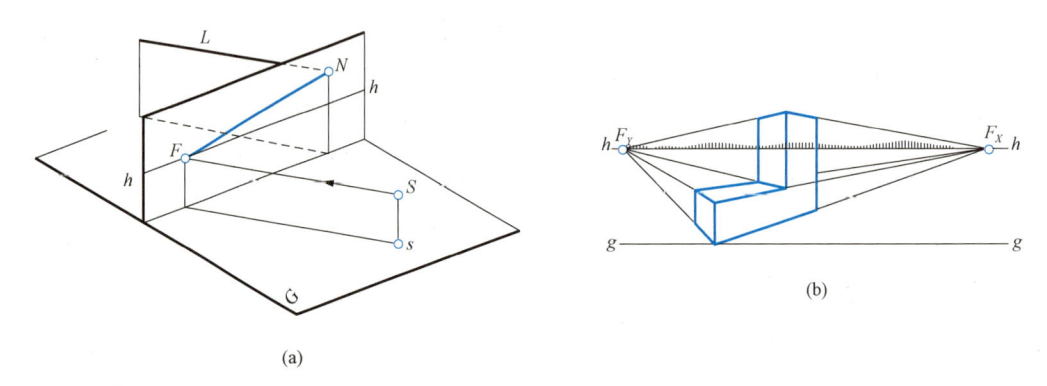

图 8-15 水平线的灭点
(a) 空间：水平线的灭点、全长透视；(b) 实例（两个方向的水平线）

视平线 $h-h$ 是水平面的灭线，包括天、地各个高度的水平面。从基线到视平线这段距离是画面后无限广阔的原野，看图时要有前后深远的想象。

### （二）画面垂线的灭点即主点 $S^0$

在视平线上，不论垂线的高低，如图 8-16 所示。

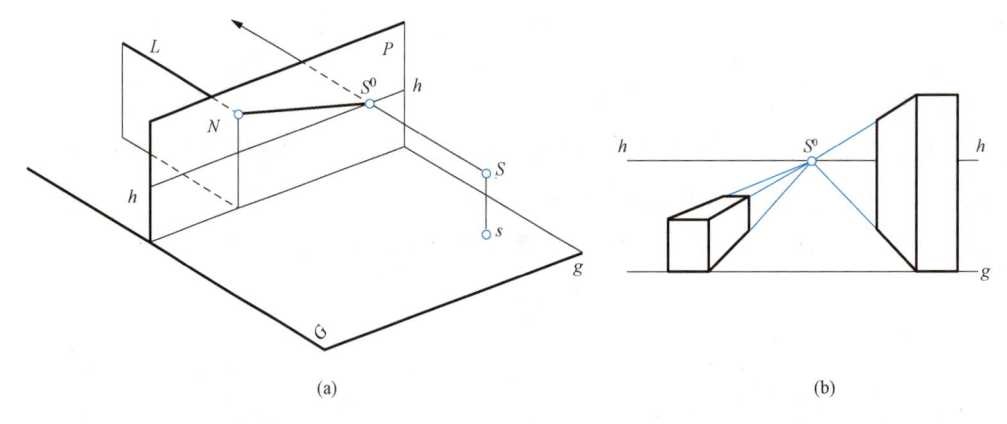

图 8-16 画面垂线的灭点
(a) 空间：画面垂线的灭点、全长透视；(b) 实例

### （三）铅垂线无灭点

铅垂线的透视方向不变，近高远低。设 $L$、$L_1$、$L_2$ 为三条前后不同位置的铅垂线，$L$ 位于画面上。位于画面内的铅垂线，其透视即自身，称为真高线。如图 8-17 所示。

## 五、铅垂线与画面相对位置的判别

根据基面上铅垂线基点的透视与基线 $g-g$ 的相对位置来判别铅垂线相对画面的位置，如图 8-18 所示。

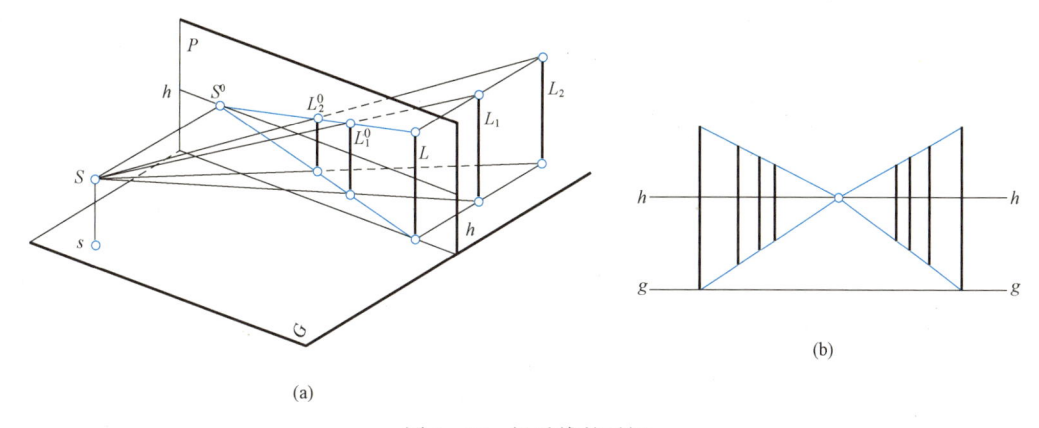

图 8-17 铅垂线的透视
(a) 空间；(b) 实例

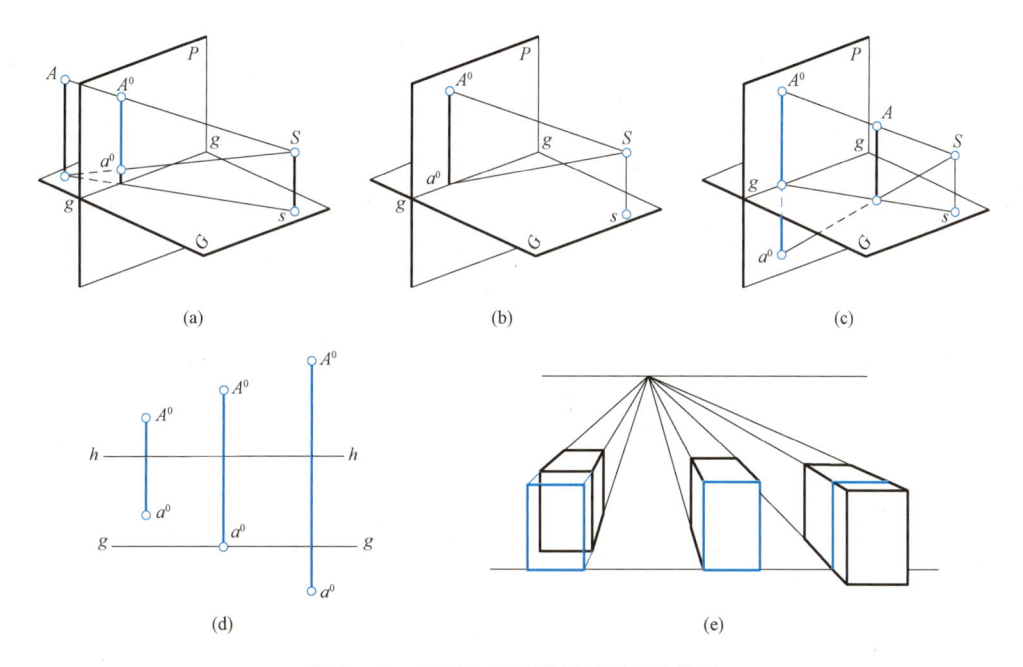

图 8-18 基面上铅垂线相对画面的位置
(a) 铅垂线在画面后，其基透视 $a^0$ 在基线上方；(b) 铅垂线在画面内，其基透视 $a^0$ 在基线上；
(c) 铅垂线在画面前，其基透视 $a^0$ 在基线下方；(d) 透视图；(e) 实例

## 六、透视高度的确定（真高线的传递）

确定不同位置的透视高度，是透视作图的一项重要内容，常用有两种方法：

（1）方法 1。将画面后的铅垂线，沿画面垂线方向平移至画面量出真高，再反向移远直线，作出移动方向（画面垂线）的全长透视，用视线交点法在全长透视上截取铅垂线的透视，如图 8-19 所示。

（2）方法 2。将画面后的铅垂线，沿任一水平线方向平移至画面量出真高，再反向移远直线，作出移动方向（水平线）的全长透视，用视线法在全长透视上截取其透视，如图 8-20 所示。

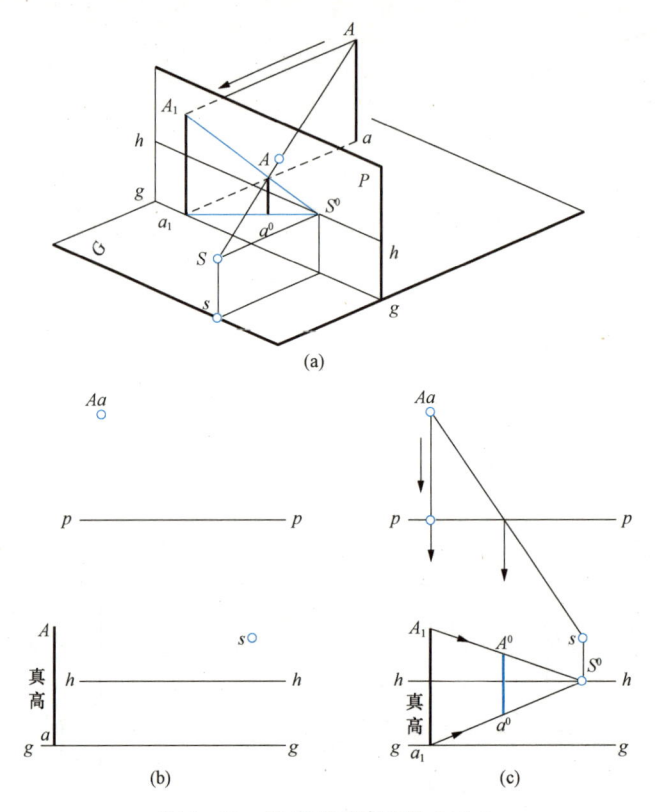

图 8-19　确定透视高度的方法 1
(a) 空间 1；(b) 已知条件：立于基面上的铅垂线；(c) 透视作图 $Aa$

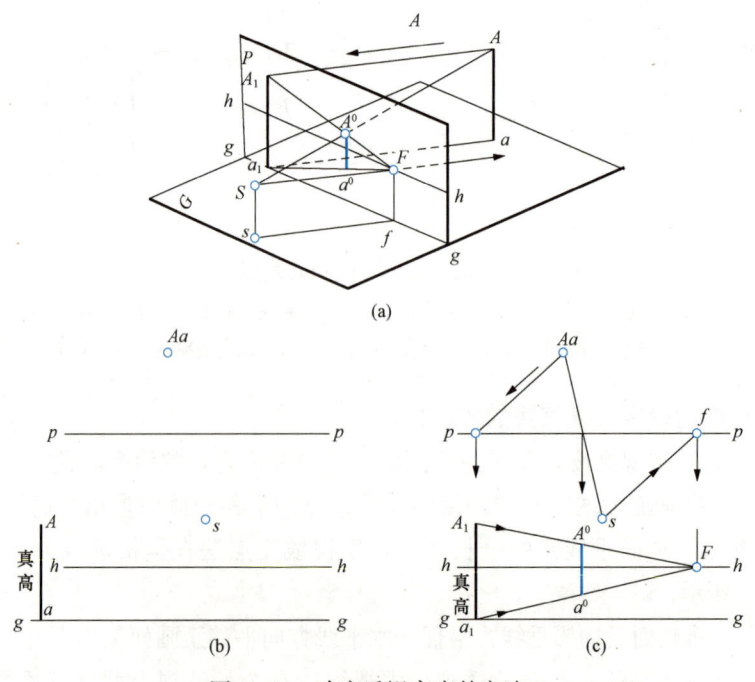

图 8-20　确定透视高度的方法 2
(a) 空间 2；(b) 已知条件：立于基面上的铅垂线；(c) 透视作图 $Aa$

## 第三节 基面上平面图形的透视

作平面图形的透视，是画立体透视的基础，是直线透视规律的综合运用。

【例 8 - 1】 作基面上矩形的透视，如图 8 - 21 所示。

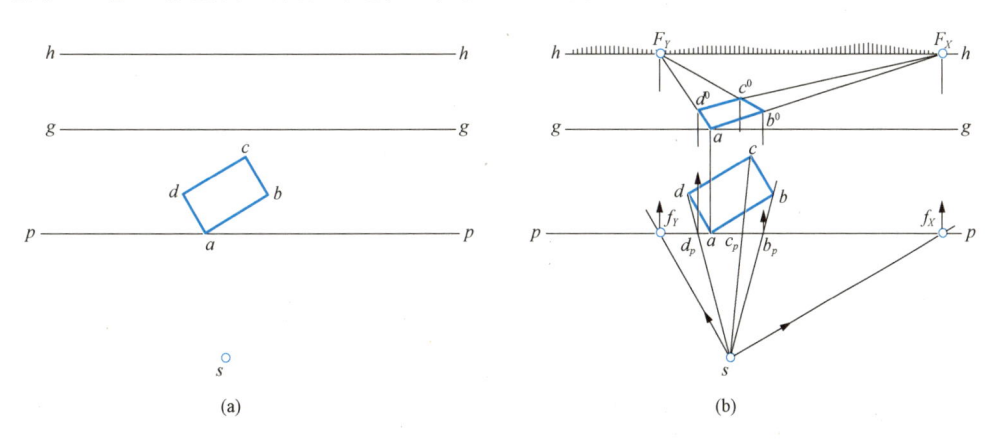

图 8 - 21 基面上矩形的透视作图
(a) 已知条件：画面在上，基面在下；(b) 透视作图

分析：本例矩形两组对边为两个方向的水平线，顶点 $a$ 在画面上（即 $ab$、$ad$ 的迹点）。

作图：在基面上，过站点 $s$ 分别作视线平行于矩形两组对边，与 $p-p$ 交于 $f_X$、$f_Y$ 两点（灭点的基面投影），向上作垂线在画面上交视平线 $h-h$ 于 $F_X$、$F_Y$，得两水平线的灭点。

在画面上自 $a$ 向灭点 $F_X$、$F_Y$ 引线，得 $ab$ 和 $ad$ 的全长透视。

在基面上自站点 $s$ 引视线 $sb$、$sd$，与画面 $p-p$ 交两点 $b_p$、$d_p$，向上引垂线，在全长透视上截得 $d^0$、$b^0$，再分别向灭点引线 $b^0F_Y$ 和 $d^0F_X$ 交得 $c^0$（也可用视线法交得 $c^0$）。

【例 8 - 2】 作基面上平面图形的透视，如图 8 - 22 所示。

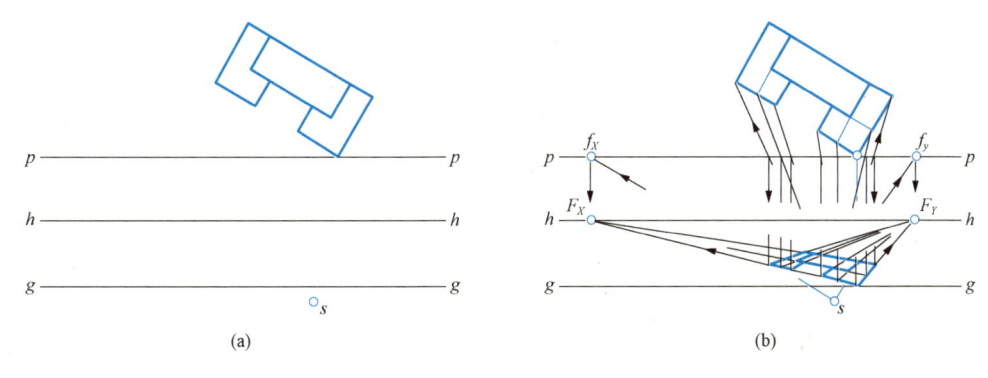

图 8 - 22 基面上平面图形的两点透视
(a) 已知条件：画面与基面重叠；(b) 透视作图

分析：本例平面图形也是两组水平线，是两点透视。如果逐段线求全长透视，再用视线

法求线段端点，比较繁琐。我们可把小矩形 3 条边延长，把平面图形上的各点集中到两条主线上，求出主线及其上分点的透视，即可交出平面图形的透视。

作图：(1) 将小矩形 3 边分别延长到两主线上。

(2) 求灭点 $F_X$ 及 $F_Y$。

(3) 作两主向线的全长透视，用视线法求出其上各分点的透视。

(4) 过各分点分别向灭点引线，交出平面图形的透视。

【例 8-3】 作基面上平面图形的透视，如图 8-23 所示。

分析：本例平面图形由画面垂线和画面平行线组成，画面平行线无灭点，其透视方向不变。画面垂线的灭点是主点 $S^0$，是一点透视。同样，把小矩形 3 条边延长，将平面图形上的各点集中到两条主线上，求出主线及其上分点的透视，即可交出平面图形的透视。

作图：(1) 求主点 $S^0$。

(2) 作出 6 条画面垂线的全长透视（其迹点都在基线上）。

(3) 用视线法求右边画面垂线上的两个分点，之后画后面两条画面平行线，交出平面图形的透视。

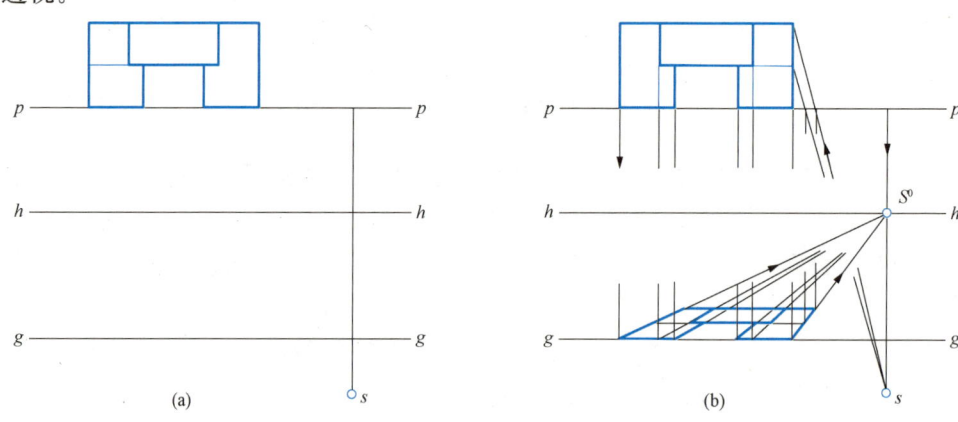

图 8-23 基面上平面图形的一点透视
(a) 已知条件；(b) 作图

【例 8-4】 作基面上正方形的一点透视，如图 8-24 所示。

作图：图 8-23 (b) 方法 1：用视线法作图，(c) 方法 2：采用正方形对角线，即 45°辅助线确定正方形两对角点。45°辅助线的灭点 $D$ 称作距点，$S^0D$ 等于视距，$D$ 可在主点 $S^0$ 左侧或右侧。

【例 8-5】 用距点法绘制一点透视方格网，并在 $A$、$B$、$C$ 三处竖起高为 2 个格宽的立杆，如图 8-25 所示。

作图：(1) 求主点 $S^0$。

(2) 作画面垂线的全长透视。

(3) 作 45°辅助线的灭点 $D$。

(4) 利用网格对角线与画面垂线的交点来确定相应画面平行格线的透视位置。

图 8-25 动画

第八章　透视图的基本画法

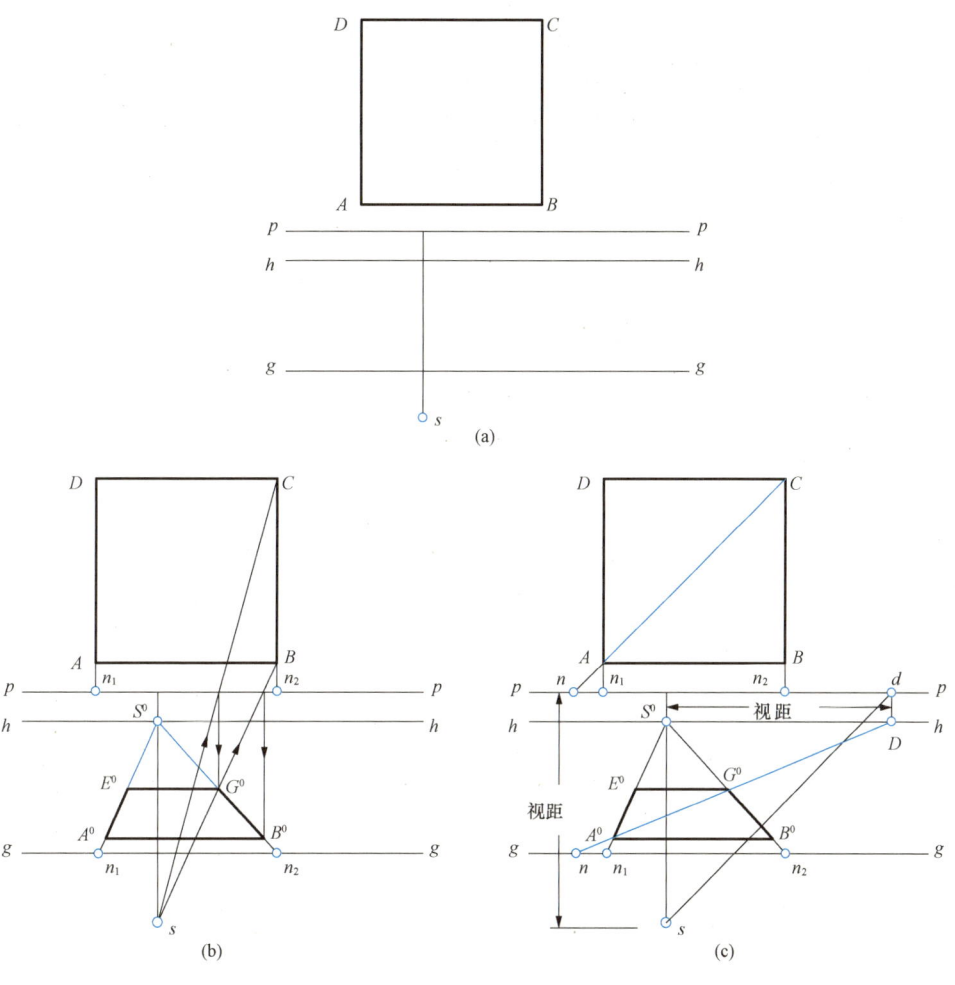

图 8-24　基面上方格的透视作图
（a）已知条件；（b）用视线法作图；（c）用 45°辅助线法截取正方形对角点

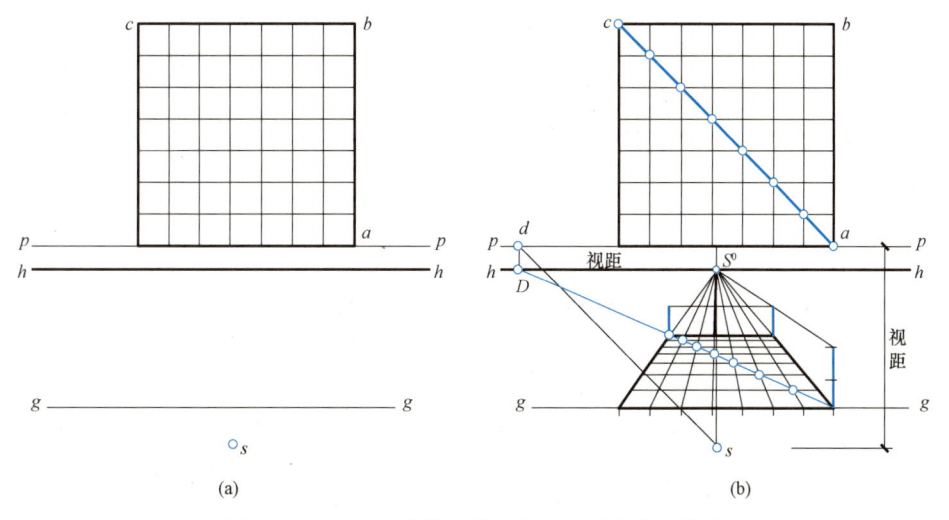

图 8-25　基面上方格网的一点透视及真高的传递
（a）已知条件；（b）作图

(5) 立杆：先在 a 处立杆，向后消失确定 b 杆；再向左移动，确定 c 杆。实际作图中，远处的立杆，可根据立杆所在位置的格宽来确定（相似比不变）。

【例 8 - 6】 作基面上方格网的两点透视，如图 8 - 26 所示。

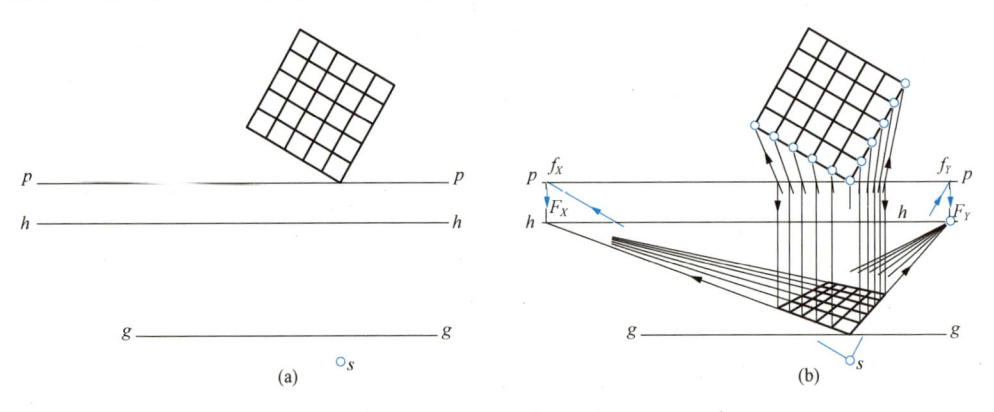

图 8 - 26 基面上方格网的两点透视
(a) 已知条件；(b) 作图

作图：
(1) 作出两主向灭点 $F_X$、$F_Y$。
(2) 作出两主向线及其上分点的透视。
(3) 两组网格平行线交出透视网格。

【例 8 - 7】 读图，基面上平面图形的透视，如图 8 - 27 所示。

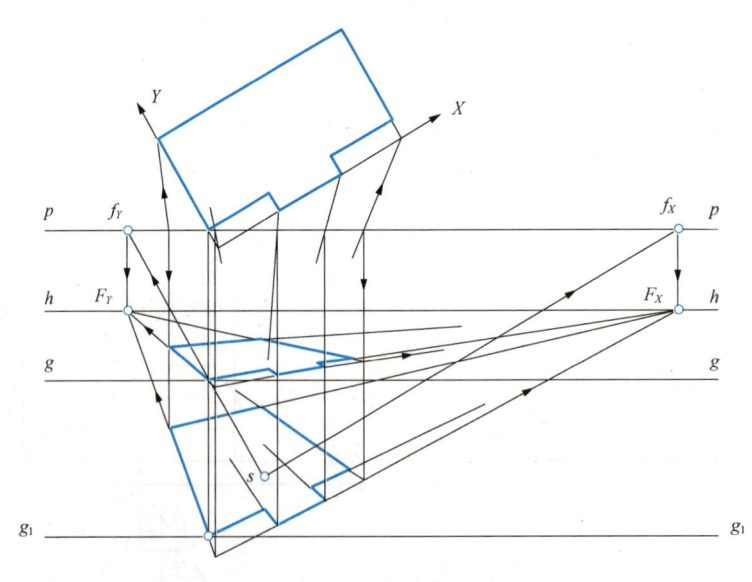

图 8 - 27 降低基面作图

分析：本例平面图形为凸字形，延长 3 条边成矩形，把平面图形上的各点集中到 X、Y 两条主线上，求出两主线及其上分点的透视，交出平面图形的透视。

读图：先看画面 1（h—h、g—g），置于视距的空挡处，与基面重叠。透视平面图形前

第八章 透视图的基本画法 123

后狭窄。再看画面 2（$h-h$、$g_1-g_1$），还是同一基面，但基面下降，视高大了，透视平面图形前后开阔了，此法称为降低基面法。当视高较低、透视平面狭窄、交点难于准确时，常用降低基面辅助作图。从图中看出，透视点横向位置未变，上下是对齐的。

## 第四节　建筑形体透视的基本画法

### 一、视线法

长方体是建筑形体的基本要素，画透视图时：
（1）确定视高、视距和站点的位置。画两点透视，通常将形体主侧立面与画面成 30°。
（2）画形体基透视。
（3）竖高度，通常将长方体一铅垂棱线重合于画面，定出真高。
（4）完成整体作图。

【例 8-8】　作长方体的两点透视，如图 8-28 所示。

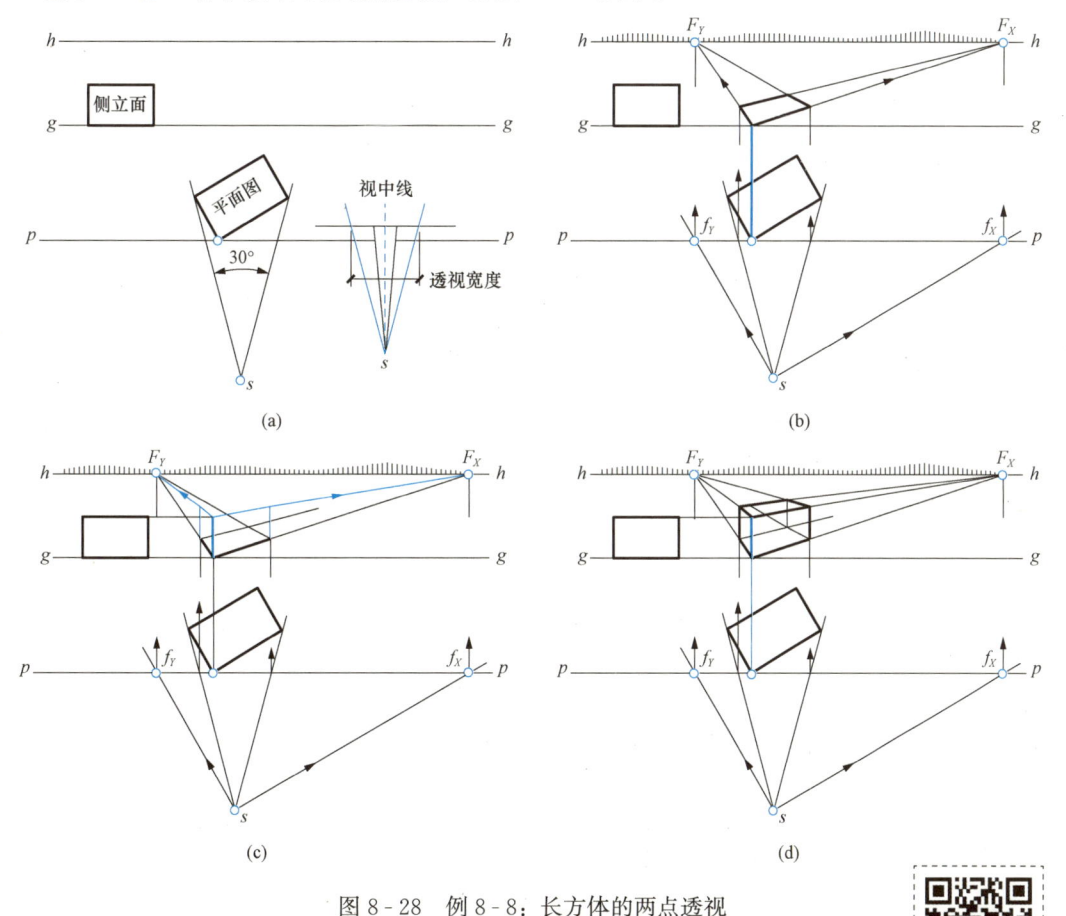

图 8-28　例 8-8：长方体的两点透视
(a) 已知条件：透视点、视角和站位；
(b) 作基面透视；(c) 画真高，画两主立面；
(d) 完成其余部分

图 8-28 动画

作图：(1) 确定站点 s。借助三角板，使外围视线夹角控制在 30°左右，视中线在透视宽度中间 1/3 范围内，此时视角、视距、站位恰好。

(2) 求两主向灭点 $F_X$、$F_Y$，画基面透视。

(3) 一棱线在画面内为真高线，自真高线上下两端，向两灭点引线，得长方体两立面的全长透视。用视线法截取长方体两立面透视宽度（注意，不能直接长对正）。

(4) 由于视平线高于长方体，由两棱线端点分别向灭点引线，交出上底面。

【例 8 - 9】 读图：长方体的两点透视，如图 8 - 29 所示。

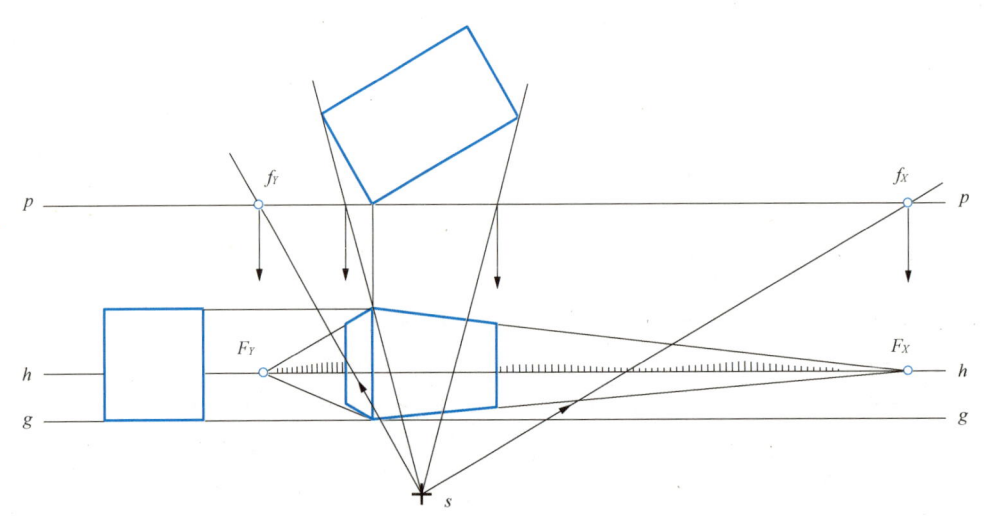

图 8 - 29 例 8 - 9：长方体的两点透视

分析：画面（h—h、g—g）与基面重叠，置于基面视距空档区，且视平线低于长方体。

【例 8 - 10】 读图，如图 8 - 30 所示。

分析：真高线是画面与立体两侧立面的交线，画面后的部分向灭点消失，画面前的部分反向延伸交得。

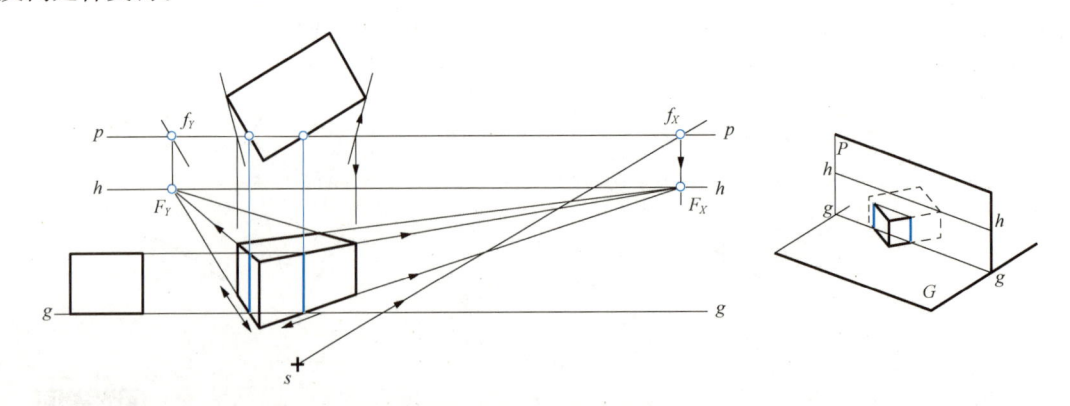

图 8 - 30 例 8 - 10：长方体的两点透视

【例 8 - 11】 作两坡小屋的透视，如图 8 - 31 所示。

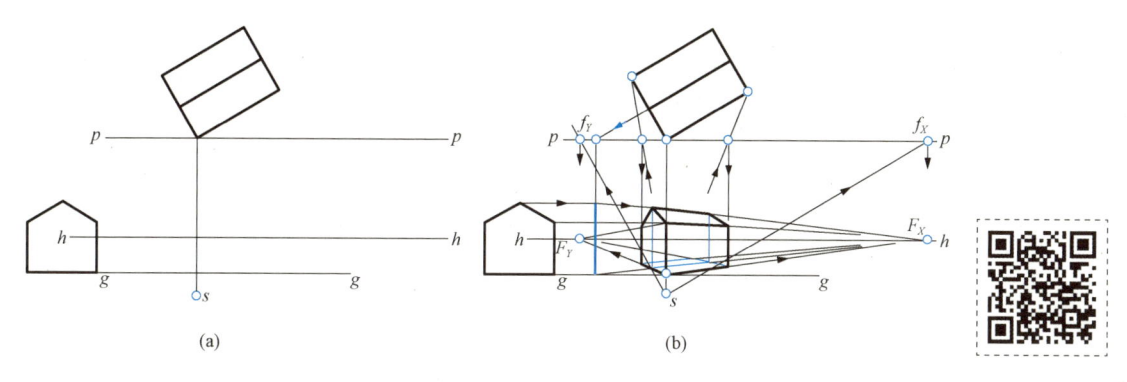

图 8-31 两坡小屋的透视
(a) 已知条件；(b) 作图

图 8-31 动画

分析：根据形体与画面的相对位置，本例也是两点透视。墙体为四棱柱，坡屋面为三棱柱，屋脊线为水平线，确定了屋脊线，与墙体相连便可画出斜脊线。

作图：（1）求两主向灭点 $F_X$、$F_Y$；

（2）画基面透视；

（3）画墙角线真高，向两灭点引线，完成两立面的全长透视；

（4）在基面上延长屋脊线与画面相交，得出此处屋脊的真高，画出其全长透视；

（5）自基透视平面各角点向上引线，得墙线及屋脊线的高度；

（6）连接屋脊线与墙线端点（不可见线不画）。

【例 8-12】 作组合体的两点透视，如图 8-32 所示。

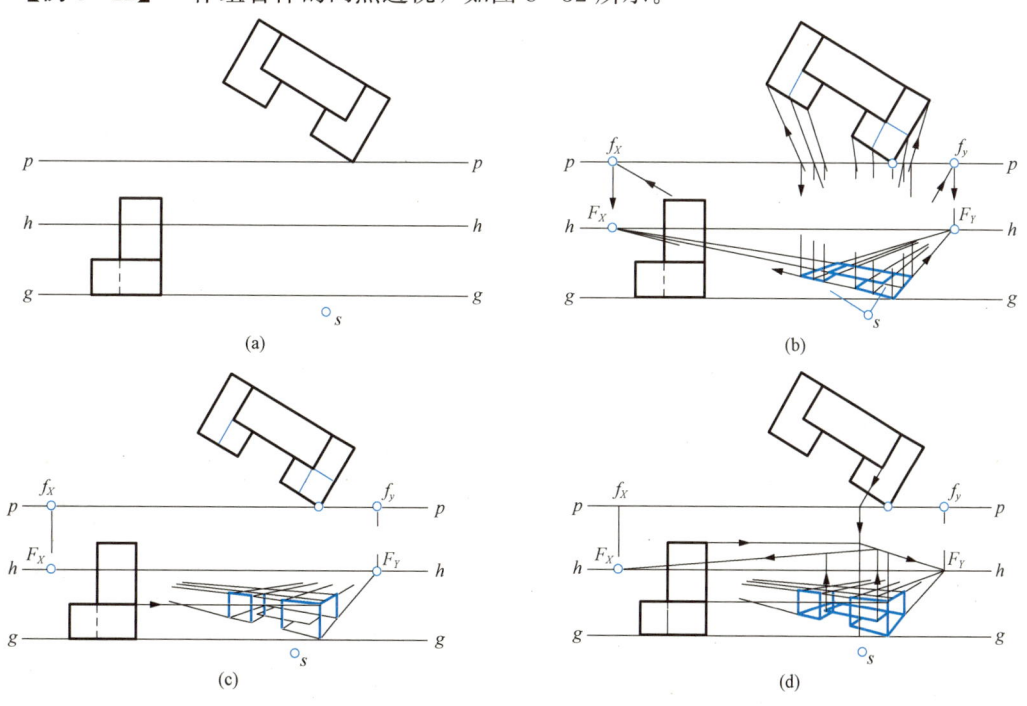

图 8-32 组合体的两点透视（一）
(a) 已知条件；(b) 画平面基透视；(c) 画底座长方体的透视；(d) 画后面长方体的透视

(e)

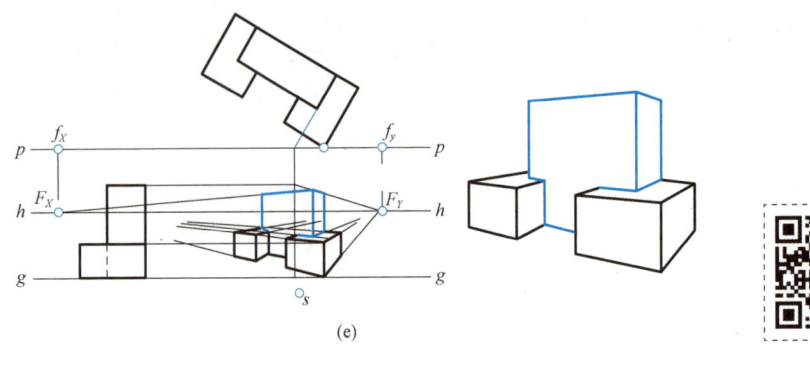

图 8-32 组合体的两点透视（二）
(e) 确定两长方体的交线

作图：（1）求两灭点 $F_X$、$F_Y$，将平面图形各点集中到两主线上，画平面基透视。

（2）画底座长方体，右前角棱线是真高线，向两灭点引线画出其透视。从透视平面对应点向上引线画出各棱线高度。

（3）画后面高的长方体。在基面上将其右侧面延长至与画面相交，求出右前角真高线，从真高线顶端向灭点 $F_Y$ 引线，再从透视平面对应点向上引线，截得该棱线的透视，再从该棱线的透视顶端向灭点 $F_X$ 引线，得出该长方体主立面轮廓。

（4）从透视平面对应点向上引线，画出该长方体的各棱线。最后确定两长方体之间的交线。

【例 8-13】 作组合体的一点透视，如图 8-33 所示。

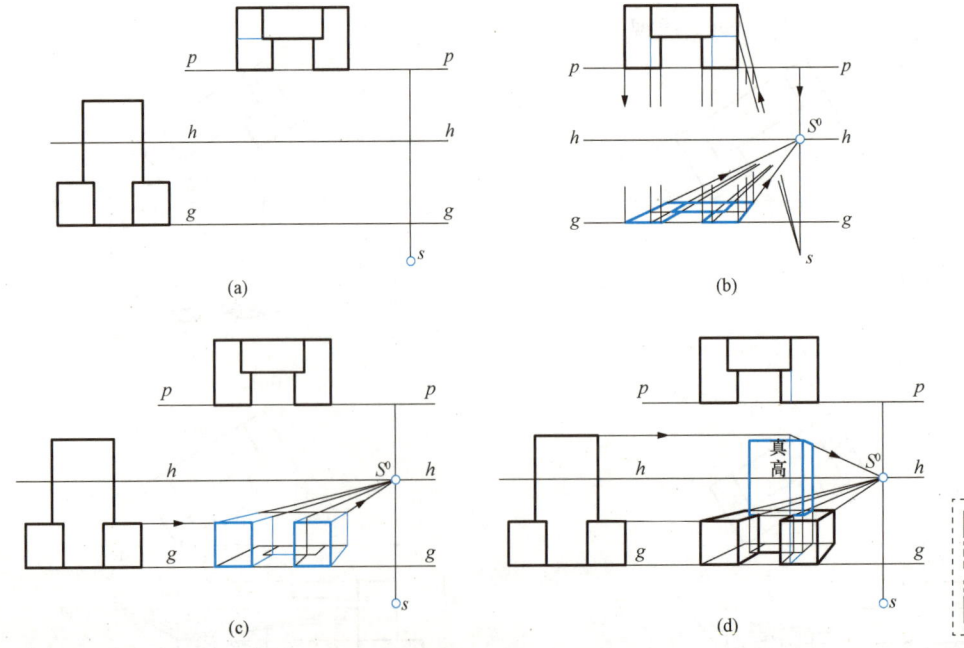

(a)  (b)  (c)  (d)

图 8-33 组合体的一点透视
(a) 已知条件；(b) 画平面基透视；(c) 画底座长方体的透视；
(d) 画后面长方体的透视，确定两长方体的交线

作图：(1) 求主点 $S^0$，把小矩形三条边延长，将平面图形各点集中到两主线上，画平面基透视。

(2) 绘制底座长方体（其正面位于画面内），向主点 $S^0$ 引线，画出其透视。从透视平面对应点向上引线画出各棱线高度。

(3) 画后面的长方体。在基面上将其右侧面延长至与画面相交，求出右前角真高线，从真高线顶端向主点 $S^0$ 引线，再从透视平面对应点向上引线，截得该棱线的透视，再从该棱线的透视顶端向主点 $S^0$ 引线，得出该长方体右侧面轮廓。

(4) 过该棱线顶端向左引水平线，根据相似原理，从透视平面对应点向上引线，完成正立面轮廓，最后确定两长方体之间的交线。

【例 8-14】 当灭点 $F_X$ 较远不可达时，有两种方法，即利用主点法和利用灭点法。

方法 1：利用主点法，是将 $X$ 主向线上一铅垂线 $A$，沿画面垂线方向拉至画面，得到真高，向主点消失，用视线法定出其透视高度，如图 8-34 所示。

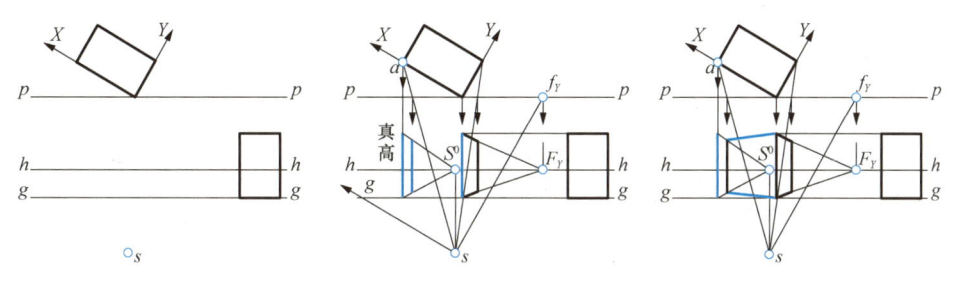

图 8-34 利用主点 $S^0$

方法 2：利用灭点法，是将 $X$ 主向线上一铅垂棱线 $A$ 沿 $Y$ 向移至画面得到真高，再定出其透视高度，如图 8-35 所示。

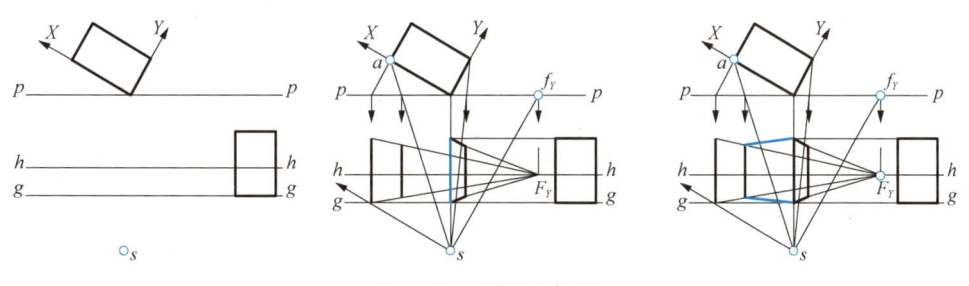

图 8-35 利用灭点 $F_Y$

【例 8-15】 作建筑形体的两点透视，放大 2:1 作图，一灭点不可达，如图 8-36 所示。

作图：(1) 将视高放大 2 倍，在旁边画上视平线 $h-h$ 和基线 $g-g$。

(2) 在基面上延长 $cb$ 至画面交于 4，延长凹槽底边与 $ad$ 交于 5。求灭点 $f_Y$（基透视），用视线法求出平面图形上各点的透视位置。

(3) 在基线定出 $a$，在视平线上确定灭点 $F_Y$，使 $a$、$F_Y$ 两点的水平距离等于 2 倍的 $af_Y$。其他各点至 $a$ 的距离放大 2 倍，相对于 $a$ 的位置量到基线上。

(4) 作平面基透视，图形狭窄，交点不易准确。为此，降低基面在下方画一条基线 $g_1-g_1$，此时透视平面开阔、交点准确。作为竖高度时的定位参照。

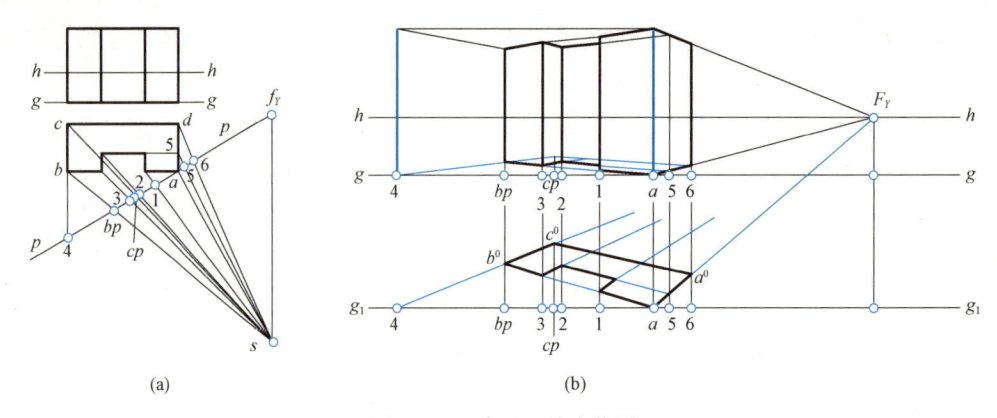

图 8-36 降基、放大作图

(a) 已知条件：完成基面作图；(b) 放大、降低基面作图

(5) 立高度（真高线放大 2 倍）用一个灭点作图。

【例 8-16】 作台阶的两点透视，如图 8-37 所示。

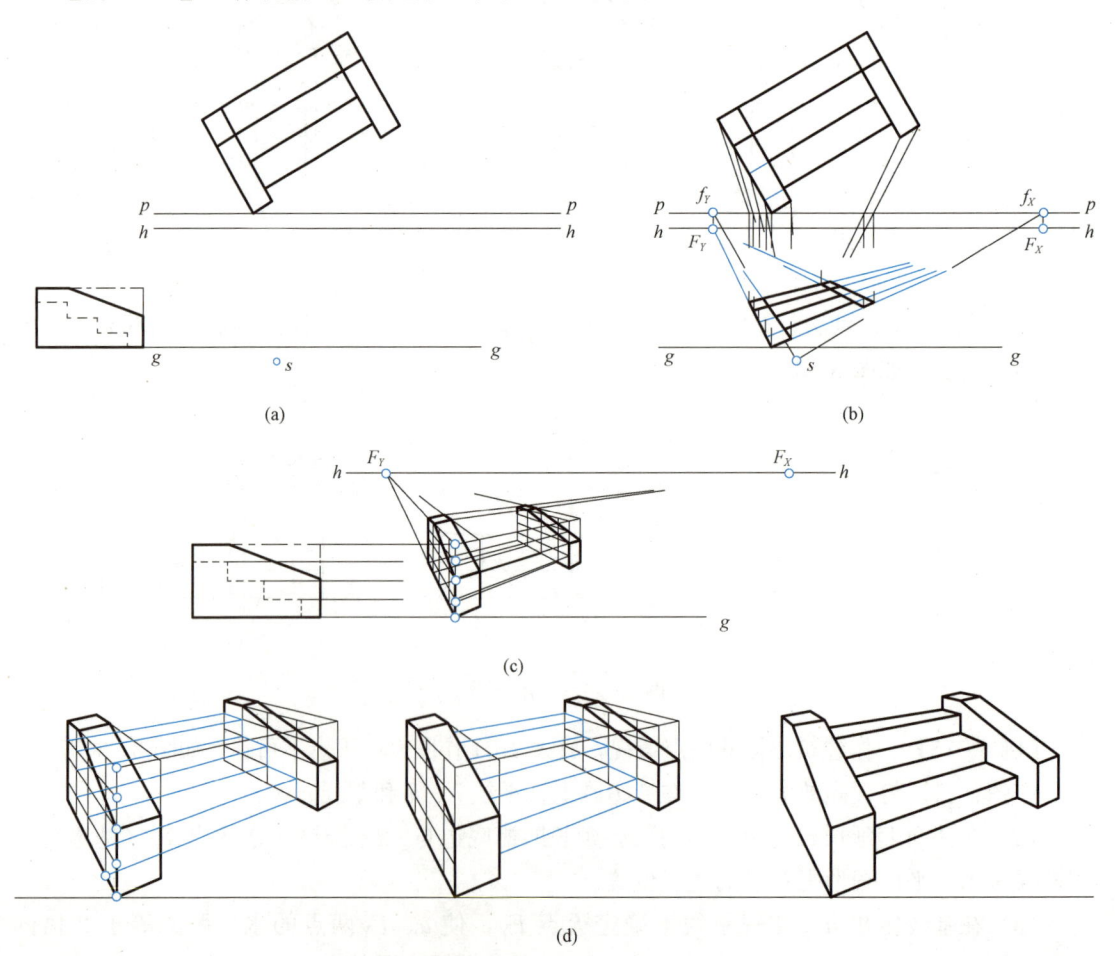

图 8-37 台阶的透视分步作图

(a) 已知条件；(b) 作平面基透视；(c) 画挡墙轮廓及左端面上台阶高度、宽度格线（之后，图中将其透视、基面图形隐藏）；(d) 在右挡墙端面上按格线画出台阶轮廓，并与左挡墙对应点连线画出台阶，加深图线

作图：(1) 求两主向灭点 $F_X$、$F_Y$。

(2) 将平面图形各点集中到左边和前边两条主线上，画平面基透视。

(3) 立高度，画两挡墙。左前角为真高线处，由真高线顶端向两灭点引线（消失），从基透视对应点立高线完成挡墙轮廓。

(4) 从两挡墙左侧基线上对应点立高线（定位台阶前端面）。再把各台阶高度集中到真高线上，向灭点 $F_Y$ 引线（定位各台阶高度），之后，为图形清晰起见，将基透视隐藏。

图 8-37 动画

(5) 在右挡墙左端面上按格线画出台阶，两端面上对应格点连线，画出台阶面，最后加深图线（不可见线不画）。

【例 8-17】 读图：降低基面法绘制透视，如图 8-38 所示。

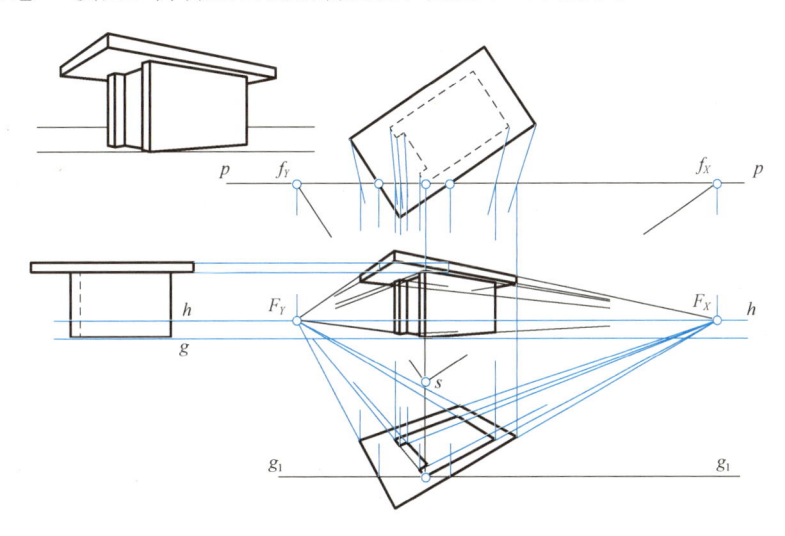

图 8-38 降低基面法绘制透视

### 二、量点法

量点法是两点透视中，利用辅助线的灭点（量点），确定基面上水平线诸点透视度量的一种方法，如图 8-39 所示。$AB$ 为基面上的水平线，$TF$ 为其全长透视。在基面上，自 $A$、$B$ 两点作与直线和画面夹角相等的平行线 $AA_1$、$BB_1$，$TB$、$TB_1$ 为等腰三角形 $\triangle BTB_1$ 的两腰。辅助平行线的灭点为 $M$，$\triangle sfm \sim \triangle BB_1T$，即 $mf=MF=sf$，量点到灭点的距离等于视点到灭点的距离，$MF=SF=sf$。作图时，在视平线 $h-h$ 上量出灭点 $M$，将直线上 $A$、$B$ 至迹点 $T$ 的距离，从迹点始量到基线上，$TA=TA_1$，$TB=TB_1$，过 $A_1$、$B_1$ 向灭点 $M$ 引线（辅助线的透视），在直线全长透视上交得 $A^0$、$B^0$。

【例 8-18】 用量点法作透视平面图，如图 8-40 所示。

量点法：可直接根据平面图的尺寸来作透视图，灭点确定平面图上主向水平线的透视方向。而量点是以辅助线的透视方向，求得主向水平线的透视长度。

作图：(1) 首先将平面图形诸点集中到两条主向线 $X$、$Y$ 上，求出两灭点的基面投影 $f_X$、$f_Y$。再求两量点的基面投影 $m_X$、$m_Y$，$sf_X=f_Xm_X$，$sf_Y=f_Ym_Y$。

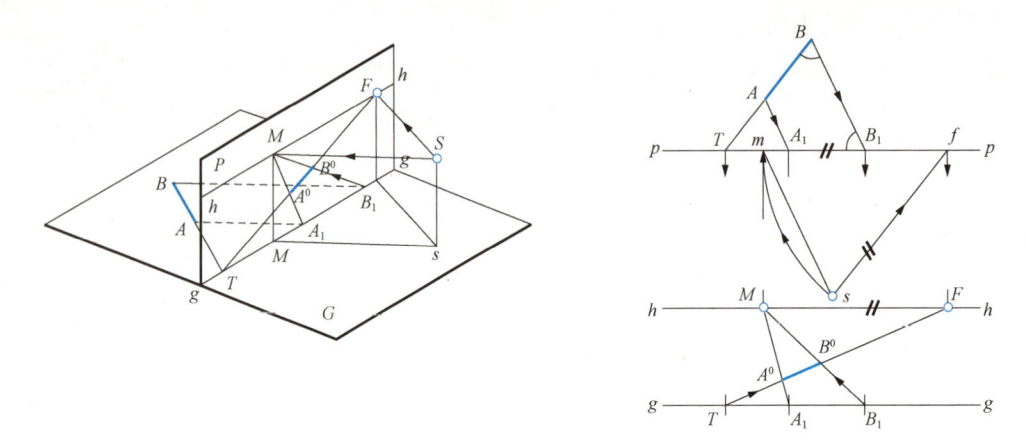

图 8-39 量点法原理

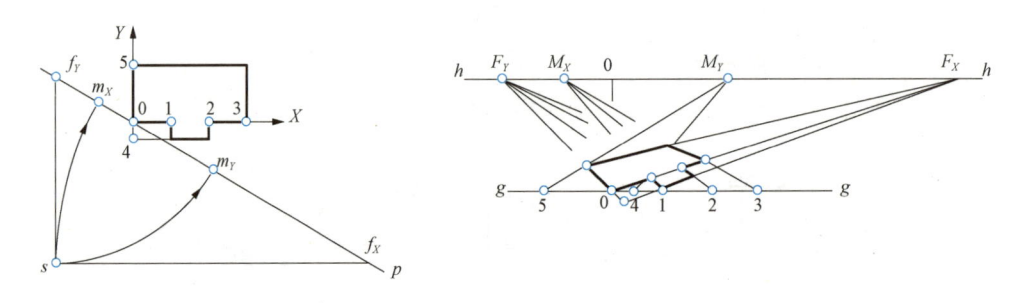

图 8-40 用量点法作透视平面图

(2) 将平面图中求得的 $f_X$、$m_Y$、$m_X$ 和 $f_Y$ 和图形上的角点 0，不变其相互距离地移到视平线 $h-h$ 上，符号改变为灭点 $F_X$、$F_Y$ 和量点 $M_X$、$M_Y$。

(3) 将 0 点下移到 $gg$ 线上。从 0 点始，把图形的长度（X）尺寸 1、2、3 向 $F_X$ 一侧量到基线上，把宽度（Y）尺寸 5、0、4（注意顺序不能改变）向 $M_Y$ 方向量到基线上。

(4) 作两主向线的透视 $0F_Y$ 和 $a0F_X$。将长度尺寸点向 $M_X$ 引线，得长度方向的透视点；再将宽度尺寸点向 $M_Y$ 引线，得宽度度方向的透视点。从求得的透视点分别向两主灭点引线交得平面图形的透视。

### 三、距点法

距点法是一点透视中，利用辅助线的灭点（距点），确定基面上画面垂线诸点透视度量的一种简便方法，如图 8-41 所示。

$AB$ 为基面上的画面垂线，$TS^0$ 为其全长透视。在基面上，自 $A$、$B$ 两点作 45°辅助平行线 $AA_1$、$BB_1$，其灭点为 $D$（距点）。主点 $S^0$ 到距点 $D$ 的距离等于视距，即 $S^0D = SS^0 = ss_P$。

作图时，在视平线 $h-h$ 上量出距点 $D$，将 $A$、$B$ 至画面的距离，从迹点始量到基线上，$TA = TA_1$，$TB = TB_1$，过 $A_1$、$B_1$ 向 $D$ 引线（辅助线的透视），在直线全长透视上截得 $A^0$、$B^0$。故 45°辅助线的灭点 $D$ 称作距点（量点的特例）。

距点 $D$ 有两个，可取在主点 $S^0$ 左侧或右侧。如图 8-41 所示。

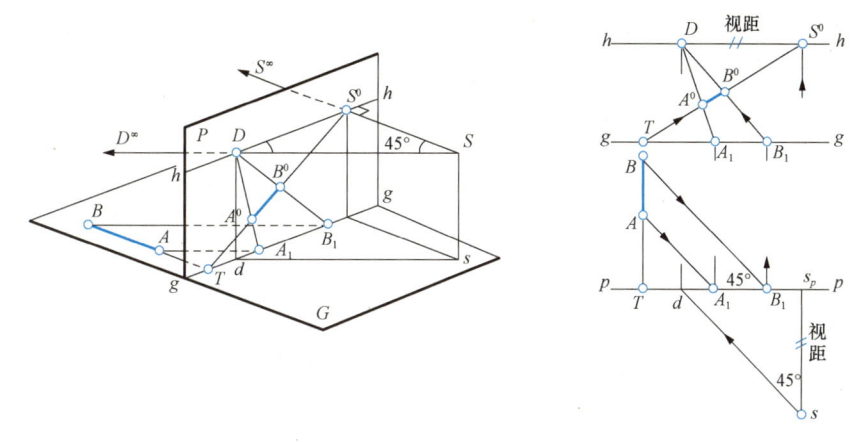

图 8-41 距点法原理

【例 8-19】 用距点法作台阶的一点透视，如图 8-42 所示。

作图：(1) 求主点 $S^0$、距点 $D$。作平面基透视：先画出 3 条画面垂线的透视。在基线上，以右侧基线的迹点 $O$ 为起点，向右量取台阶的各段深度尺寸，过各分点向距点 $D$ 引线，在右侧基线上截得各段台阶的深度位置，画台阶和挡墙的水平线，完成基透视。

(2) 将台阶各立面拉到画面（真形），向主点消失（全长透视）。

(3) 根据台阶的位置从基面上立高度，根据相似原理完成台阶的作图。

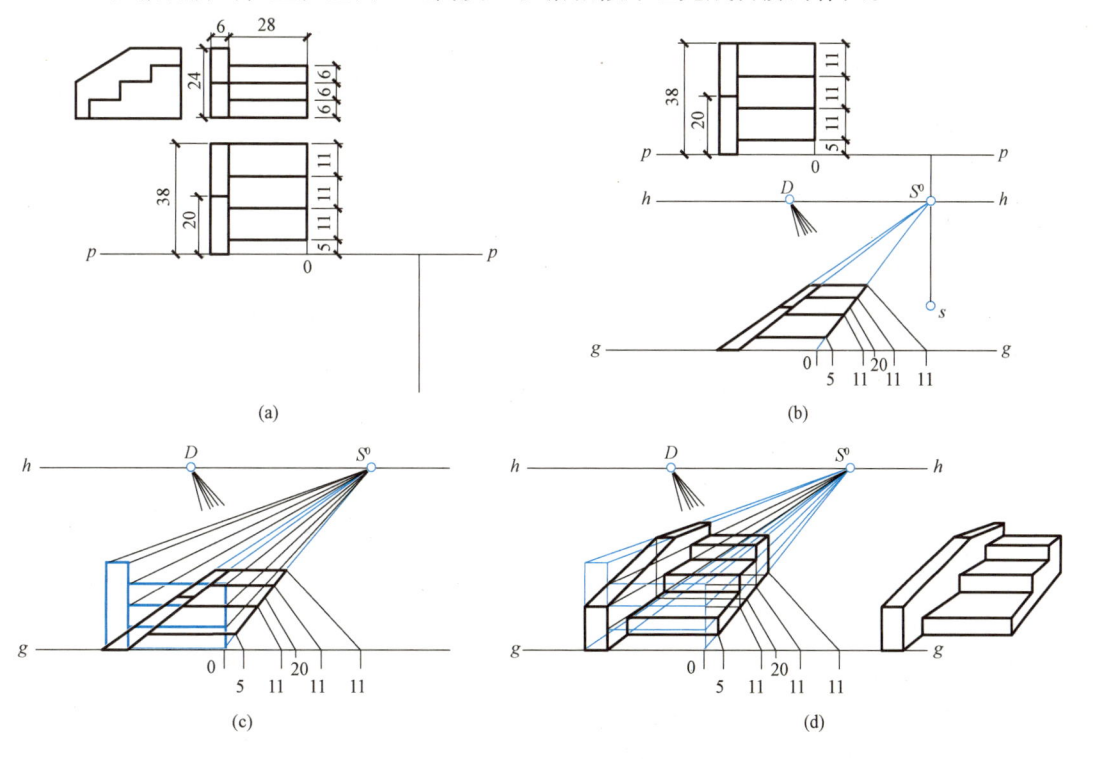

图 8-42 用距点法画台阶的一点透视

(a) 已知条件；(b) 作平面基透视；(c) 将台阶各立面拉到画面；(d) 从基面上立高度绘制台阶

### 四、网格法

**(一) 一点透视方格网（不使用灭点）**

在绘制建筑群的鸟瞰图或平面布局复杂的建筑透视图时，建筑群中房屋方向各不相同，不止一两个灭点，通常用一点透视方格网法比较方便。

一点透视方格网中，任一格点处的透视高度与所在位置的格宽是等比例的。

网格的画法是透视平面轮廓 ABCD（可以自己设计）。格线划分是将上下两边 AB、CD 相同等分（例如 15mm），对应分点相连得纵向格线。引对角线 AC，与纵向格线交得水平格线。设计格宽与建筑尺寸的比例关系，在网格上画建筑群的平面布置，根据已知条件，作出各处的高度，如图 8-43 所示。

**(二) 实用两点透视方格网**

两点透视方格网如图 8-44 所示。透视网格大轮廓 ACBD（对角线 AB 为水平线，O 为 AB 中点）。透视网格特点是一组对角线处于水平位置，任一格点处的透视高度，可按垂线所在位置的方格的水平对角线长度的 2/3 来确定。四角竖起高度线后，即可进行高度传递。

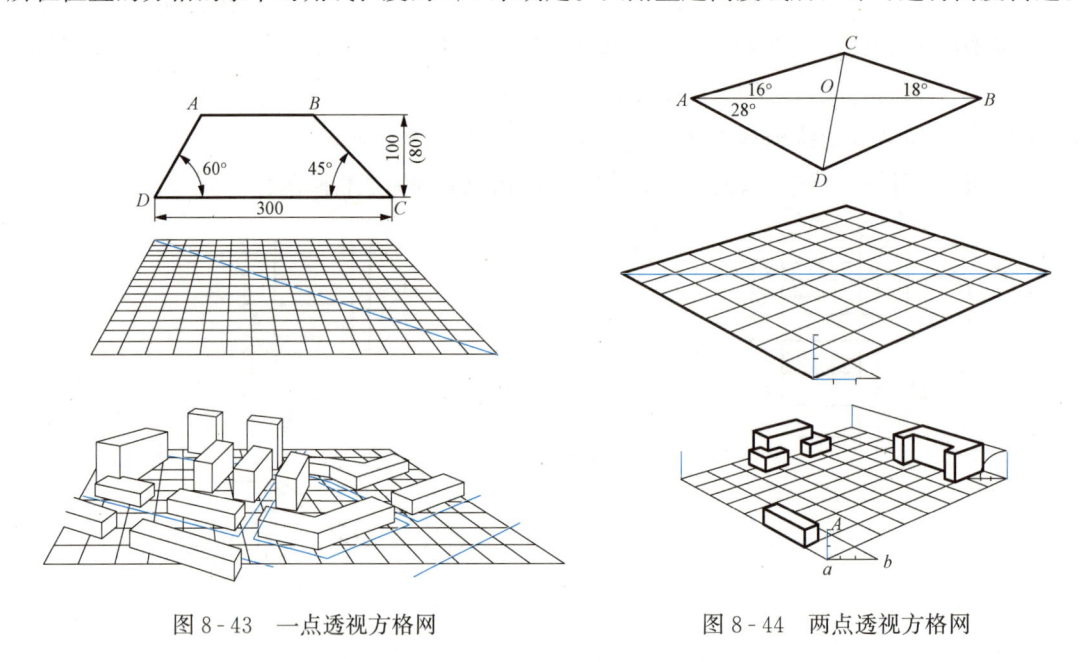

图 8-43　一点透视方格网

图 8-44　两点透视方格网

## 第五节　圆（柱）及圆拱的透视作图

### 一、圆的透视

圆的一点透视，如图 8-45 (a) 所示。画面平行圆，其透视为相似形（圆）；另两基面上的圆，透视为椭圆。右边是圆柱的一点透视，圆柱的轴线及轮廓线，为画面垂线。各个位置圆的水平半径线平行于画面（相似），借此可确定不同位置圆的半径。

两点透视中，三个基本面上的圆，透视均为椭圆。通常利用圆周的外切正方形四边中点（切点）及对角线与圆周的四个交点，即八点法求作椭圆。如图 8-45（b）所示。

第八章 透视图的基本画法  133

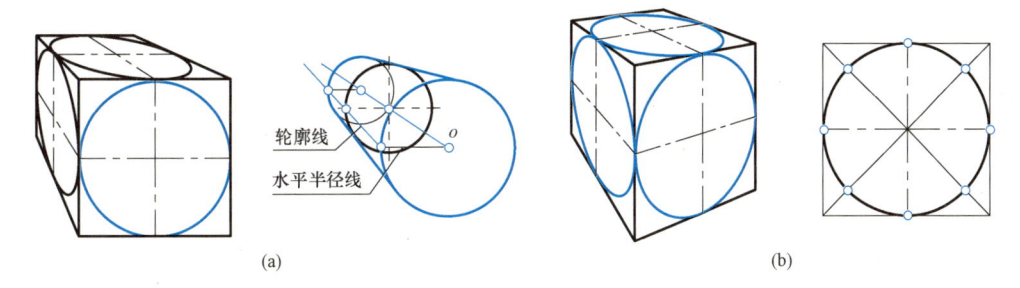

图 8-45 圆的透视
(a) 圆的一点透视；(b) 圆的两点透视

【例 8-20】 作水平圆的一点透视，如图 8-46 所示。

作图：(1) 用距点法作出外切正方形及对角线的透视。

(2) 画出过圆心的十字线，得椭圆上 1、2、3、4 四个点，画过另外四个点的两条画面垂线，与对角线交得 5、6、7、8 四个点。

(3) 光滑连接 8 点成椭圆。

(4) 如果不依赖平面图，可用辅助半圆确定另两条画面垂线的迹点。

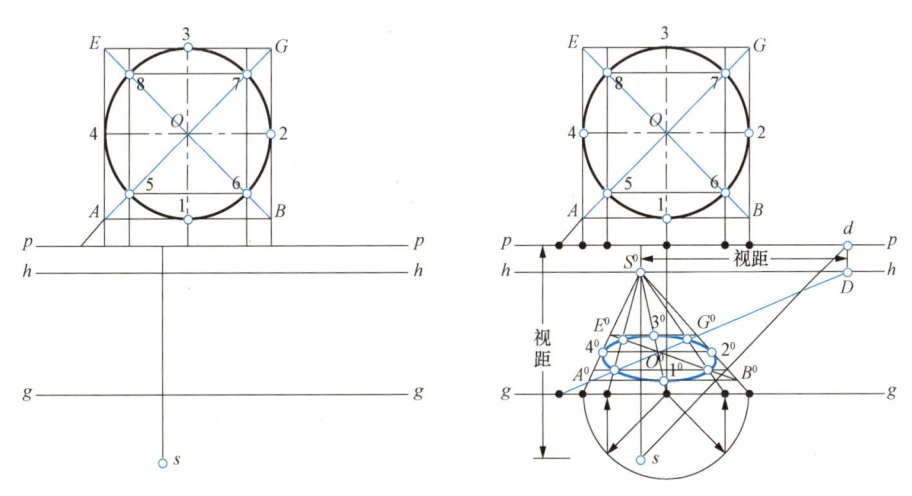

图 8-46 水平圆的一点透视

【例 8-21】 作圆管的一点透视，如图 8-47 所示。

分析：圆管端面位于画面上，其透视为实形。求出主点 $S^0$，作轴线、内圆水平轮廓线（左）、外圆水平轮廓线（右）的透视，它们均为画面垂线。

用视线法求圆管后端圆心（在轴线上），并画水平半径线与内、外水平轮廓线相交，得后端内、外圆半径，分别画圆（画可见部分即可），最后画前、后外圆轮廓切线，加深图线。

【例 8-22】 作圆拱大厅的一点透视，如图 8-48 所示。

分析：画面位于拱的中部，其前面部分是放大透视，后面则为缩小透视。由于视平线较低，站位在厅内，透视表达的是大厅

图 8-47 圆管的一点透视

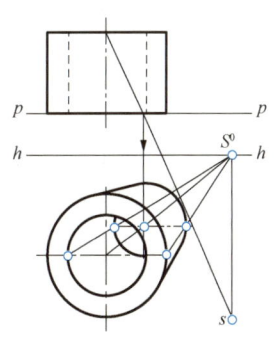

内表面。

作图：(1) 在已知条件旁边作图，平面图照抄，立面图画上基线和视平线及拱的内形（实形）。

(2) 求主点 $S^0$，画圆拱轴线 $o'S^0$（画面垂线），并向前延伸一段。

(3) 过半圆两端点向主点画线（画面垂线），并向前延伸一段。

(4) 过洞底两端点向主点画线（画面垂线），并向前延伸一段。

(5) 用视线法求拱的前端面圆心 $O_1$ 的透视 $O_1^0$ 及后端面圆心 $O_2$ 的透视 $O_2^0$，在 $o'S^0$ 上。

(6) 作拱前端面的透视，过 $O_1^0$ 作水平半径线与半圆水平轮廓线交于 $4^0$，$O_1^0 4^0$ 为前端内圆半径，外墙用视线法及相似作出。

(7) 作拱后端面内圆的透视，过 $O_2^0$ 作水平半径线与半圆水平轮廓线交于 $1^0$，$O_2^0 1^0$ 为后端内圆半径。

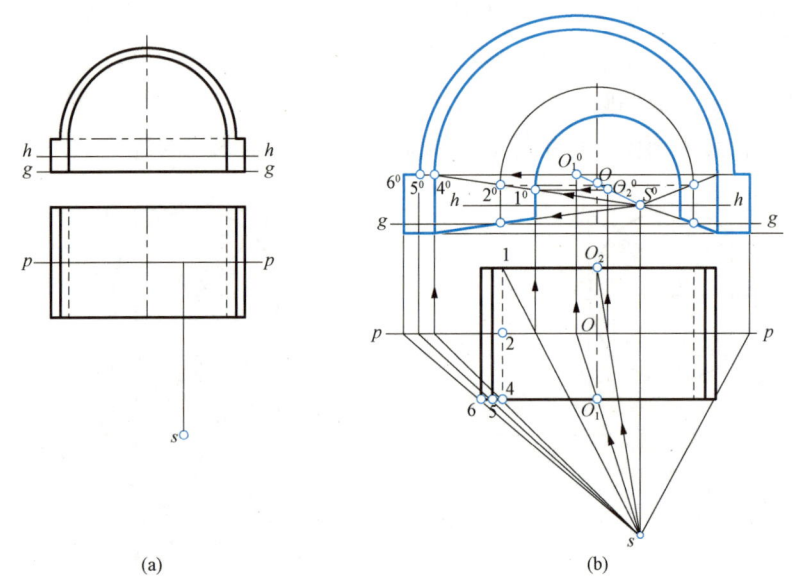

图 8-48 圆拱大厅的一点透视
(a) 已知条件；(b) 作图

【例 8-23】 作圆拱门的两点透视，如图 8-49 所示。

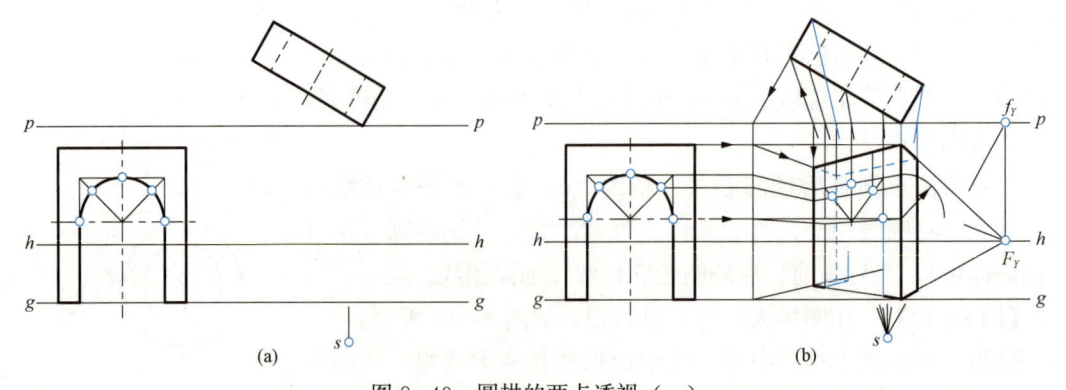

图 8-49 圆拱的两点透视（一）
(a) 已知条件；(b) 绘制墙体（不用灭点 $F_X$），洞口矩形及圆上五个点

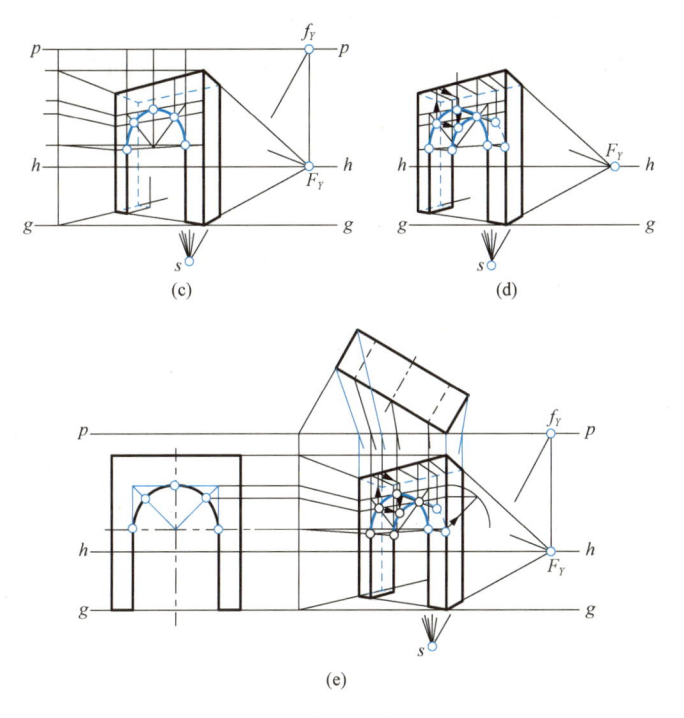

图 8-49　圆拱的两点透视（二）

（c）将五点光滑连接；（d）根据墙体 Y 向截面，将五点向 $F_Y$ 消失，求得后端面五点的透视，连接可见部分曲线；（e）作图全图

## 第六节　透视辅助作图（定分比法）

在完成建筑主体透视轮廓后，建筑细部如门窗洞口等，采用定分比法来确定。

### 一、画面平行线的定分比作图

【例 8-24】　将基面平行线 $A^0B^0$ 四等分，如图 8-50 所示。

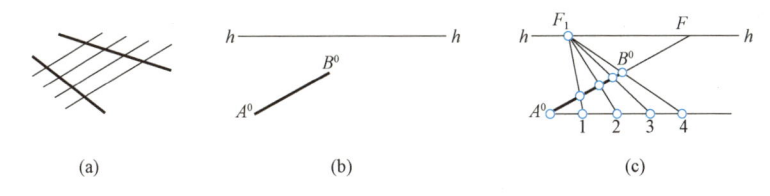

图 8-50　基面平行线的定比分割

（a）平行线截割定理；（b）将基面平行线 $A^0B^0$ 四等分；（c）作图

平行线截割线段成比例，在透视中仍保持原比例，只是产生了形变。

作图：（1）自 $A^0B^0$ 一端作一条水平线。

（2）在水平线上以适当单位截取四个分点，1、2、3、4。

（3）连接 $4-B^0$，并延长与 $h-h$ 交于 $F_1$（一组平行线的灭点）。

(4) 连接 $3-F_1$、$2-F_1$、$1-F_1$，与 $A^0B^0$ 交得各分点的透视。

**【例 8-25】** 利用上述方法将长方体主立面竖向六等分（可以任意比例），如图 8-51 所示。

作图：(1) 选上端水平线 $A^0B^0$，过端点 $B^0$ 作水平线，以适当单位六等分，1、2、…、6。

(2) 连接末端 $6-A^0$ 并延长交视平线 $h-h$ 于 $F_1$（一组平行线的灭点）。

(3) 过水平线上各分点 5、4、…、1，向灭点 $F_1$ 引线，将 $A^0B^0$ 六等分。

(4) 过 $A^0B^0$ 各分点向下画垂线，完成作图。

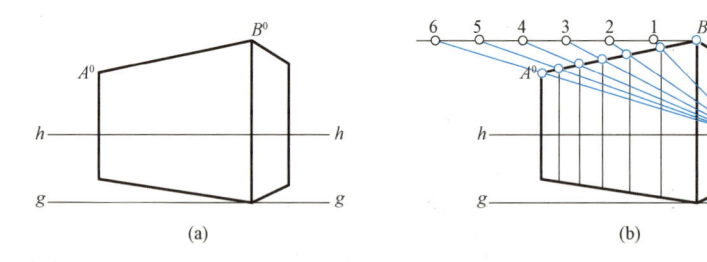

图 8-51 水平线定比分割的应用
(a) 将水平线 $A^0B^0$ 四等分；(b) 作图

## 二、铅垂线的定分比作图——画水平格线图

铅垂线是画面平行线，无灭点，透视方向不变，透视比不变。

**【例 8-26】** 将长方体主立面横向四等分，如图 8-52 所示。

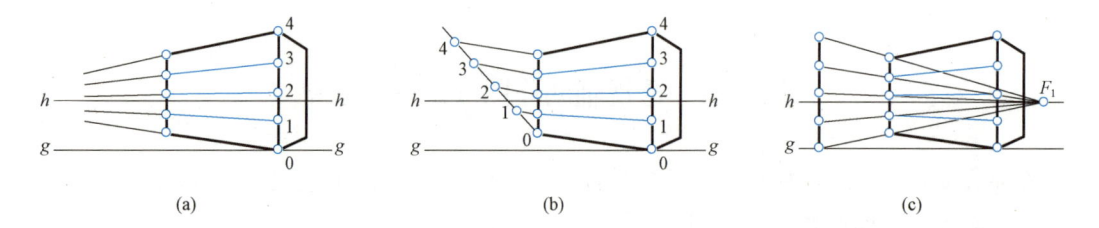

图 8-52 铅垂线的定比分割
(a) 灭点法（由真高线上等分点向灭点引线）；(b) 定比分割法；
(c) 真高法（将左端铅垂线水平拉到画面，连接两端点并延长求出灭点 $F_1$，等分左侧铅垂线

**【例 8-27】** 按给定的建筑立面图，在墙面上画出门窗的透视位置，如图 8-53 所示。

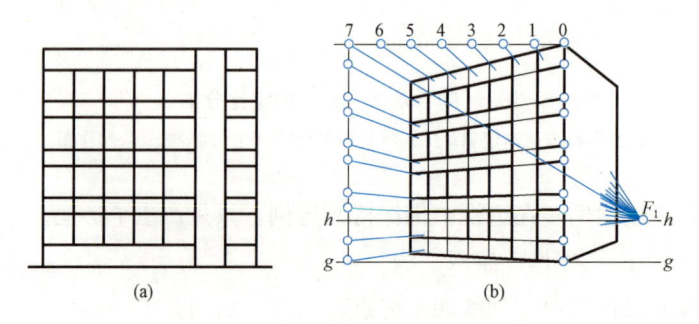

图 8-53 定比分割综合应用
(a) 立面图；(b) 作图：两个方向定比分割使用了同一个灭点

### 三、矩形的分割

（1）利用矩形的对角线将矩形等分为两个全等的矩形。重复此法，可继续分割为更小的矩形，如图 8-54 所示。

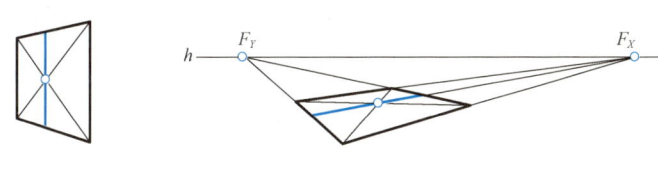

图 8-54　二等分矩形

（2）矩形的延续（追加）。利用一个已知矩形的透视，延续地作一系列等大的矩形，利用一半矩形对角线与水平中线交点的延伸线，交得下一矩形边线端点，如图 8-55 所示。

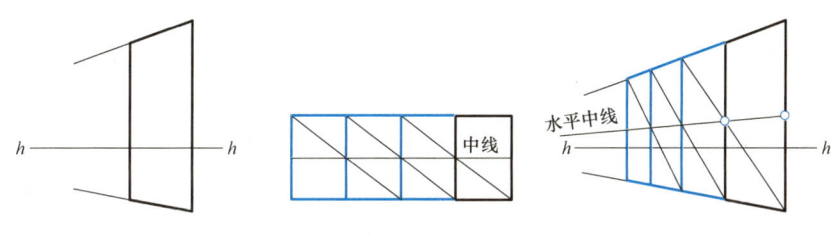

图 8-55　矩形的延续

## 第七节　透视图的选择

视点、画面和景物三者之间相对位置的不同，直接影响透视图的效果。为使透视图符合人们观察景物的视觉印象，绘图前需要选择好三者的相对位置。

### 一、人眼的视觉范围

人眼观看景物时，其范围是以人眼为锥顶的椭圆锥（可近似为圆锥），观察清晰的范围视角 $\alpha$ 在 60°以内。

据测定，视角在 30°~40°时，视觉效果最好；视角超过 60°时，透视图就会出现失真现象，视角一般不宜超过 90°。视角大小与视距 $D$/视宽 $W$（或高度）的比值大小有关，如图 8-56 所示。视距 $D$ 与透视宽 $W$ 之比称为视距比 $f$，记作 $f=\dfrac{D}{W}$。

视距比 $f$ 与视角 $\alpha$ 的关系

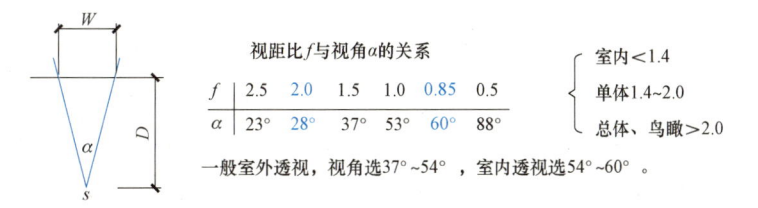

| $f$ | 2.5 | 2.0 | 1.5 | 1.0 | 0.85 | 0.5 |
|---|---|---|---|---|---|---|
| $\alpha$ | 23° | 28° | 37° | 53° | 60° | 88° |

室内<1.4
单体1.4~2.0
总体、鸟瞰>2.0

一般室外透视，视角选 37°~54°，室内透视选 54°~60°。

图 8-56　视距比与视角的关系

## 二、视点的选择

视点选定包括确定视距、站位和视高 3 项内容。

1. 确定视距

一般情况下,视距可按视角在 28°～37°之间选定。视中线置于透视宽度中间 1/3 范围内,透视效果较好。如图 8-57 和图 8-58 所示。

图 8-57 视点的选择 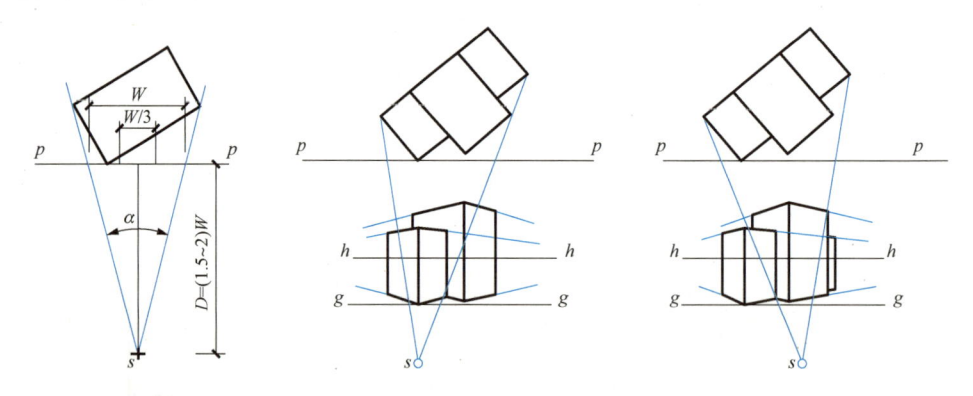　　图 8-58 视点偏左或右对建筑全貌的影响

视距大小影响透视形象。视距小,水平轮廓线收敛急剧,视觉感受不佳。如图 8-59 和图 8-60 所示。

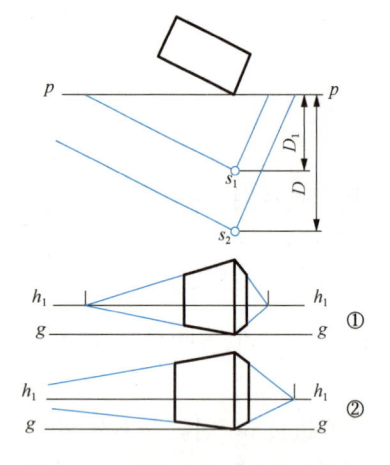

图 8-59 视距大小对透视的影响 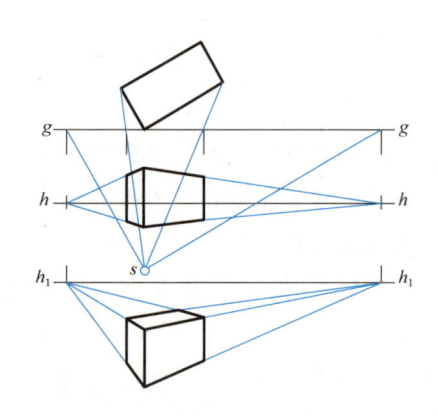　　图 8-60 升高或降低视高对透视图的影响

2. 确定视高

视高一般可用人的身高(1.5～1.8m)确定,以获得人们正常观察建筑形体时的视觉印象。在特殊情况下,视高选得低一些,可以使建筑形体表现更为雄伟壮观。在绘制鸟瞰图时,视高往往选得很高。

## 三、画面与景物的相对位置

(1) 画面与景物立面的偏角 $\theta$ 大小对透视的影响,如图 8-61 所示。

偏角 $\theta$ 大小影响主向灭点的远近。偏角 $\theta$ 愈小,则该立面上水平线的灭点愈远,透视收敛愈平缓,透视愈宽阔。相反,偏角 $\theta$ 愈大,灭点愈近,收敛愈急剧,透视愈狭窄。偏角定

得合适，收敛自然，两个主向立面的透视宽度之比，大致符合真实宽度之比。一般画面偏角以 30°为宜。

（2）改变画面位置对透视的影响，如图 8-62 所示。

视点和景物的相对位置确定后，前后平移画面（改变视距）时，透视为放大/缩小的相似形。

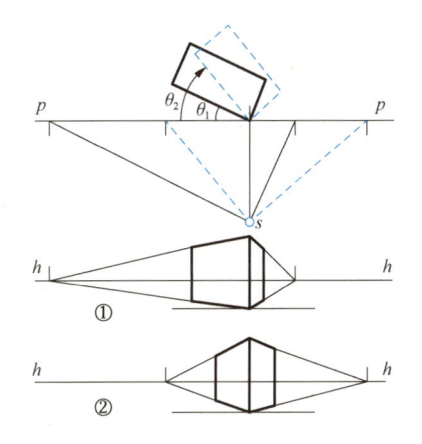

图 8-61　偏角大小对透视图的影响 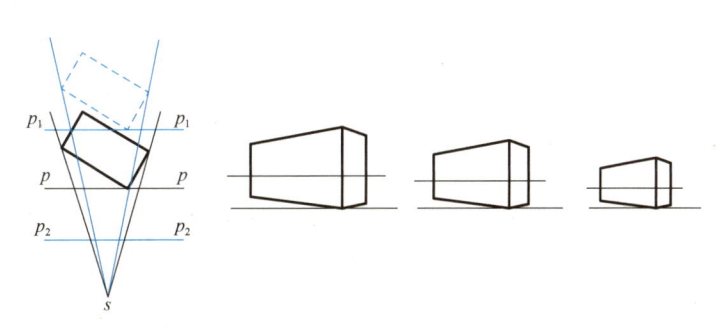　　　　图 8-62　改变画面位置对透视的影响

# 第九章 正投影图中的阴影

**本章主要内容**

（1）阴影的基本知识。
（2）点、直线的落影。
（3）立体的阴影。
（4）建筑细部的阴影。

## 第一节 阴影的基本知识

在建筑立面图中加上阴影，可以增强图形的表现力和美感。如图 9-1 所示。

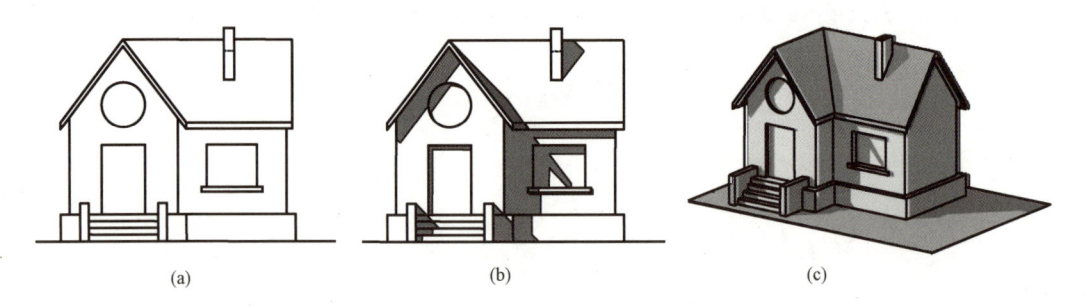

图 9-1 建筑立面阴影图
(a) 立面图；(b) 加阴影立面图；(c) 真实感立体图

在建筑立面上绘制阴影，墙面是主要的承影面，其次是窗扇和门扇等。落影的形体主要是凸出墙面的挑檐、雨篷、阳台等，此外还有门洞和窗洞的边框。

求点在承影面上的落影，就是求过该点的光线与承影面的交点问题，而建筑物上的承影面大多为特殊位置平面，这样就可以利用平面的积聚投影方便地求出直线与平面的交点（落影）。

（1）阴与影，如图 9-2 所示。
（2）习用光线，如图 9-3 所示。

为作图和度量方便，采用一种固定的平行光线，取正立方体的对角线方向作为光线的方向，从左前上角指向右后下角。

光线在空间与三个投影面的倾角 $\alpha$、$\beta$、$\gamma \approx 35°$。

光线的三面投影与水平线均为 45°，指向原点。作图中提及的 45°光线是指投影图。

第九章　正投影图中的阴影　　　　　　　　　　　　　　　　　　141

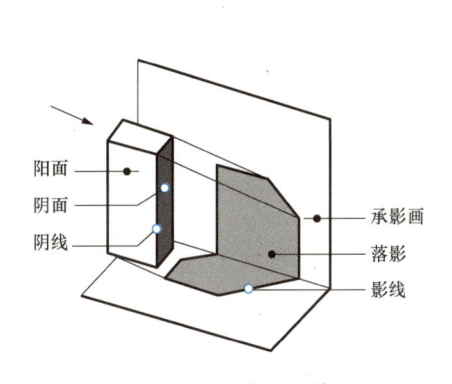

图 9-2　阴线与影线

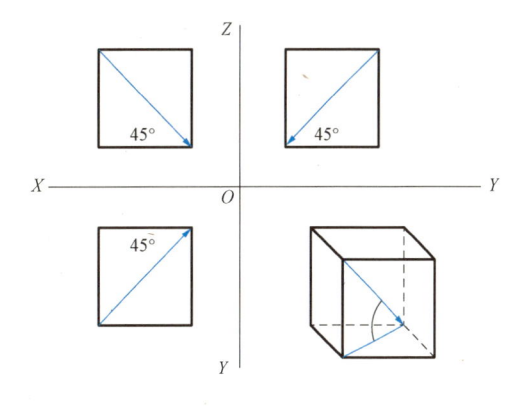

图 9-3　习用光线

阳面—迎光面；阴面—背光面；阴线—阳面与阴面的分界线；影线—落影的轮廓线，即阴线的落影；

绘制阴影就是求阴线在承影面上的落影（影线）

## 第二节　点、直线的落影

### 一、点的落影

（1）当点的 $Z$ 坐标大于 $Y$ 坐标时，点落影于 $V$ 面。如图 9-4 所示。

点在面上的落影深度（垂直距离）等于点到该面的距离。

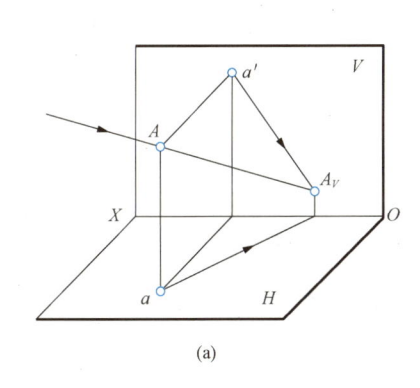

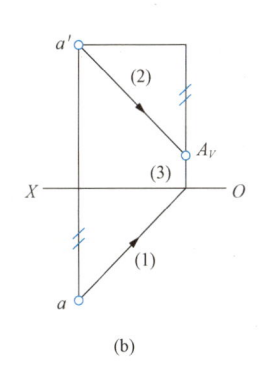

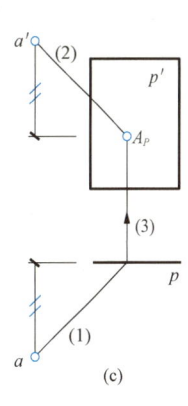

图 9-4　点落影于 $V$ 面（含正平面）
(a) 空间；(b) 作图；(c) $A$ 点在正平面上的落影

作图时，首先要预判点的落影。本例 $A$ 点较高，空间光线与 $V$ 面首先相交，即落影于 $V$ 面。和 $V$ 面相交要看水平投影，$OX$ 轴就是 $V$ 面的积聚投影，水平投影显示光线与 $V$ 面相交的一个投影（不需标字符），向上作垂线与光线的正面投影交得点在 $V$ 面上的落影 $A_V$（落影用大写字符表示，下角标表示承影面）。图 9-4（c）是点在正平面上的落影，同样是利用平面的水平投影积聚性求线面交点。

（2）当点的 $Y$ 坐标大于 $Z$ 坐标时，点落影于 $H$ 面。如图 9-5 所示。

本例 $A$ 点较远落影于 $H$ 面，空间光线与 $H$ 面相交要看正面投影，看正面时，$OX$ 轴是

(a)　　　　　　　　　　　　(b)　　　　　　　　　　　　(c)

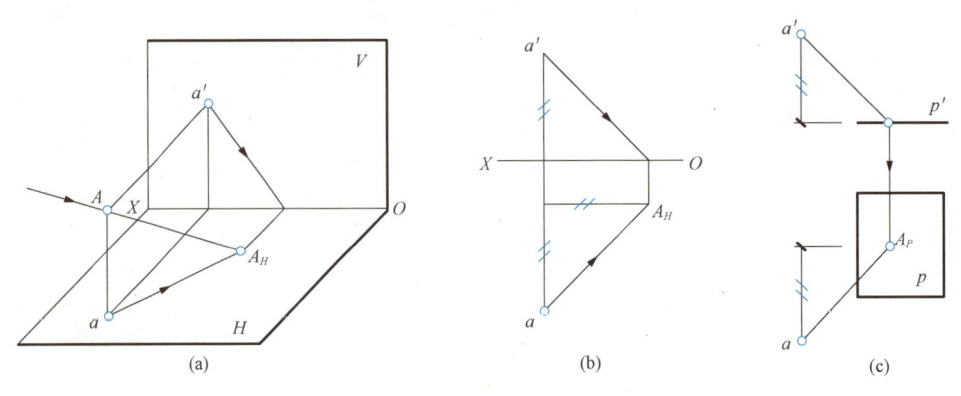

图 9-5　点落影于 H 面（含水平面）
(a) 空间；(b) 作图；(c) A 点在水平面上的落影

H 面的积聚投影，正面投影显示光线与 H 面相交的一个投影，向下作垂线与光线的水平投影交得点在 H 面上的落影 $A_H$。图 9-5 (c) 是点在水平面上的落影。

### 二、直线的落影

（1）先从轴测图上观察了解直线的一般落影规律。

1）直线的落影，就是过该直线的光平面与承影面的交线。当承影面为平面时。直线的落影一般仍是直线。

2）直线与承影面平行，其落影与直线本身平行且等长，见图 9-6，直线 BC 在 H 面上的落影 $B_H C_H$。

3）一直线落影于相互平行的几个承影面，其落影仍相互平行，如图 9-7 第 1 个分图所示，铅垂线 AB 在台阶的水平踏面及踢面上的落影相互平行。

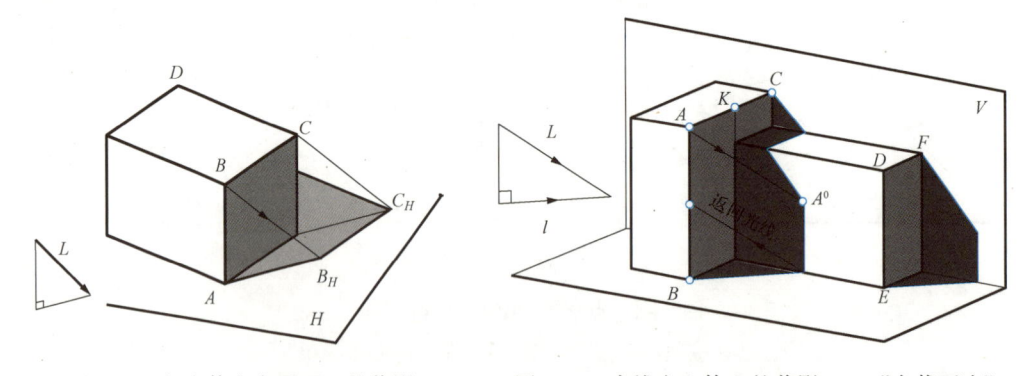

图 9-6　长方体在水平面上的落影　　图 9-7　直线在立体上的落影——"光截面法"

4）直线落影于相交两承影面产生折影，如图 9-8 所示，两立体上的铅垂线 AB 和 DE 落影于两个面。折影点在两承影面的交线上，需要时可用返回光线法确定直线上折影点的位置。

5）直线和承影面相交，其落影必通过直线与承影面的交点。如图 9-8 所示，正垂线 AC 落影于右边长方体的正面、顶面及 V 面，在求正面上那段落影时，可延长平面的左棱边（即扩大平面）与直线相交，得直线与该平面的交点 K，直线在该平面上的落影必通

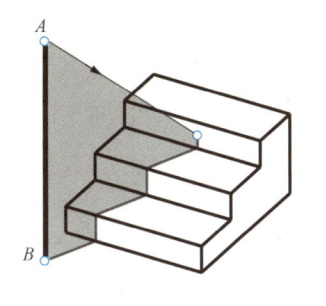

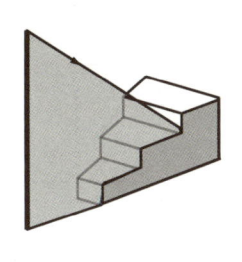

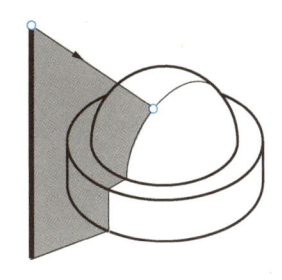

图 9-8 组合体的落影

过交点 $K$，再与另一落影点 $A^0$ 相连，得直线在该平面上的落影，然后取实际部分的一段落影。

6) 一直线落影于形体的几个面时，通常用"光截面"法确定落影。

7) 铅垂线在水平面上的落影与光线的水平投影方向相同，如图 9-6 所示的 $AB$；正垂线在正面上的落影与光线的正面投影方向相同，如图 9-8 所示的 $DF$。

**【例 9-1】** 求直线在投影面上的落影。

如图 9-9 所示，直线两端点 $Z$ 坐标大于 $Y$ 坐标，直线落影于 $V$ 面。

如图 9-10 所示，直线端点 $A$ 落影于 $H$ 面，端点 $B$ 落影于 $V$ 面，产生折影。可靠近 $B$ 端取一点 $C$，求出其 $V$ 面落影 $C_V$，连接 $B_V C_V$ 并延长交 $OX$ 轴于 $K_X$（折影点），$B_V K_X$ 即直线在 $V$ 面上的一段落影，连接 $A_H K_X$ 得直线在 $H$ 面上的落影段。

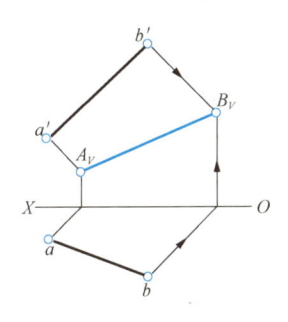

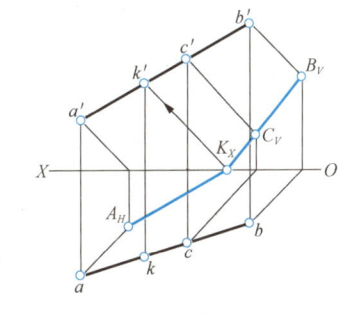

图 9-9 直线的落影 $V$　　图 9-10 直线的落影于 $V$、$H$ 两面

下面重点讨论铅垂线、正垂线和侧垂线在投影面及凹凸承影面上的落影规律。

(2) 铅垂线的落影规律。

如图 9-11 所示，铅垂线在投影面上的落影的三种情况：

1) 在 $H$ 面上的落影与 $X$ 轴成 45°；
2) 在 $V$ 面上的落影与其 $V$ 投影平行且等长；
3) 铅垂线落影于 $V$、$H$ 两个面，产生折影。

铅垂线在凹凸面上的落影，如图 9-12 所示。

铅垂线在 $H$ 面上的落影为 45°方向，与承影面凹凸无关（光截面积聚）；在 $V$ 面落影与承影面的 $W$ 投影成镜像（对称）。可按镜像规律作图，也可按铅垂面求截交线方法作图。

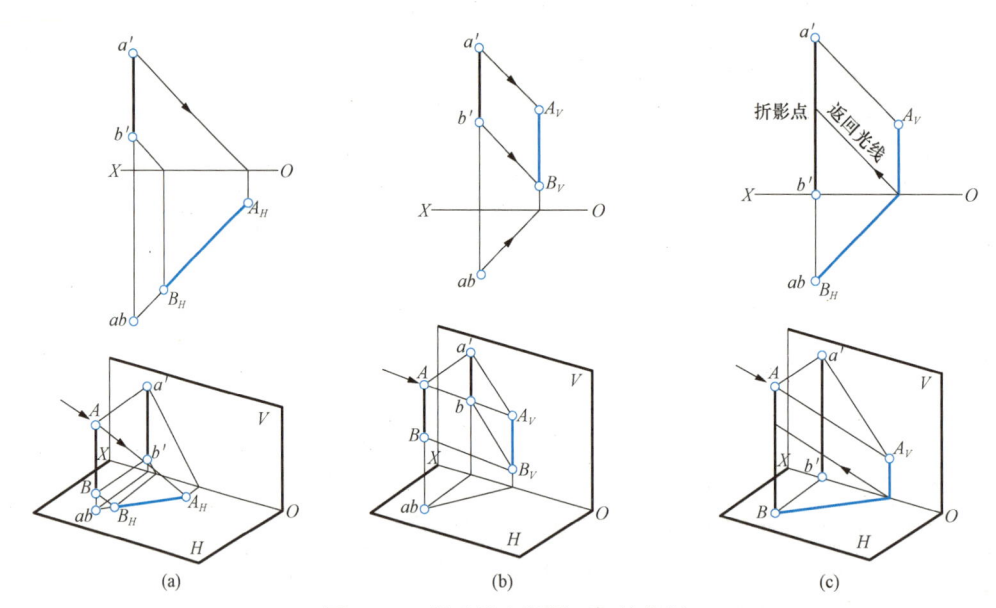

图 9-11　铅垂线在投影面上的落影
(a) 铅垂线落影于 H 面；(b) 铅垂线落影于 V 面；(c) 铅垂线落影于两投影面

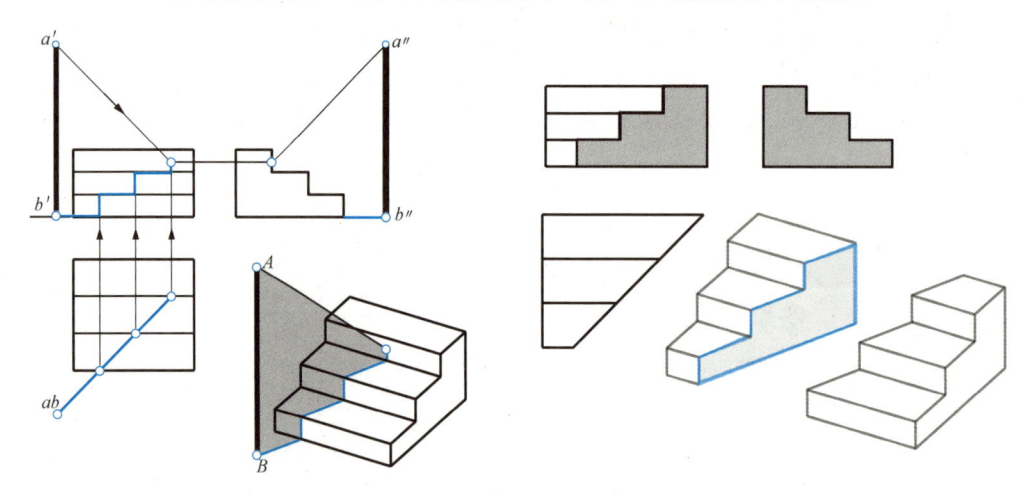

图 9-12　铅垂线在凹凸面上的落影

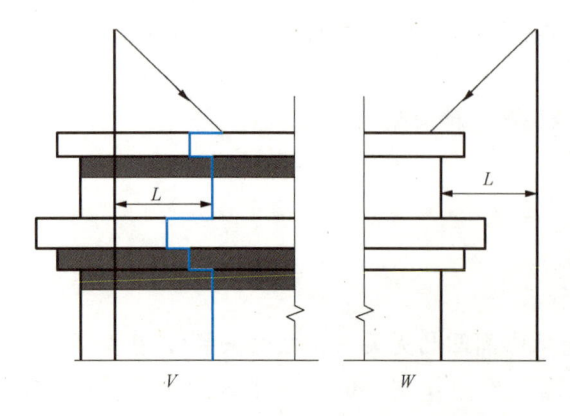

图 9-13　铅垂线在凹凸立面上的落影

【例 9-2】　读图：旗杆在建筑立面上的落影与墙面的侧面投影镜像，如图 9-13 所示。

(3) 正垂线的落影规律。

如图 9-14 所示，正垂线在投影面上的落影的三种情况：

1) 在 V 面上的落影与 X 轴成 45°；

2) 在 H 面上的落影与其 H 投影平行且等长；

3) 正垂线落影于 V、H 两个面，产生折影。

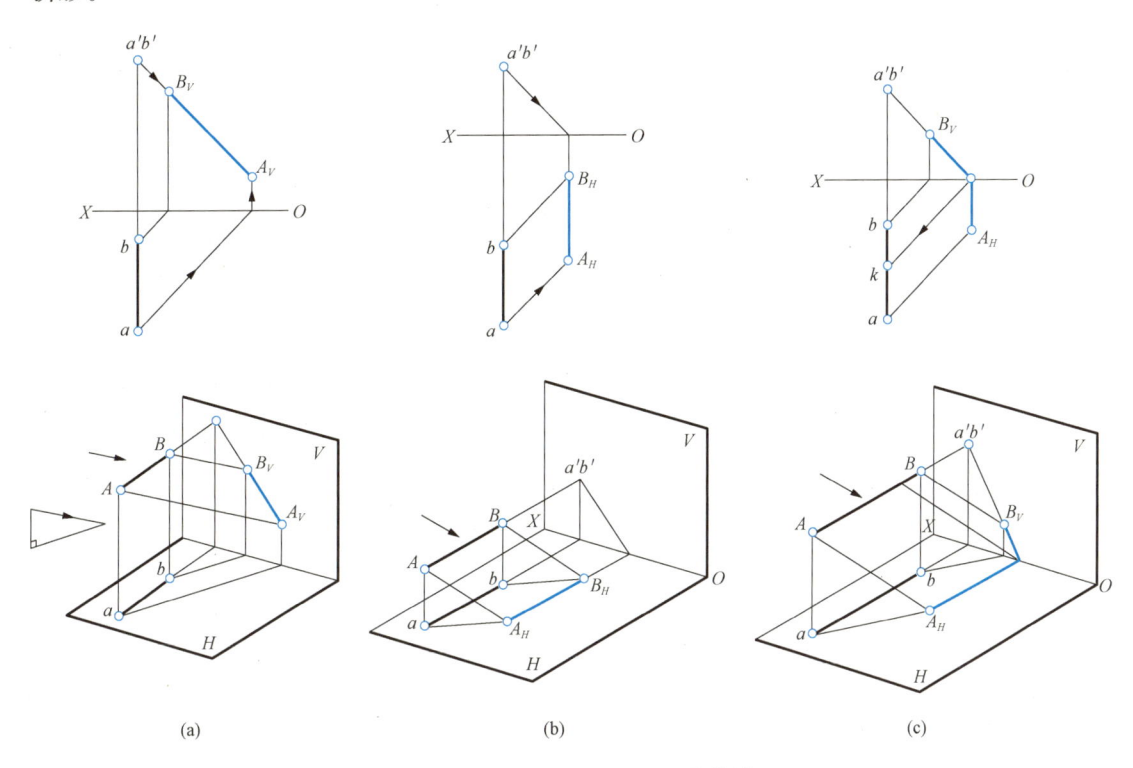

图 9-14 正垂线在投影面上的落影
(a) 正垂线落影于 $V$ 面；(b) 正垂线落影于 $H$ 面；(c) 正垂线落影于两投影面

正垂线在凹凸面上的落影，如图 9-15 所示。

正垂线 $AB$ 在 $V$ 面上的落影为 45°方向，与承影面凹凸无关（光截面积聚）；在 $H$ 面的落影与承影面的 $W$ 投影成镜像（对称）。可按镜像规律作图，也可按铅垂面求截交线方法作图。

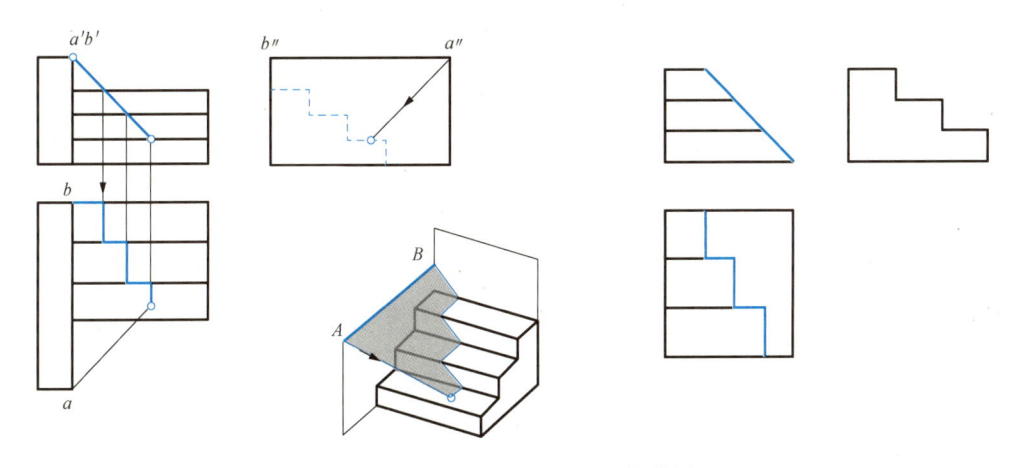

图 9-15 铅垂线在凹凸面上的落影
注：原理为 45°正垂面截交线的 $H$、$W$ 投影对称。

（4）侧垂线的落影规律。侧垂线在 $V$ 面上的落影，与该直线的正面投影平行且等长。

图中用标记显示了直线的投影深度等于直线到正面的距离，如图 9-16 所示。

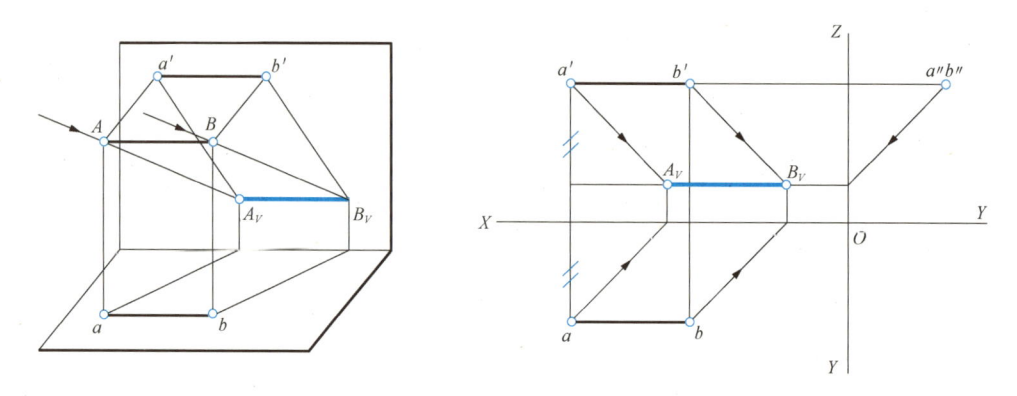

图 9-16 侧垂线在 V 面上的落影

侧垂线 AB 在凹凸立面上的落影，其 V、H 落影对称。可按镜像规律作图，也可按求截交线方法作图，如图 9-17 所示。

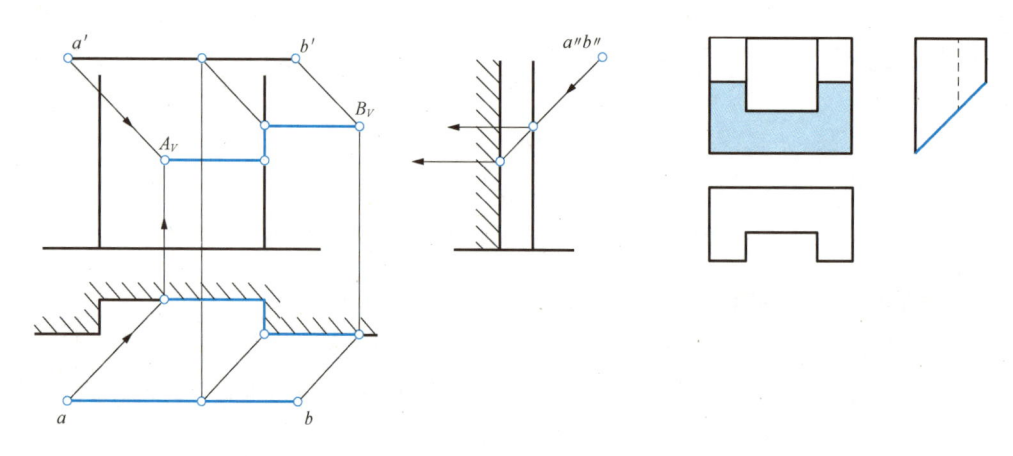

图 9-17 侧垂线在凹凸立面上的落影
注：原理为 45°侧垂面截交线的 V、H 投影对称。

## 第三节 立体的阴影

求立体的阴影，一般先判断立体的阳面和阴面，确定阴线。进而分析各段阴线落影的承影面，运用前述落影规律和作图方法作图。

【例 9-3】 长方体的阴影，如图 9-18 所示。

本例长方体位于 H 面上，上底、前面和左侧面为阳面，右、后、底面为阴面。需要作图的阴线：AB、AC、CD 和 DE 四段。铅垂线 AB、DE 落影于 H、V 两面，CD 平行于面，正垂线 AC 在 V 面的落影为 45°方向线段。最后在阴面和影线轮廓内着色（如浅灰色）。

图 9-18 动画

(a)

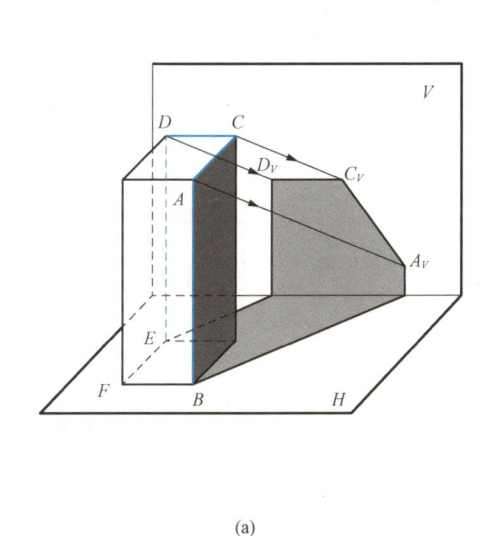

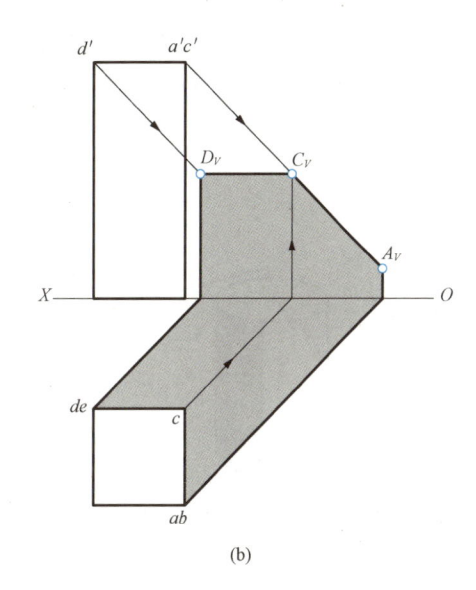

图 9-18 长方体的阴影
(a) 立体图；(b) 投影图

【例 9-4】 组合立体的阴影，如图 9-19 所示。

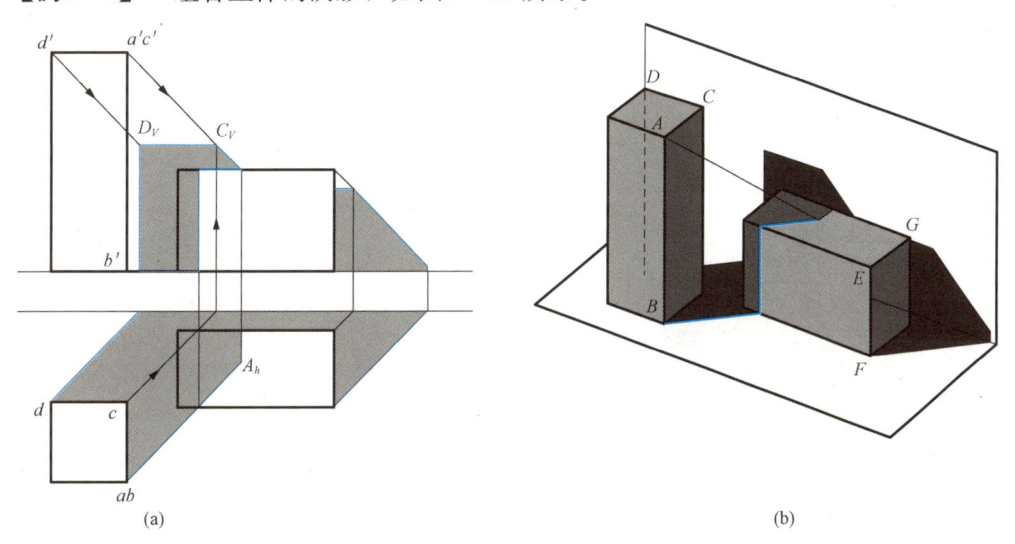

(a)  (b)

图 9-19 组合立体的阴影
(a) 投影图；(b) 真实感立体图

立体阴线分析如图 9-19 所示，先来看左边立体的阴影：

(1) 铅垂线 AB 的落影：过点 A 的光线，正面投影止于右边立体的顶面，即落影于此面 $A_h$。水平投影积聚为线段，落影在三个面上：H 面、立体正面及顶面。

(2) 正垂线 AC 落影于立体顶面（∥AC）及 V 面（45°方向）。

(3) 侧垂线 CD 落影于 V 面 $D_V C_V$（∥CD）。

图 9-19 动画

(4) 铅垂线 DE 的落影于 V、H 两个面。

右边长方体落影于 V、H 两个面（此略）。

【例 9 - 5】 圆（柱）的落影，如图 9-20～图 9-22 所示。

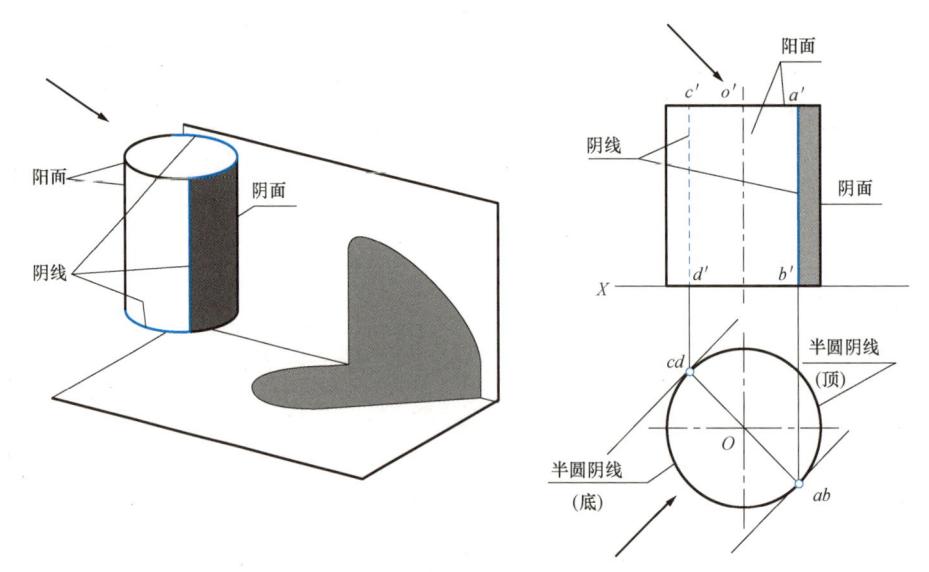

图 9-20 圆柱面上的阴线

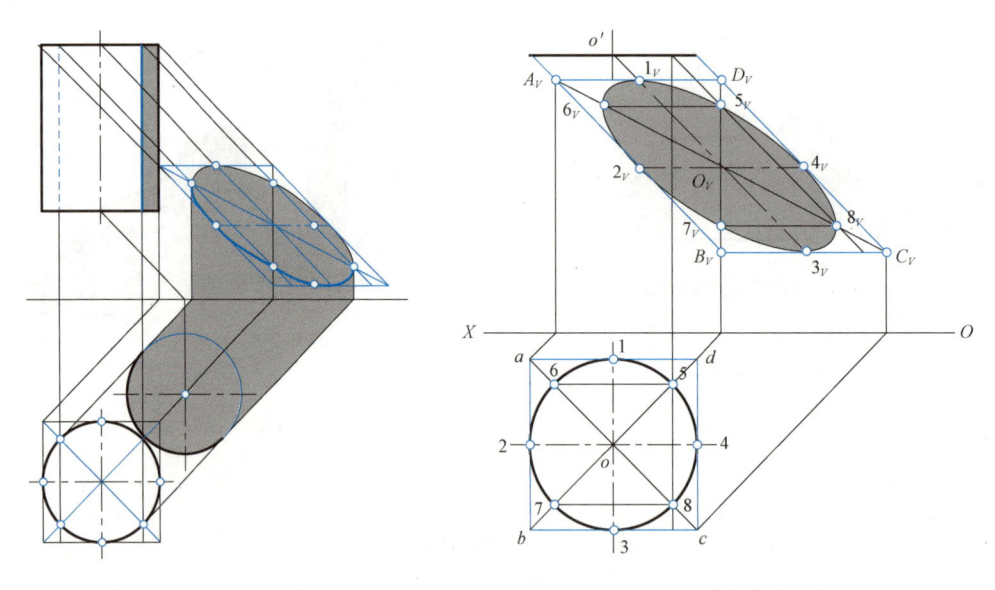

图 9-21 圆柱的落影

图 9-22 落影椭圆画法

圆柱的阳面：上底圆平面及左前半圆柱面；阴面：下底圆平面及右后半圆柱面；阴线：顶面右后上半圆，底面左前下半圆及两条素线。

圆柱的的落影：下底圆平行于水平面 H，落影为圆；上底圆倾斜于正面 V，落影为椭圆；圆柱面上两条素线阴线落影于 H、V 两面（折影），与圆柱上、下底圆的落影相切，一起围成圆柱的落影。

落影椭圆是借助外切正方形及对角线八点法作图。

**【例 9-6】** 柱头方盖和半圆壁柱的阴影，如图 9-23～图 9-25 所示。

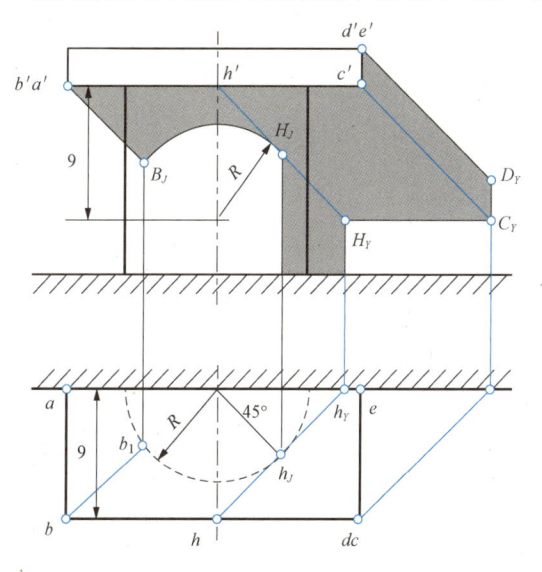

图 9-23 方盖、半圆壁柱的阴影

图 9-23 动画

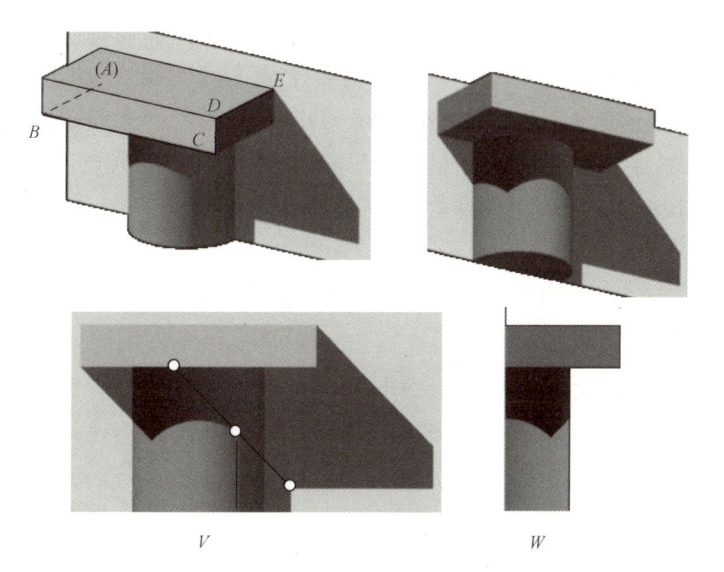

图 9-24 真实感图

方盖上的阴线：AB、BC、CD、DE，其中正垂线 AB 落影于墙面及圆柱面，在 V 面上的落影为 45°方向线段（与立面凹凸无关）。

侧垂线 BC 落影于圆柱面和墙面，BH 段落影于圆柱面，落影为圆弧（与 H 面投影对称）$H_Y$ 点为圆柱阴线上的点。HC 段落影于墙面。

圆柱阴线、侧垂线 HC 段、铅垂线 CD、正垂线 DE 均落影于墙面。

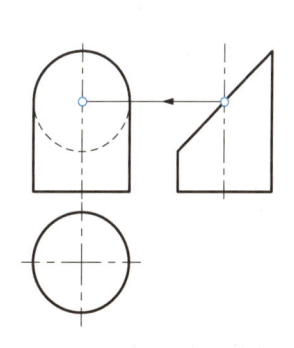

图 9-25 阴线 BC 与光线构成 45°侧垂光截面

【例 9-7】 半圆盖盘和半圆壁柱的阴影，如图 9-26 和图 9-27 所示。

图 9-26 半圆盖盘、半圆壁柱的阴影

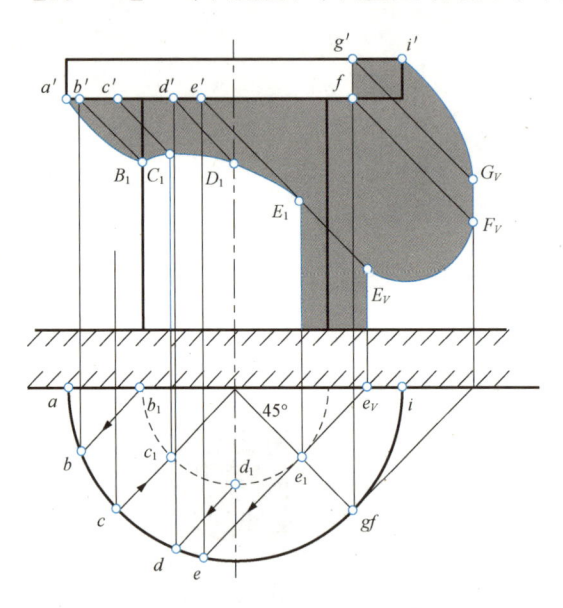

图 9-27 真实感图

半圆盘阴线：底部弧线 $ABCDE$，$AB$ 段落影于墙面（曲线），$BCDE$ 段落影于圆柱面（利用圆柱面积聚性求落影点），其中特殊点 $B$、$D$、$E$ 是用返回光线确定的。$c$ 与其影点 $c_1$ 之间的距离最短，影点 $c_1$ 是影线上的最高点，$E_1$ 是圆柱阴线上的点。另外，半圆柱阴线、半圆盘阴线 $EF$ 弧段、直线 $FG$、顶部 $GI$ 弧段均落影于墙面。

## 第四节　建筑细部的阴影

下面几个例子都是直线落影规律的应用。

【例 9-8】 阅读门洞的阴影，如图 9-28 和图 9-29 所示。

门洞的阴影包括：
(1) 雨篷在门扇及墙面的落影；
(2) 门洞左边框在门扇上的落影两部分。

图 9-28 动画

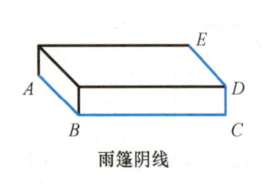

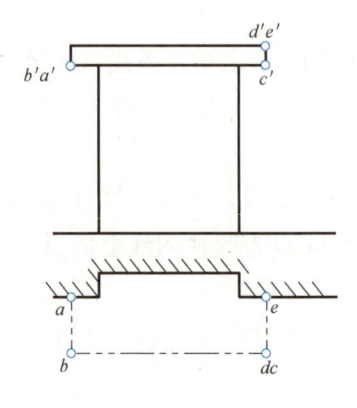

图 9-28 门洞的阴影

第九章 正投影图中的阴影　　151

左前仰视　　　　　　　　正面投影中的阴影　　　　　　　右前俯视

图 9-29　真实感图

【例 9-9】　阅读几种窗口的阴影，如图 9-30 和图 9-31 所示。
窗口的阴影包括：
(1) 窗口左边和上边阴线在窗扇上的落影；
(2) 窗台阴线在墙面上的落影（落影宽度等于凸凹的深度）。

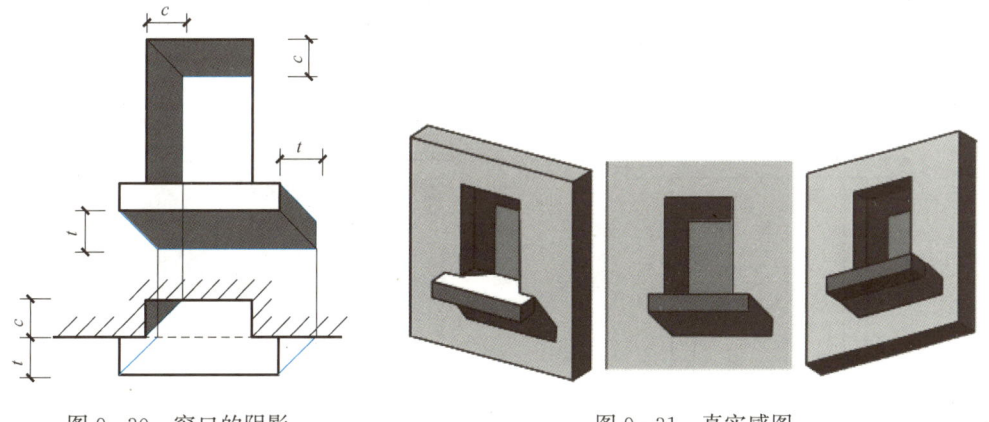

图 9-30　窗口的阴影　　　　　图 9-31　真实感图

外圆阴线（右下方半圆）落在墙面上，圆心 $O_1$，洞口阴线（左上方半圆）落在窗扇上，圆心 $O_2$，如图 9-32 所示。

六边形窗口窗套的阴影如图 9-33 所示。

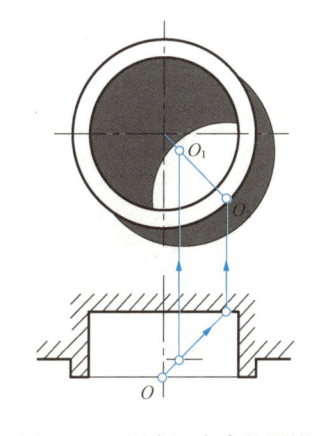

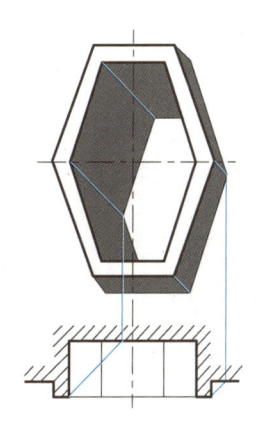

图 9-32　圆窗口窗套的阴影　　　图 9-33　六边形窗口窗套的阴影

半圆窗口窗台的阴影和真实感图如图 9-34 和图 9-35 所示。

图 9-34 半圆窗口窗台的阴影

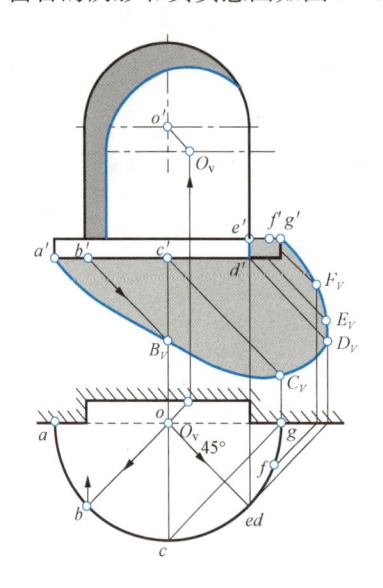

图 9-35 真实感图

【例 9-10】 阅读雨篷及柱子的阴影，如图 9-36 和图 9-37 所示。

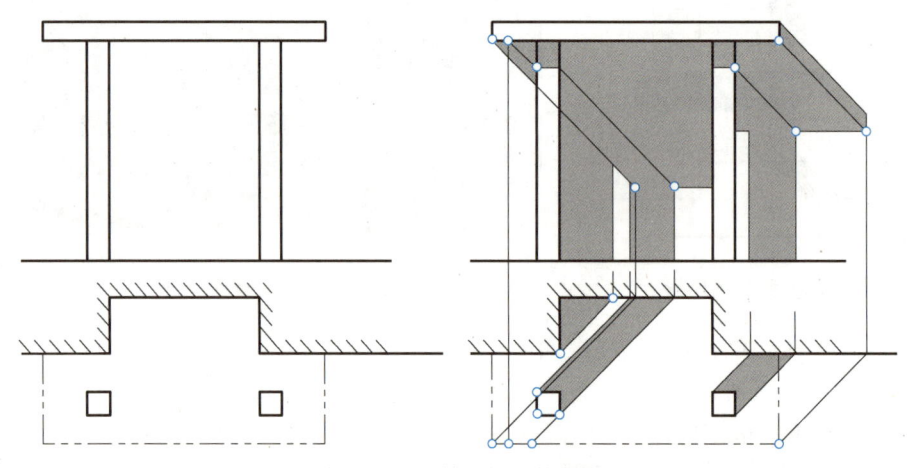

图 9-36 雨篷、柱子的阴影

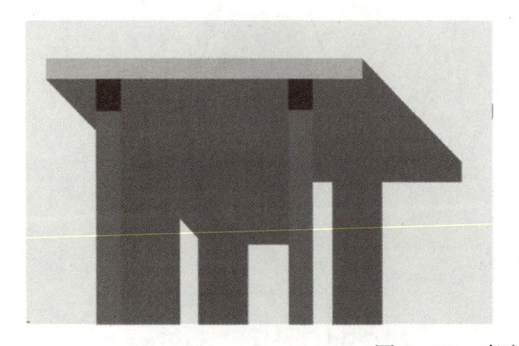

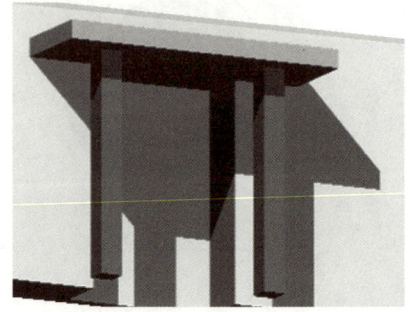

图 9-37 真实感图

第九章 正投影图中的阴影 153

【例 9-11】 阅读台阶的阴影，如图 9-38 和图 9-39 所示。

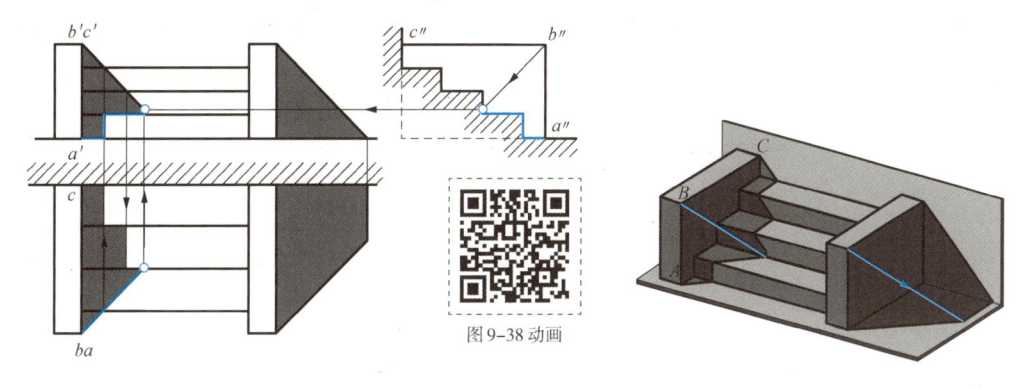

图 9-38 台阶的阴影

图 9-39 真实感图

左挡墙阴线，铅垂线 $AB$、正垂线 $BC$ 在凹凸面上的落影。

【例 9-12】 阅读雨篷、门窗、阳台、隔墙等建筑细部的立面阴影，如图 9-40 和图 9-41 所示。

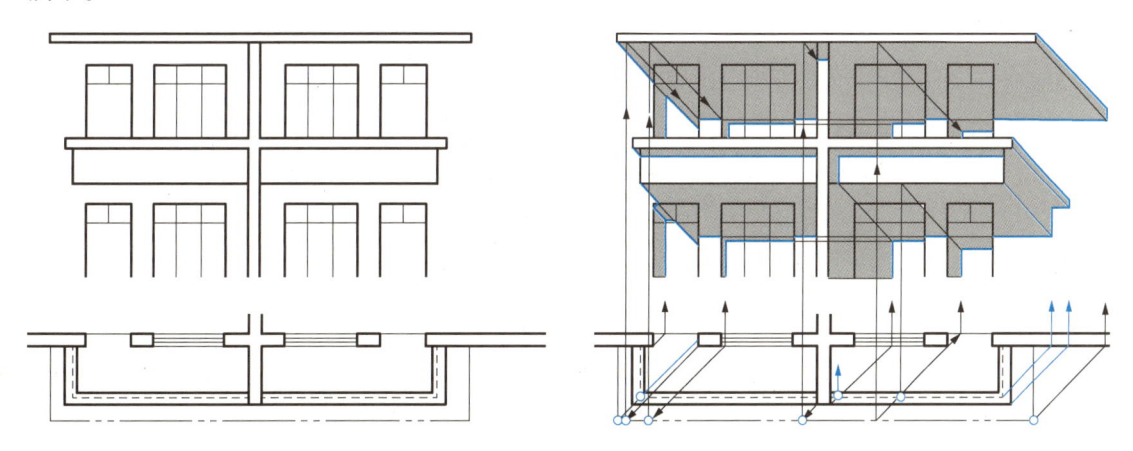

图 9-40 建筑细部的阴影

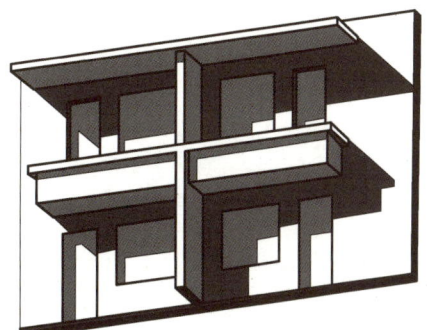

图 9-41 真实感图

雨篷阴线在墙面、门、窗扇和隔墙上的落影：左下正垂线落影于左边墙面及门扇，落影为45°直线；雨篷前下方阴线（侧垂线）落影于窗间墙、隔墙及右边窗扇、窗间墙及墙面，落影为深浅不一的平行线段（可从平面图中打光线或直接量取阴影的宽度）；雨篷右边较短的铅垂线和正垂线落影于墙面。

　　门窗洞边框的落影，中间隔墙在右边窗口的落影，阳台的落影，分析方法同上，不再赘述。

# 第十章 标高投影

**本章主要内容**

（1）基本知识。
（2）直线的标高投影。
（3）平面的标高投影。
（4）曲面和地形面的标高投影。

## 第一节 基 本 知 识

标高投影是水平投影加上点线面的高程数字的单面正投影图。如图 10-1 和图 10-2 所示。标高投影用来表示地形曲面，修路时选线、确定开挖线、坡脚线及计算土石方量等。

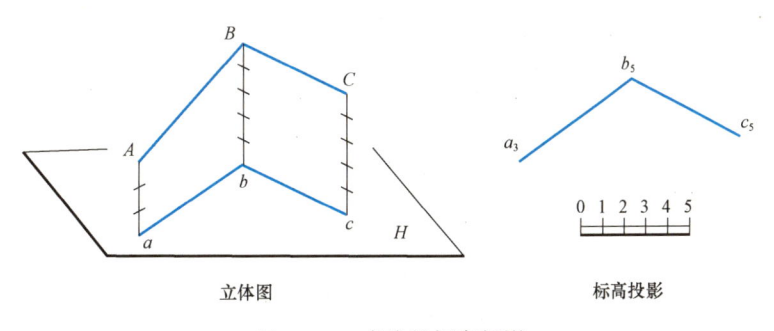

图 10-1 直线的标高投影

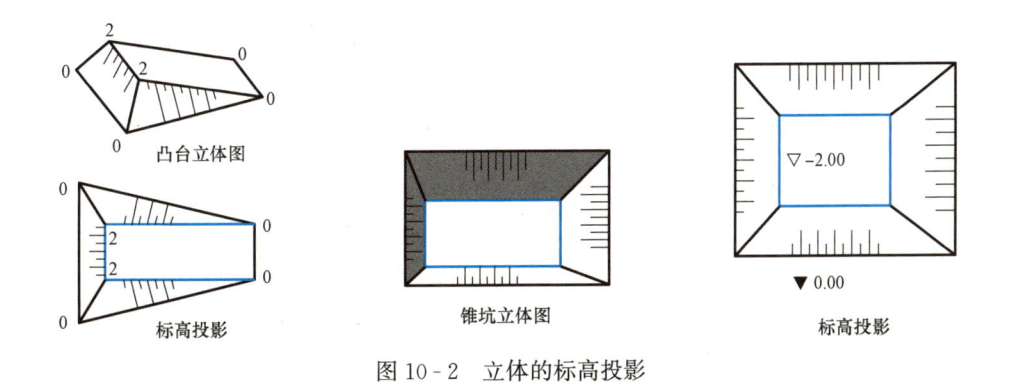

图 10-2 立体的标高投影

几个名词术语：
（1）$H$：水平基准面（我国以青岛市外黄海海平面为绝对标高的零起点）。
（2）标高（高程）：从零点测量的高度数值（m）。

(3) 比例尺或比例（百分比）用来量高程和平面尺寸。

(4) 示坡线：增强图形的立体感，按最大坡度线方向用长短相间的细实线由坡顶画起，指向下坡方向。

(5) 等高线：系列水平面的截交线（由古代洪水涨落的水位线启示而来）。

等高线是表示平面、曲面的基本方法，又是求两面交线的中介。

## 第二节  直线的标高投影

### 一、直线的表示法

直线的表示法如图 10-3 所示。

(1) 两点法。

(2) 一点＋坡度方向（箭头指向下坡方向）。

### 二、直线的真长、倾角

直线的真长、倾角如图 10-4 所示。

以直线的标高投影、两端点高差为两直角边，作直角三角形，斜边即为线段的真实长度（真长），斜边与标高投影的夹角即直线对水平面的倾角 $\alpha$。如图 10-6 所示。

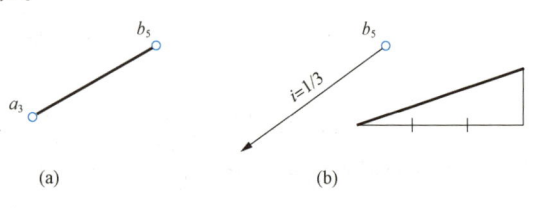

图 10-3  直线的表示法
(a) 两点法；(b) 一点一方向法

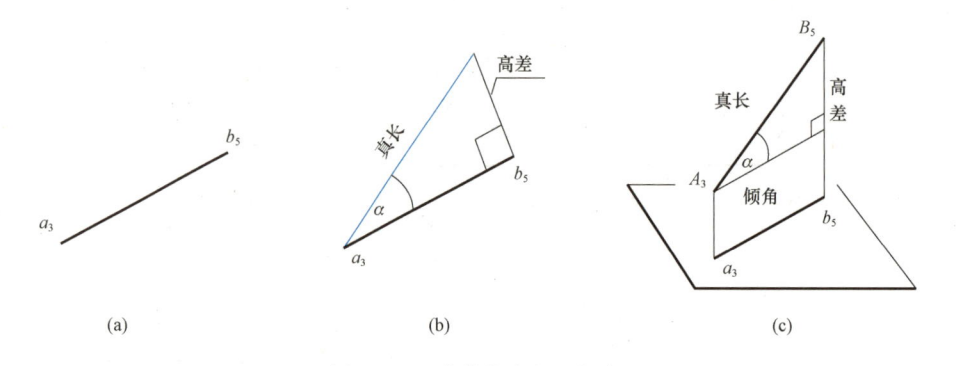

图 10-4  直线的真长、倾角
(a) 标高投影；(b) 直角三角形法求线段真长及倾角；(c) 空间情况

### 三、直线的刻度（整数标高点）

几何原理：等距平行线截割线段成比例。间距可任取，一般取比例尺单位。条数：从小于低端的整数到大于高端的整数。如图 10-5 所示。

### 四、直线的坡度 $i$ 和平距（间距）$l$

(1) 坡度 $i$：直线上两点的高差 $H$ 与其水平距离 $L$ 之比。如图 10-6 所示。

坡度 $i$ 即两点水平距离为 1 单位（m）时两点的高差。

$$i = H/L = \tan\alpha$$

(2) 平距（间距）$l$：直线上两点的水平距离与其高差之比。如图 10-7 所示。

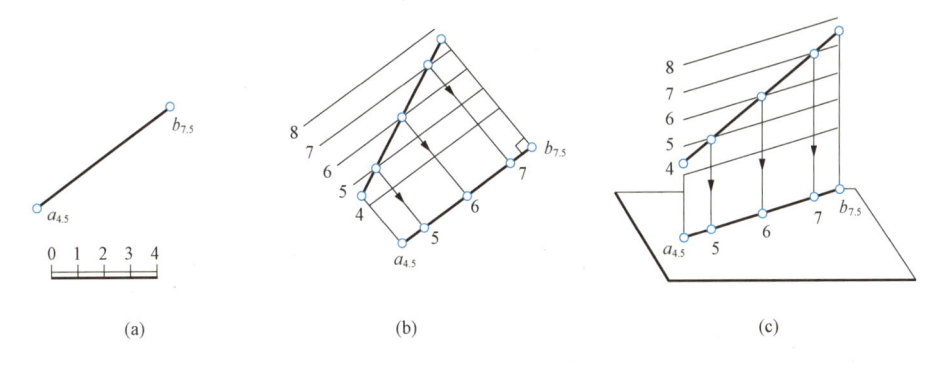

图 10 - 5 直线的刻度
(a) 标高投影；(b) 刻度作图：求得整数标高点；(c) 空间情况

平距 $l$ 即两点高差为 1 单位 (m) 时的水平距离。

$$l = L/H = 1/i$$
$$L = l \times H$$

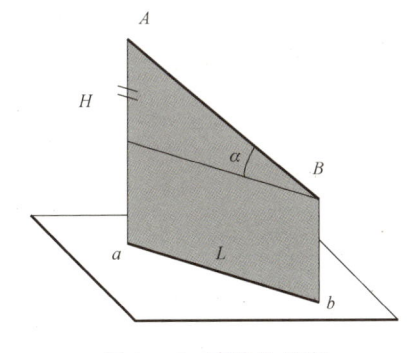

图 10 - 6 直线的坡度    图 10 - 7 平距 $l$

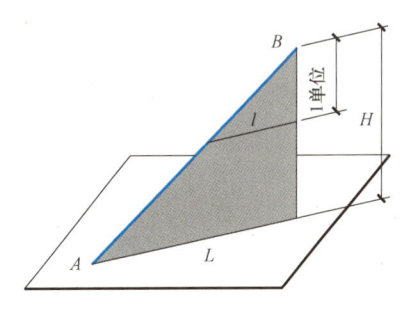

## 五、直线上的点

(1) 在直线上确定任意高程的点（如刻度）。

(2) 在直线上确定任意点的标高（高程）。

【例 10 - 1】 在图示直线上标出刻度，如图 10 - 8 所示。

**解：** $i = 1/3$；$l = 3$

【例 10 - 2】 求图 10 - 9 所示直线上 $C$ 点的标高。

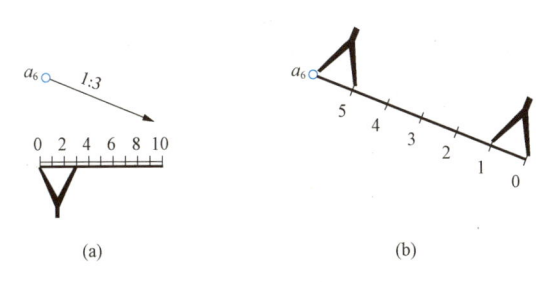

图 10 - 8 标示刻度
(a) 标高投影；(b) 刻度作图

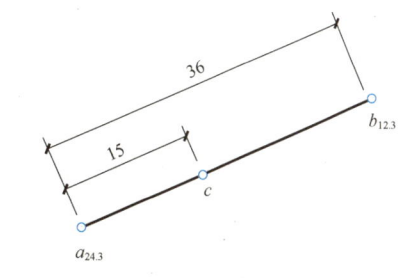

图 10 - 9 由比例尺量得

**解：** 直线坡度 $i=(24.3-12.3)/36=1/3$
高差 $H_{AC}=L_{AC}/l=15/3=5$
$C$ 点标高 $=24.3-5=19.3$

## 第三节 平面的标高投影

### 一、平面上的等高线和（最大）坡度线

平面上的等高线和坡度线如图 10-10 所示。平面上的等高线相互平行，坡度线垂直于等高线。

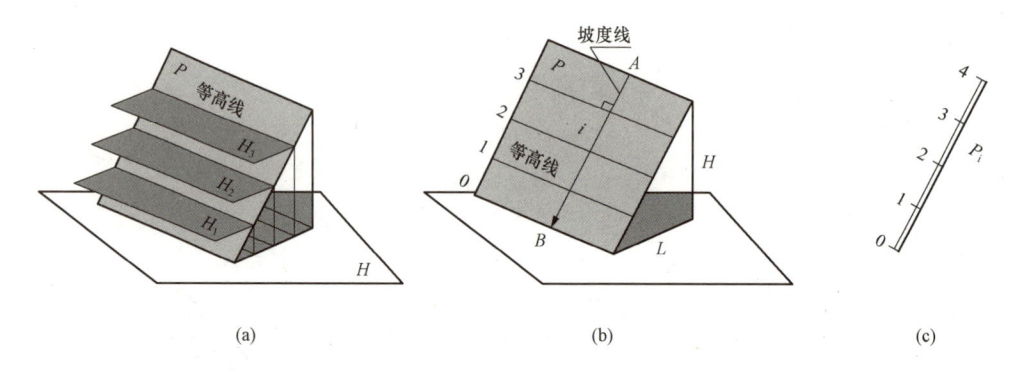

图 10-10 平面上的等高线和坡度线
(a) 等高线；(b) 坡度线；(c) 坡度比例尺

坡度比例尺 $P_i$：带刻度的坡度线，用粗细两条线表示，用来表示平面。

平面的坡度，用坡度线的坡度表示；坡度线的平距（间距）$l$，代表平面上等高线的平距。

### 二、平面的表示法

（1）几何元素表示平面（例如不在一直线上三点或相交两直线），如图 10-11 所示。

（2）用坡度比例尺 $P_i$ 表示平面。坡度比例尺的方位确定了平面的方位，等高线垂直于 $P_i$，如图 10-12 所示。

图 10-11 相交两直线表示平面　　图 10-12 坡度比例尺

（3）用一条等高线和平面的坡度表示平面，如图 10-13 所示。

（4）一条非等高线＋平面的坡度表示平面，如图 10-14 所示。

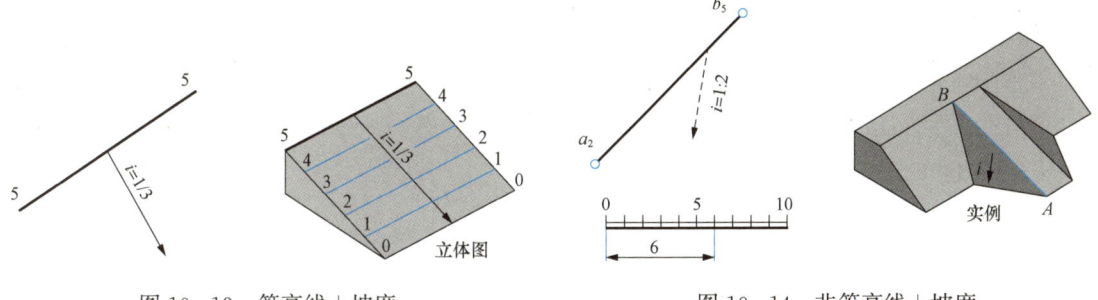

图 10-13 等高线＋坡度　　　　　　　图 10-14 非等高线＋坡度

平面的等高线和坡度线的作法如图 10-15 和图 10-16 所示。

这要借助与平面相切的圆锥，平面的坡角等于圆锥底角；平面与圆锥的切线就是平面的坡度线；二者相同高程的等高线，即平面上的直线与圆锥上的圆相切，通过锥上的圆确定平面上的等高线。

这样就变成一个直角三角形的作图问题：圆锥的高度（等于直线两端点的高差）为一直角边，斜边为坡度线（已知坡度 $i$），另一直角边为底圆半径（坡度线的水平距离 $L$）。

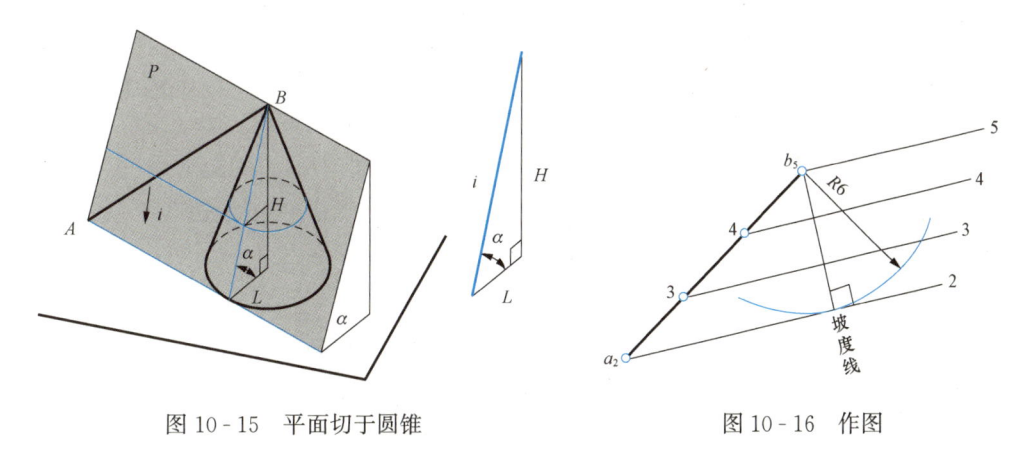

图 10-15 平面切于圆锥　　　　　　　图 10-16 作图

作图：先把直线刻度，作出平面上一条等高线，例如 2-2。

底半径 $L=$ 高差/坡度 $=3/0.5=6$

据此作图，以 $b_5$ 为圆心，6 为半径，画高程为 2 的圆弧，过直线 $a_2$ 作弧的切线，即 2-2 等高线。之后过直线上其他刻度点作 2-2 的平行线。

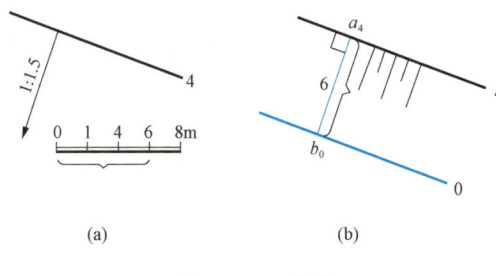

【例 10-3】 求作平面上高程为 0m 的等高线，如图 10-17 所示。

作图：先作平面的坡度线 $AB$（⊥等高线），顶端为 $A$。

求坡度线 $AB$ 的水平距离，根据
$$L = l \times H$$

图 10-17 图示
(a) 已知条件；(b) 答案

得　　　　　　　　$L_{AB} = l \times H_{AB} = 1.5 \times 4 = 6(\text{m})$

在坡度线上自 $a_4$ 向下坡方向量取 6m 得 $b_0$，过 $b_0$ 作直线与 4m 等高线平行即为所求，画出示坡线。

**【例 10 - 4】** 求两平面交线。

作图：两平面的交线为直线，求出两平面上同高程等高线的两个交点，连接即为交线。如图 10 - 18 和图 10 - 19 所示。

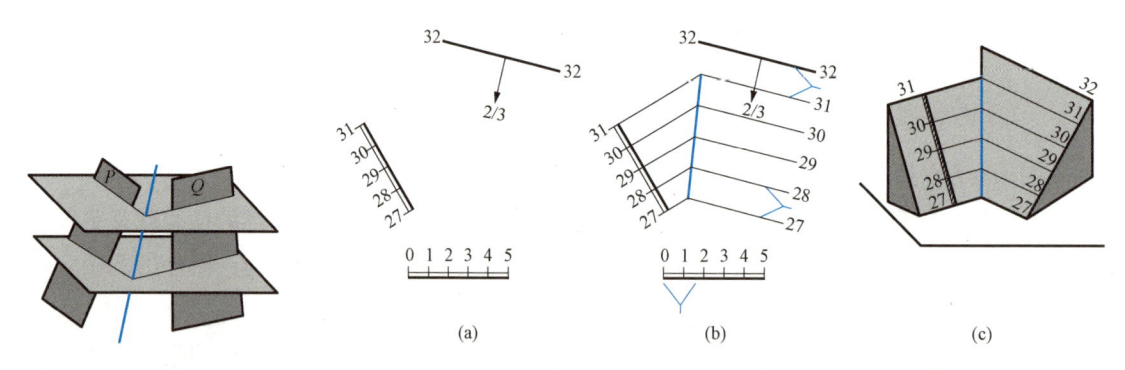

图 10 - 18 求两平面交线的原理

图 10 - 19 求两平面的交线
(a) 已知条件；(b) 分别画出两平面的等高线；(c) 立体图

**【例 10 - 5】** 如图 10 - 20 所示，在高程为 1m 的地面上修一高程为 5m 的平台，有一斜坡道通向平台，各坡面坡度已标示，完成其标高投影图，并画示坡线。

作图：(1) 如图 10 - 21 所示，平台边坡坡度 1∶1.5（即 2/3），间距 $l=1.5(\mathrm{m})$。

在 1∶200 图中，5mm 表示 1m。等高线图上间距为 $1.5 \times 5 = 7.5(\mathrm{mm})$。

用 7.5(mm) 连续截取，画出边坡等高线 4、3、2、1。

平台边坡水平距离 $L = 7.5 \times 4 = 30(\mathrm{mm})$。

(2) 斜坡道边线的水平距离 $L = 3 \times 4 \times 5 = 60(\mathrm{mm})$，画出高程为 1m 的边线。

(3) 求斜道边坡与地面（标高 1.00）的交线（坡脚线）：

以斜边高端为锥顶（圆心），求高程为 1m 的圆的半径。

$$R = H/i = 4 \times 3/2 \times 5 = 30(\mathrm{mm})$$

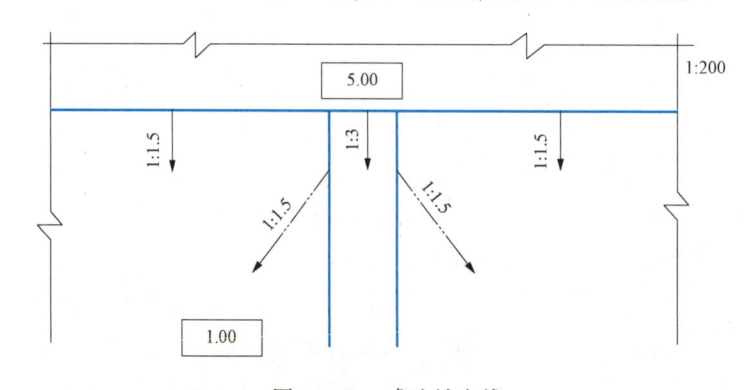

图 10 - 20 求边坡交线

图 10 - 21 动画

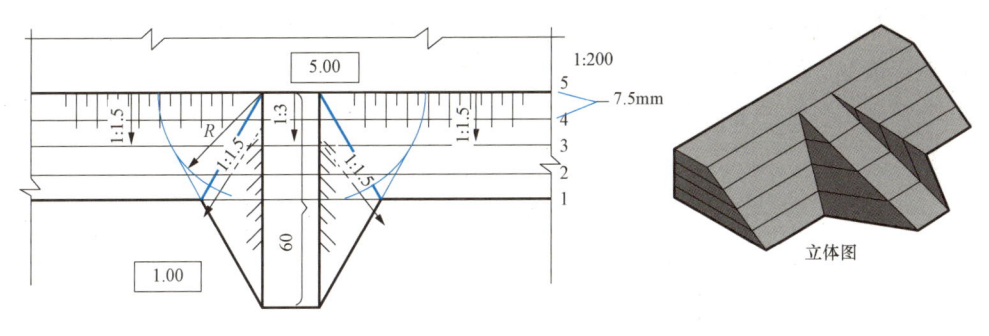

图 10-21 作图

## 第四节　曲面和地形面的标高投影

### 一、曲面的表示法

在标高投影中，采用若干等距水平面截切曲面，画出截交线的标高投影来表示曲面。

图 10-22 所示为圆锥面的标高投影，圆锥的等高线是同心圆，平距相等。圆锥的素线是圆锥面的坡度线，圆锥面的示坡线过锥顶（即圆心）。

### 二、同坡曲面

工程中，如斜弯道的边坡、弯曲的路堤或路堑的边坡，各处的坡度都做成相等的，称之为同坡曲面。如图 10-23 所示。

（1）同坡曲面的形成，如图 10-24 所示。

圆锥的锥顶沿一曲导线连续运动，与动圆锥相切的包络曲面就是同坡曲面。

同坡曲面的等高线与各圆锥面上相同高程的圆相切，作同坡曲面的等高线就是作各圆锥面上相同高程圆的包络切线。

同坡曲面与圆锥的切线即同坡曲面的坡度线。

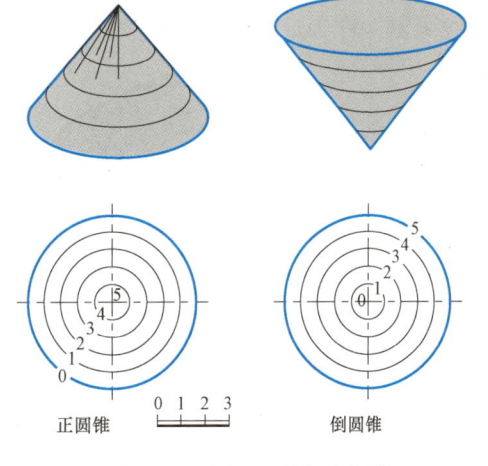

图 10-22　圆锥面的标高投影

图 10-23　弯道边坡

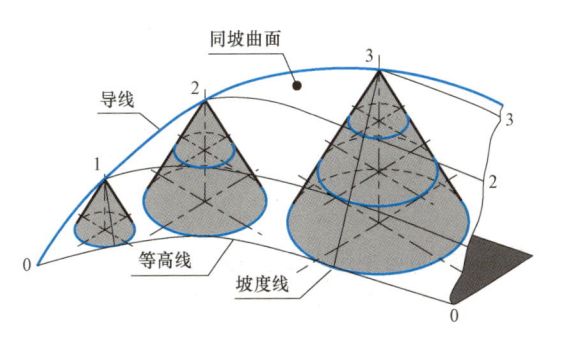

图 10-24　同坡曲面的形成

(2) 作同坡曲面的等高线，如图 10-25 和图 10-26 所示。

1) 在弯道路边线上取若干整数标高点作为锥顶。

2) 分别作出各锥的等高圆，各圆半径 $R$ 根据相邻两点的高差及坡度（或间距）算出，$R=H\times l$。

3) 过路边线上的点作同标高圆的包络切线，即是同坡曲面上的等高线。

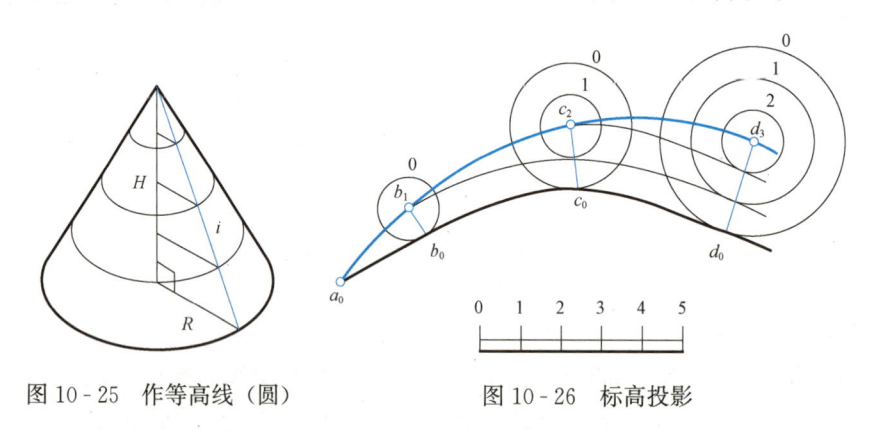

图 10-25 作等高线（圆）

图 10-26 标高投影

### 三、地形面

地形面是不规则的曲面，地形的等高线是不规则曲线。地形图中逢 0、5 的等高线用粗实线画出，称为计曲线。高程数字的字头指向上坡方向，如图 10-27 所示。

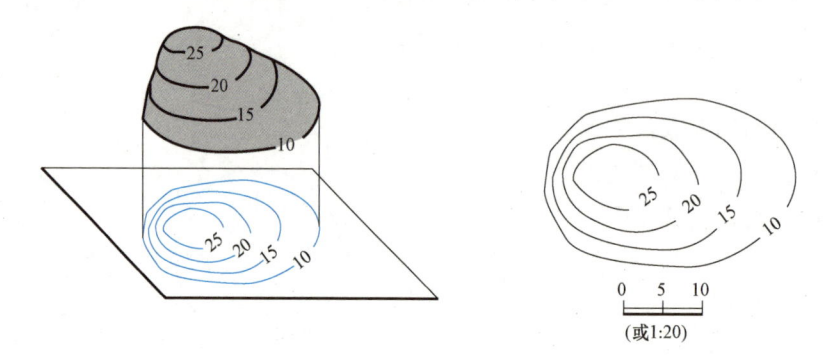

图 10-27 地形的标高投影

注：根据高程数字看地形高低，根据等高线疏密想地势陡缓。

下面来阅读两张山地的标高投影和断面图，如图 10-28 和图 10-29 所示。

根据高程数字识别出山峰、谷地等地形高低情况，根据等高线的疏密看出地势的陡缓情况。其中还显示了断面图的画法，先按比例尺画出从最低到最高的等高线平行线，再从标高投影上找到截面与等高线的交点，对应到相应高程的等高线上，光滑连接各交点得到断面图。

### 四、平面、曲面与地形面的交线

求平面、曲面与地形面的交线，即求出平面、曲面与地形面上一系列相同标高的等高线的交点，依次平滑连接起来，如图 10-30 所示。

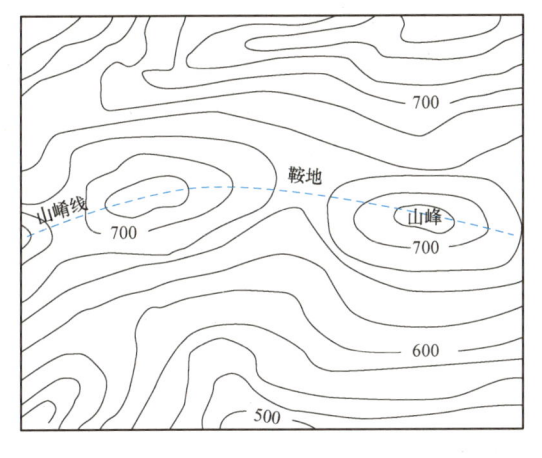

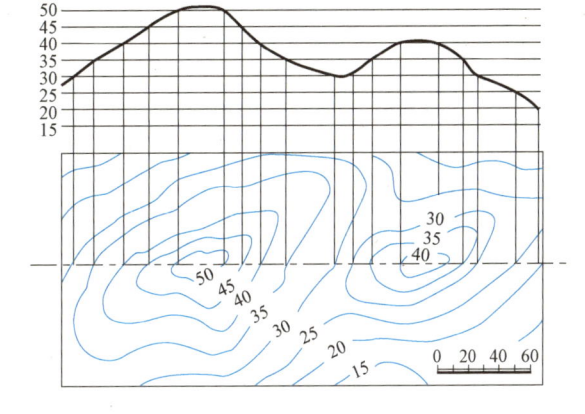

图 10 - 28　地形图

图 10 - 29　山地的标高投影和断面图

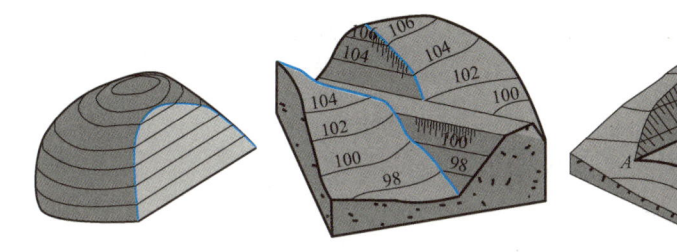

图 10 - 30　立体图：平面、曲面与地形面的交线

**【例 10 - 6】** 求作路堤边坡交线和坡脚线，如图 10 - 31 和图 10 - 32 所示。

**【例 10 - 7】** 在地面上修筑一道路，路面标高为 102.00，路基边坡 1∶1，求作路基边坡与地形面的交线并标出填挖方分界点，如图 10 - 33 和图 10 - 34 所示。

作图：（1）比较路基与地面的标高，确定填方、挖方的部位，进而确定填挖分界点。

（2）坡度为 1m，平距也为 1m，按高差 2m 画边坡的等高线，与路基边线平行。

图 10 - 31　已知条件：求路堤边坡交线和坡脚线

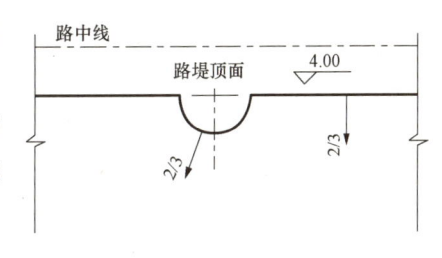

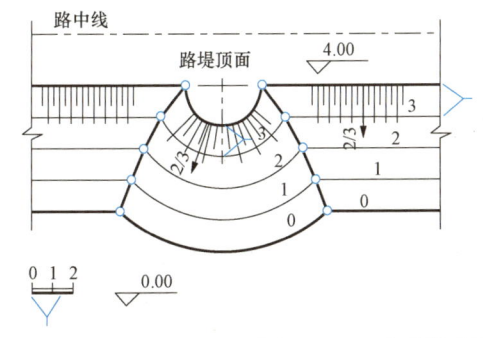

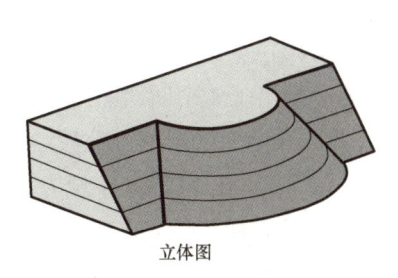

图 10 - 32　求路堤边坡交线和坡脚线
　　　　　边坡坡度：$i=2/3$；间距：$l=3/2=1.5$

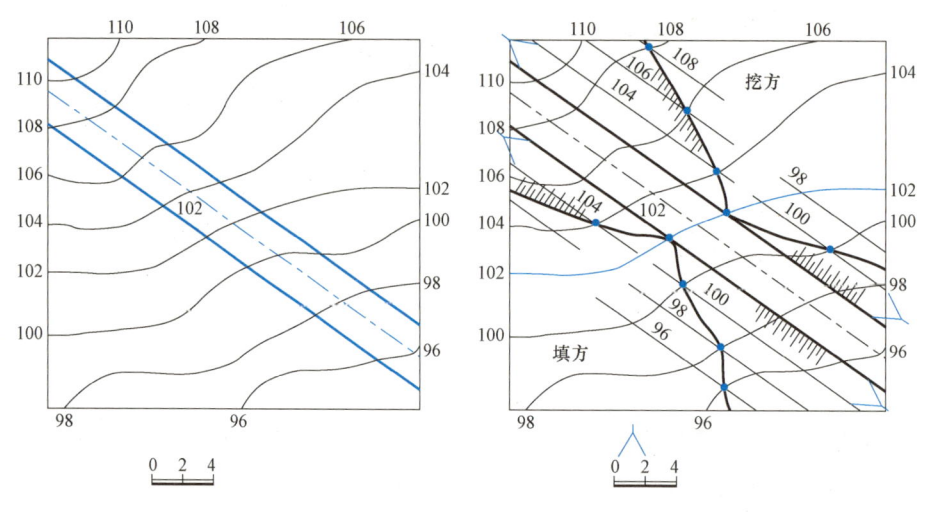

图 10-33 已知条件：求作路基边坡与地形面的交线

图 10-34 作图：求作路基边坡与地形面的交线

图 10-34 动画

(3) 绘制填方边坡等高线，依次降级画，绘制坡脚线。

(4) 绘制挖方边坡等高线，依次升级画，绘制开挖线。

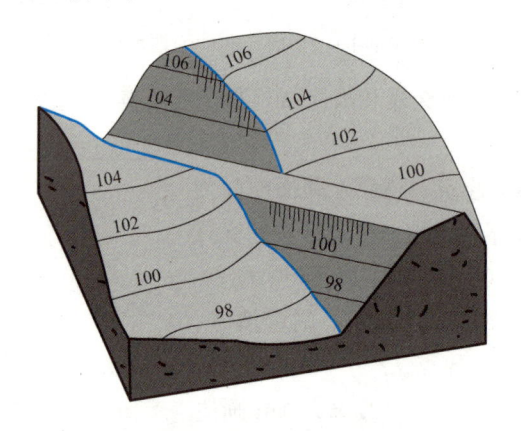

效果示意图如图 10-35 所示。

图 10-35 效果示意图

【例 10-8】 读图：这段路基高程为 60m，填方边坡 1∶1.5，挖方坡度 1∶1，比例 1∶500，如图 10-36 所示。

提示：图中给出了 4 个断面图（含地形、路基横断面），直观地显示出道路的填挖情况。其中 $A-A$、$B-B$ 断面处于挖方位置，开挖点相对路中线的水平距离，对应剖切位置线的开挖线上；$C-C$、$D-D$ 断面处于填方位置，坡脚点对应剖切位置线的坡脚线上。

逆向思考：用断面法求作道路的开挖线和坡脚线，首先确定几个断面位置，按照给定比例画出若干条水平等高线，以路中线为基准，将剖切位置线与地形等高线的交点，量到断面图上，画出各个断面的地形线；根据标高再把各路基画到断面图中，视地形情况画出边坡线（填或挖），得出开挖点或坡脚点，将这些点返回量到各剖切位置线上，光滑连接得开挖线和坡脚线。

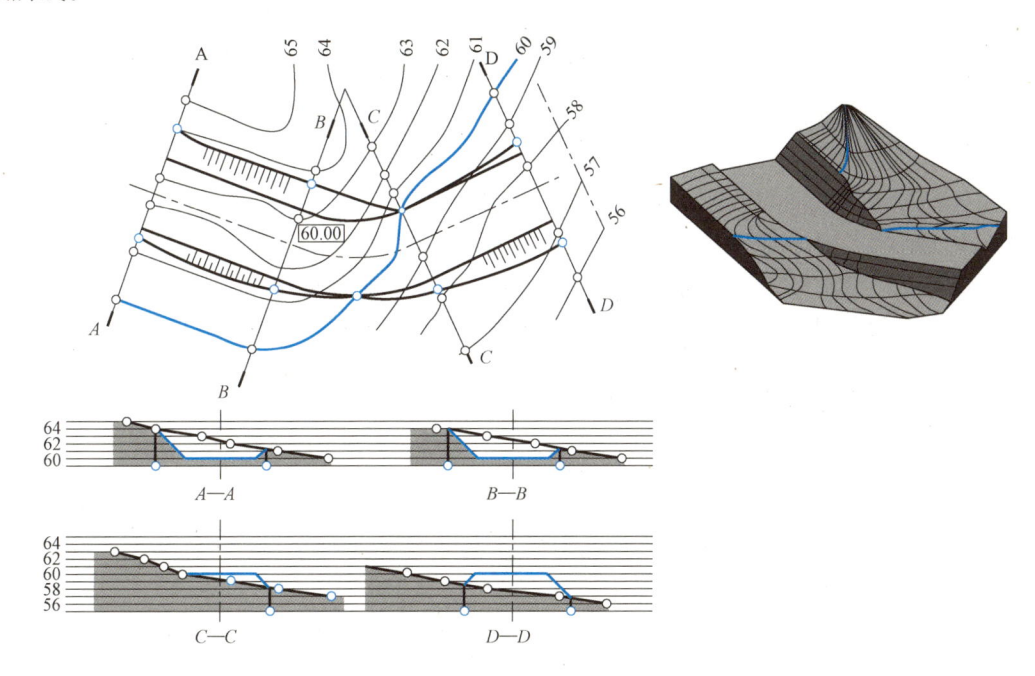

图 10 - 36　用断面法求坡脚线和开挖线

# 参 考 文 献

[1] 於辉，李祥城. 建筑制图［M］. 2版. 北京：中国电力出版社，2014.
[2] 刘平. 建筑制图表达［M］. 北京：中国建筑工业出版社，2008.
[3] 李国生，黄水生. 建筑透视与阴影［M］. 4版. 广州：华南理工大学出版社，2017.
[4] 郭军，刘柯岐. 建筑制图及阴影透视［M］. 成都：西南交通大学出版社，2014.
[5] 中华人民共和国住房和城乡建设部. 房屋建筑制图统一标准［S］. 北京：中国建筑工业出版社，2018.
[6] 许松照. 画法几何与阴影透视（下册）［M］. 3版. 北京：中国建筑工业出版社，2006.
[7] 中华人民共和国住房和城乡建设部. 建筑制图标准［S］. 北京：中国计划出版社，2011.
[8] 苏小梅. 建筑制图［M］. 2版. 北京：机械工业出版社，2015.
[9] 杨月英，施国盘. 建筑制图与识图［M］. 3版. 北京：中国建材工业出版社，2017.